| 工业设计案例全书 |

UG NX 6.0

数控加工技术（基础·案例篇）

李 磊 编著

中国铁道出版社
CHINA RAILWAY PUBLISHING HOUSE

内 容 简 介

本书是根据数控加工行业技能要求进行编写的，书中所讲解的内容均是作为一名优秀的 UG 数控加工编程师所必须掌握的专业知识，书中不仅涉及关于 UG 的一些基础功能，还给出了大量来自于数控加工行业实践应用的典型范例，通过对本书的全面学习，读者可以获得 UG 数控加工编程师岗位的专业技能，并能快速胜任相关岗位的工作。

本书以 UG NX 6.0 为平台，共分为 16 章，分别为 UG NX 6.0 基础知识、数控加工基础知识、平面铣加工技术、型腔铣加工技术、固定轴曲面轮廓铣加工、点位加工技术、车削加工、线切割技术、某平面腔体模具的铣加工、"V"形盒加工实例、衣架型芯加工实例、花形凸模加工实例、包装盒模具型腔加工实例、泵盖压铸模型芯加工实例、前后模具加工实例、砂芯模具加工实例。

本书结构严谨、条理清晰、重点突出，适合 UG NX 6.0 数控加工初学者使用，同时适合数控加工编程师使用，也可作为高等职业院校以及社会相关培训班的参考教材。

图书在版编目（CIP）数据

UG NX 6.0数控加工技术．基础·案例篇/李磊编著．
北京：中国铁道出版社，2009.11
（工业设计案例全书）
ISBN 978-7-113-10779-6

Ⅰ.U… Ⅱ.李… Ⅲ.数控机床—加工—计算机辅助设计—应用软件，UG NX 6.0 Ⅳ.TG659-39

中国版本图书馆CIP数据核字（2009）第210964号

书　　名：UG NX 6.0 数控加工技术（基础·案例篇）
作　　者：李　磊　编著

策划编辑：严晓舟　　李鹤飞
责任编辑：苏　茜　　　　　　　　　　　编辑部电话：（010）63583215
编辑助理：王　彬　　　　　　　　　　　封面制作：李　路
封面设计：付　巍

出版发行：中国铁道出版社（北京市宣武区右安门西街 8 号　　邮政编码：100054）
印　　刷：北京市昌平开拓印刷厂
版　　次：2010 年 1 月第 1 版　　　2010 年 1 月第 1 次印刷
开　　本：880mm×1230mm　1/16　印张：24.75　字数：614 千
印　　数：3500 册
书　　号：ISBN 978-7-113-10779-6/TP·3649
定　　价：59.00 元（附赠光盘）

前 言

本书的写作出发点

UG 是美国 UGS PLM 公司推出的 CAD/CAM/CAE 一体化集成软件，它是该公司的主导产品，是全球应用最普遍的计算机辅助设计、辅助制造、辅助工程一体化的软件系统之一，目前已经广泛应用于机械、汽车、航空、电器、化工等行业的产品设计、制造与分析。本书介绍的软件版本是 UG NX 6.0 中文版，可以满足产品开发流程中的各种需要，从而为用户提供一个完全数字化的平台，用户可以在这个平台上进行构思、设计、虚拟加工、结构强度分析、运动仿真等工作。

套书介绍

本书是主要用于学习数控加工的实例图书，可作为工程技术人员进一步学习 UG 的自学教程和参考书，本套丛书以工业设计为主题，分别介绍 Pro/E、UG 等工业设计软件在各个行业的详细应用方法。

本书内容

本书主要讲解如何使用 UG NX 6.0 进行数控加工。本书结合工程实际，通过典型的实例来介绍 UG NX 6.0 CAM 模块的软件功能、使用方法、使用技巧以及设计制造的理念。

本书以 UG NX 6.0 中文版为操作平台，由浅入深、图文并茂地剖析了用 UG NX 软件进行数控加工的全过程，使读者能快捷、全面地掌握数控加工技术。

全书共分为 16 章，分别为：第 1 章 UG NX 6.0 基础知识，第 2 章数控加工基础知识，第 3 章平面铣加工技术，第 4 章型腔铣加工技术，第 5 章固定轴曲面轮廓铣加工，第 6 章点位加工技术，第 7 章车削加工，第 8 章线切割加工，第 9 章某平面腔体模具的铣加工实例，第 10 章 "V" 形盒加工实例，第 11 章衣架型芯加工实例，第 12 章花形凸模加工实例，第 13 章包装盒模具型腔加工实例，第 14 章泵盖压铸模型芯加工实例，第 15 章前后模具加工实例，第 16 章砂芯模具加工。

本书使用的操作系统为 Windows XP，对于 Windows 2000 操作系统，本书的内容和范例也同样适用。

本书读者

本书适合 UG NX 6.0 数控加工初学者使用，也可作为高等职业院校机械制造、数控加工、模具制造等专业的 CAD/CAM 课程的教材。

本书结构

本书以知识讲解 + 实例操作的形式组织内容。整本书的章节安排是：前面为数控加工的基础知识，后面的章节则为数控加工的综合实例。

在前面的基础知识中，详细介绍了 UG 的基础知识以及数控加工的基础知识，并讲解了数控加工的一般过程步骤。当然，要熟练掌握 UG 数控加工，只靠理论学习和少量的练习是远远不够的，编著本书的目的正是为了通过书中的大量经典实例，使读者迅速掌握各种数控加工的建模方法、技巧和构思精髓，使读者在短时间内成为一名 UG 数控加工的高手。

另外，在知识讲解和操作步骤过程中，配有小知识、小技巧、技术点拨、相关知识等，随时对内容进行注释。

本书特点

讲解详细：为了使初级入门者可以轻松掌握 UG 数控加工的知识，本书配备了详细的基础讲解，使读者能够随时查找相关的数控加工知识。

实例丰富：本书与其他一般的实例书籍相比，实例内容更丰富，包括更多的数控加工知识及设计方法。在每章中除了有实例操作外，还有精通必备。

附赠光盘：随书光盘中制作了本书的全程同步视频文件，帮助读者轻松、高效地学习。

本书约定

在本书中，针对一些常出现的方式、常用的词语进行了约定，如下所述：

单击：将鼠标指针移至某位置处，然后按一下鼠标的左键。

双击：将鼠标指针移至某位置处，然后连续快速地按两次鼠标的左键。

右击：将鼠标指针移至某位置处，然后按一下鼠标的右键。

每章中的最后小节中安排了实例操作以及精通必备，实例操作是针对本章的知识制作出一个实例效果，精通必备则是对其他一些相关的知识进行实例演练，所以精通必备可有可无，并不是每章必须有的。

本书由李磊编著，由于作者水平有限，书中难免出现疏漏之处，请读者给予批评指正。

编 者
2010.1

Contents

目 录

Contents

Contents

Chapter 1

UG NX 6.0 基础知识

本章内容及学习地图：

UG NX 6.0 是美国 UGS 公司 PLM 产品的核心组成部分。Unigraphics Solutions 公司（简称 UGS）是美国一家全球著名的 MCAD 供应商。UG 由 19 版开始改为 NX 1.0，此后又相继发布了 NX 2.0、NX 3.0、NX 4.0，直到现在的 NX 6.0。本章将介绍 UG NX 6.0 的基本操作界面、工作环境、加工模块等相关知识，为后面 UG 的深入学习奠定基础。

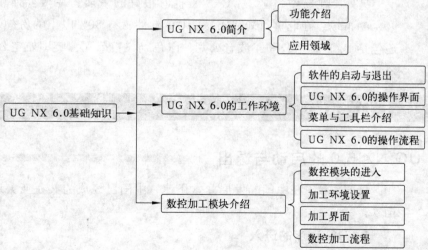

本章重点知识：

- · UG NX 的特点
- · UG NX 的启动与退出
- · UG NX 的操作界面
- · UG NX 加工环境的进入
- · UG NX 加工环境的操作界面
- · 数控加工的一般流程

1.1 UG NX 6.0 简介

UG NX 由多个加工模块组成。常用的有 CAM 基础、车加工、型芯和型腔铣削、固定轴铣削、清根切削、可变轴铣削、顺序铣切削、切削仿真、线切割、图形刀轨编辑、后置处理等。

1.1.1 UG NX 6.0 的功能

UG NX 系统提供了各种复杂零件的粗精加工，用户可以根据零件结构、加工表面形状和加工精度要求选择合适的加工类型。应用各种加工模块可快速建立加工操作。在交互操作过程中，用户可以在图形方式下交互编辑刀具路径，观察刀具的运动过程，生成刀具位置源文件。同时应用其可视化功能，可以在屏幕上显示刀具轨迹，模拟刀具。

1.1.2 UG NX 6.0 应用领域

UG NX 6.0 是自动化技术的领先者，它广泛应用于航天航空、汽车、通用机械、工业设备、医疗机械以及其他高科技领域的机械设计和模具加工。该软件是大型 CAD/CAM/CAE 一体化软件。在产品设计、数控加工、工程设计、机床仿真等方面都有广泛的应用。

多年来，UG 一直在支持美国通用汽车公司实施目前全球最大的虚拟产品开发项目，同时 Unigraphics 也是日本著名汽车零部件制造商 DENSO 公司的计算机应用标准。UG 在全球汽车行业得到了广泛的应用，如：Navister、Winnebago、Robert Bosch AG 等。

另外，在航空行业，UG NX 也有很好的发展。在俄罗斯航空业，该软件占有 90% 的市场。在北美汽轮机市场，UG 软件占有 80% 以上的份额。航空业的其他客户还包括 B/E 航空公司、波音公司、以色列飞机公司、英国航空公司 Antonov 等知名公司。

1.2 UG NX 6.0 工作环境

1.2.1 UG NX 6.0 的启动与退出

目前，UG 在中国的发展非常迅速，中国已经成为其在亚太地区业务增长最快的国家。

1. UG 程序的进入

在桌面上或程序菜单中双击 NX 6.0 的快捷方式图标，打开 UG NX 6.0，进入 NX 的启动界面，如图 1-1 所示。

2. UG 的退出有 3 种方法：

（1）单击标题栏上的"关闭"按钮。

（2）选择"文件"→"退出"命令。

（3）按【ALT+F4】组合键，进行软件的快速退出。

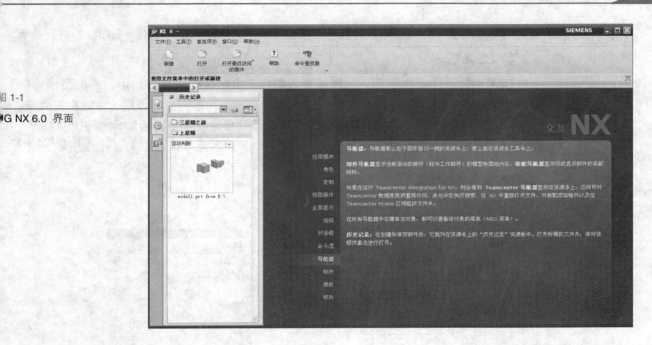

图 1-1

UG NX 6.0 界面

1.2.2　UG NX 6.0 界面

UG 工作环境由以下几大要素组成，如图 1-2 所示。

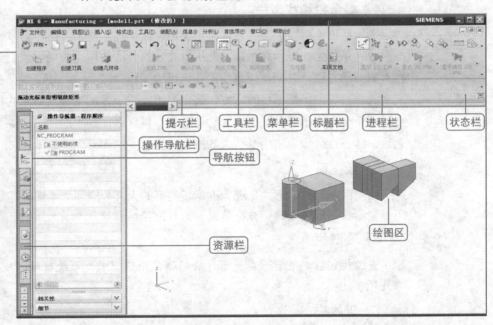

图 1-2

UG 工作环境

现将 UG 工作环境中部分要素做以下介绍：

1. 标题栏

在 UG 的工作界面中，窗口标题栏的用途与一般 Windows 应用软件的标题栏用途大致相同。在此，标题栏的主要功能在于显示软件版本与使用者应用的模块名称，并显示当前正在操作的文件及状态。

2. 菜单栏

菜单栏包括了 UG NX 软件所有主要的功能。系统将所有的指令或设定选项进行分类，分别放置在不同的下拉菜单中，所有主菜单又可称为下拉菜单，单击菜单栏中任何一个功能时，系统会弹出下拉菜单，并显示出所有该功能菜单包含的有关指令选项。

3．工具栏

工具栏位于菜单栏下面，它以直观的图标来表示每个工具的作用。单击图标按钮就可以启动相对应的 UG 软件功能，工具条有很多个，每一个都包括了一组相关命令。如单击图标 ，如图 1-3 中①所示，系统将弹出"创建程序"对话框，如图 1-4 所示。相当于在菜单栏上选择"工具"→"插入"→"程序"命令，如图 1-3 中②所示。

图 1-3

工具栏

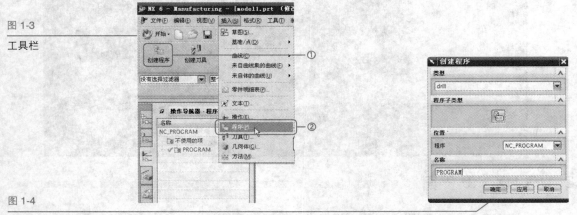

图 1-4

"创建程序"对话框

4．提示栏和状态栏

提示栏位于绘图区的上方，其主要用途在于提示使用者操作的步骤。在执行每个指令步骤时，系统会在提示栏中显示使用者必须执行的动作，或提示使用者下一个动作。提示栏右侧为状态栏，表示系统当前正在执行的操作。

状态栏固定于提示栏的右方，其主要用途在于显示系统及图素的状态。例如，在选择点时，系统会提示当前鼠标位置的点是某一特殊点，如中点、圆心等。系统执行某个指令之后，状态栏会显示该指令结束的信息。

5．绘图区

绘图区以窗口的形式呈现，占据了屏幕的大部分空间。绘图区即是 UG 的工作区，可用于显示绘图后的图素、分析结果、刀具路径结果等。

6．资源栏

资源栏包含装配导航器、部件导航器、历史记录、系统材料以及 Internet Explorer 等几项。

7．进程栏

当系统完成一步操作后，显示正在执行的任务，任务完成后提示下一步动作。

1.2.3 UG NX 6.0 菜单栏和工具栏的具体内容

1．菜单

基本环境下的菜单有文件、编辑、视图、插入、格式、工具、装配、信息、分析、首选项、窗口和帮助等。

在下拉菜单中，每一选项的前后可能有一些特殊的标记，包括以下内容：

（1）点号（...）。菜单中某个选项将以对话框的方式进行设置时，系统会在选项字段后面加上点号（...），即在选择此选项后,系统会自动弹出对话框。图1-5所示即为选择"首选项"→"可视化"命令后弹出的对话框。

（2）三角形箭号（▸）。菜单中某个选项不止含有一项单一的功能时,系统会在选项字段右方显示三角形箭号（▸）,即在选择此选项后,系统会自动弹出子菜单。图1-6所示即为选择"格式"→"图层设置"命令后弹出的相应对话框。

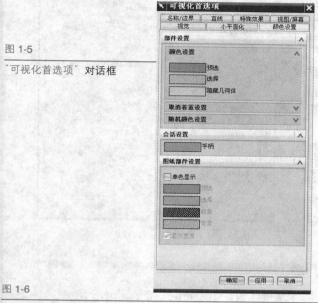

图 1-5

"可视化首选项"对话框

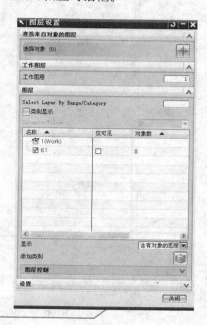

图 1-6

"图层设置"对话框

2．快捷菜单

快捷菜单也叫浮动菜单。当在界面不同区域右击的时候,屏幕会弹出相应的快捷菜单。图1-7和1-8所示分别为右击工具栏和工作区所弹出的快捷菜单。

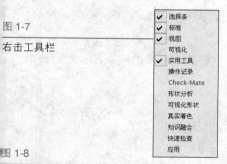

图 1-7

右击工具栏

图 1-8

右击工作区

3．工具栏

工具栏上的每一个图标都是一个命令的快捷方式,可以直接单击,这样避免了到菜单中寻找的麻烦,因此工具栏的设置十分重要。

在工具栏上右击,弹出快捷菜单后选择"定制"命令,则系统弹出如图1-9所示的"定制"对话框。选择"工具栏"选项卡,工具条列表框列出了UG中所有可调用的工具条名称,在工具条名称前的复选框打上"√"即可显示该工具条,反之则可隐藏该工具条。

选择"命令"选项卡,如图1-10所示。在"类别"列表框中选择命令类别名称,右边的"命令"列表框中将列出该类别中所有的功能图标按钮，选择需要的图标并拖动到当前工作界面的工具条上即可添加一个工具图标按钮。

图 1-9

"定制"对话框

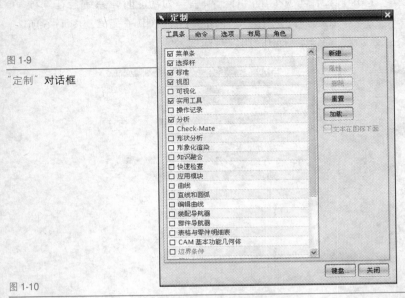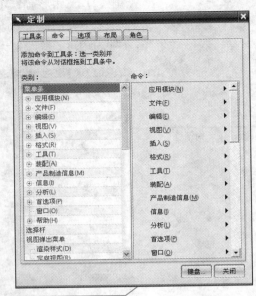

图 1-10

"命令"选项卡

1.2.4 UG NX 6.0 基本操作流程

UG NX 6.0 的功能操作都是在零部件或模具实体上进行的，下面简单介绍一下 UG NX 6.0 的基本操作流程。

（1）启动进入 UG NX 6.0 软件。

（2）如果是新设计，则应先建立一个新的文件。如果是修改已经存在的零件，则应到相应文件下打开。

（3）根据设计的具体需要，选择不同的环境模块进行操作，如：加工、装配、钣金、建模等。

（4）进行准备工作，如坐标系、层、参数设置等，这些基本参数的确立都会对用户后续的操作带来影响。

（5）进行具体操作设计。

（6）检查零件模具的正确性，若发现问题则对零件进行编辑和修改。

（7）保存相应的文件，结束操作，退出软件系统。

1.3 UG 数控加工模块介绍

1.3.1 数控加工模块的进入

进入 UG 加工环境可以使用如下两种方法：

第一种：打开需要加工的实体模型，在主菜单中选择"开始"→"加工"命令，即可进入 UG 加工环境，如图 1-11 所示。

第二种：打开需要加工的实体模型，使用快捷键【Ctrl+Alt+M】，即可进入 UG 加工环境。

图 1-11

选择相关命令

进入 UG 界面以后可以看到其主界面，如图 1-12 所示。

图 1-12

主界面

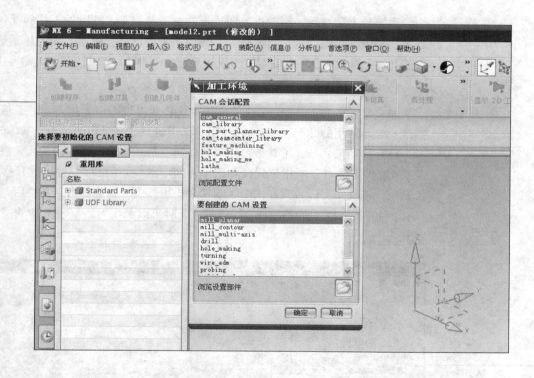

1.3.2 UG NX 6.0 加工环境的设置

当打开某工件时，若是第一次进入加工模块，则系统会自动弹出"加工环境"对话框，如图 1-13 所示，若不是首次进入加工模块，则系统不会弹出该对话框。"加工环境"对话框要求操作者进行 CAM 设置，它的作用在于为工件指定加工过程中的模板文件，选择合适的模板文件后，单击"确定"按钮，系统便决定了后续操作中的可选择类型，包括刀具、方法、几何体、程序等。此时工具栏、菜单栏以及操作导航器下的相应命令也与基本环境下的命令有所不同，如图 1-14 所示。

图 1-13

"加工环境"对话框

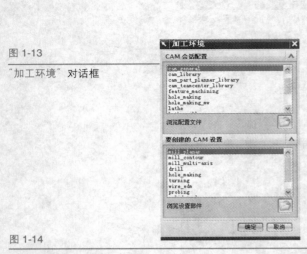

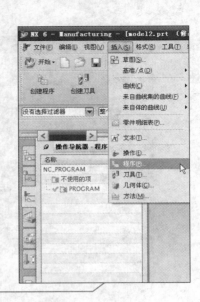

图 1-14

加工环境下的菜单栏和工具栏

1.3.3 UG NX 6.0 加工界面

选择加工环境后，系统进入所选择的加工环境下，此时的工作界面为默认工作界面，它是一种大众化的设计，可满足大多数使用者的需要。但对不同的应用情况和个人喜好，可能并不是最适合的。UG NX 提供了界面定制方式，可以按照个人需要进行界面的定制。

1. 工具栏定制

如果显示所有工具条，UG 的绘图空间将变得很小，为此需要对工具栏进行定制，使系统只显示常用的几个工具条，并且工具条上也只显示常用的按钮。具体的定制方法如下：

（1）拖动工具条。工具条可停靠在任何位置。要想拖动工具条，只需要鼠标选择工具条头部的"图标 1"所指位置，如图 1-15 所示，按住鼠标左键不放并移动鼠标即可拖动工具条，工具条可以放置在绘图区的 4 个周边。当工具条脱离工具栏后，将变成对话框的形式，如图 1-15 中的"图标 2"所示，此时可以单击对话框右上角的"关闭"按钮关闭工具条。

图 1-15

拖动工具条

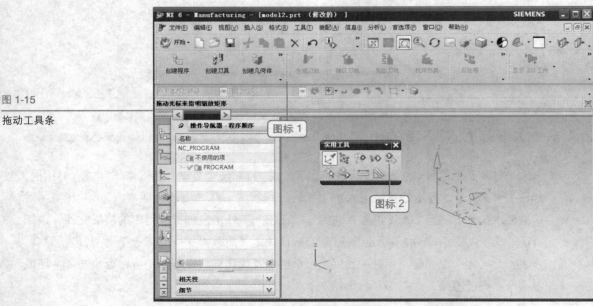

（2）调用定制工具栏对话框。在工具栏上右击，在弹出的快捷菜单中选择"定制"命令，如图1-16所示，系统弹出"定制"对话框。

（3）定制工具栏。选择"工具条"选项卡，工具条列表框列出了 UG NX 6.0 中所有可调用的工具条名称，在工具条名称前的复选框打上"√"即可显示该工具条，反之则可隐藏该工具条，如图1-17所示。

图1-16

选择"定制"命令

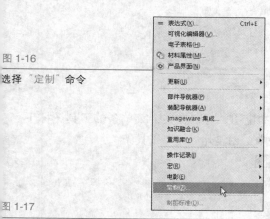

图1-17

"定制"对话框

（4）定制工具栏上的图标按钮。选择"命令"选项卡，在"类别"列表框中选择命令类别名称，右边的"命令"列表框中将列出该类别中所有的功能图标按钮，选择需要的图标并拖动到当前工作界面的工具条上即可添加一个工具图标按钮，如图1-18所示。

（5）定制工具栏图标大小及布局。选择"选项"选项卡，工具栏图标大小框内列出系统提供的4种图标尺寸，为使绘图区尽可能大，并兼顾选择工具栏上图标的方便性，一般选择"特别小（16）"或"小（24）"，如图1-19所示。

图1-18

"命令"选项卡

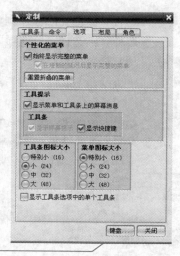

图1-19

"选项"选项卡

选择"排样"选项卡，如图1-20所示，可以设置提示/状态栏的位置为"顶部"或"底部"，默认是位于底部，并可将当前工作界面的布局进行保存。

若想保存定制结果，选择"首选项"→"用户界面"命令，在弹出的对话框中选择"退出时保存布局"复选框，如图1-21所示。

图 1-20

布局选项卡

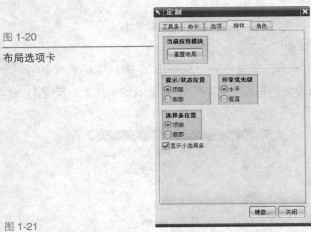

图 1-21

"用户界面首选项"对话框

2. 工具栏显示文本

在 UG 中，可以在工具栏的图标下显示文本说明，可以在某个菜单条的工具图标下显示文本提示。图 1-22 所示为创建几何体模块中"创建几何体"工具条。

图 1-22

创建几何体

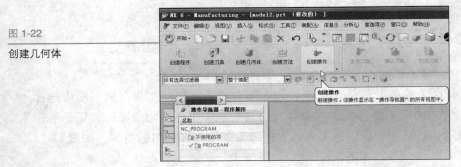

要显示文本，只需在"定制"对话框中的"工具条"选项卡下选择一个工具条，再选中对话框右侧的"图标下面的文本"复选框，就可以打开文本提示的显示，如图 1-23 所示。

3. 工作界面背景定制

默认部件的选择颜色设置为橘色，预选颜色为橘红，如图 1-24 所示，若想更改颜色选择，则选择"首选项"→"可视化"命令，系统弹出"可视化首选项"对话框，可根据用户需要进行更改。

图 1-23

"工具条"选项卡

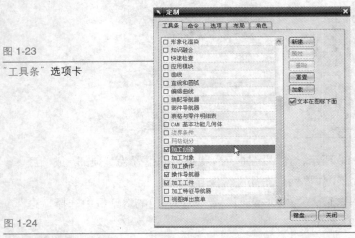

图 1-24

"可视化首选项"对话框

默认的绘图区背景呈灰色，且从下至上，由深至浅。若想改变这种视觉效果，选择"首选项"→"背景"命令，弹出如图 1-25 所示的对话框。

选择"普通颜色"旁的颜色框，系统弹出如图 1-26 所示的"颜色"对话框，选择背景色为深蓝，背景由图 1-27 所示的颜色更改为图 1-28 所示的颜色。

图 1-25

"编辑背景"对话框

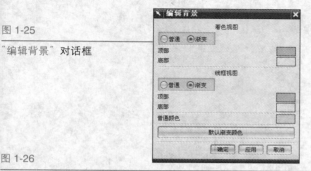

图 1-26

"颜色"对话框

图 1-27

初始背景颜色

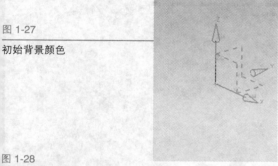

图 1-28

更改后的背景颜色

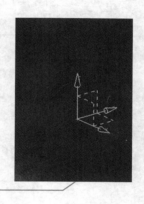

1.3.4 UG NX 6.0 数控加工流程

UG NX 6.0 中各个加工模块的数控编程遵循一定规律，每种模板文件的大致流程基本相同，只在某些个别地方有所不同，下面将简单介绍一下数控加工的流程：

（1）分析工件几何体。确认零件要进行加工的结构和部位，选择要加工的模板。

（2）选择加工环境，即进行初始化 CAM 设置。

（3）创建加工对象的父节点组。在加工过程中用到相同刀具或同一几何体的情况下，父节点的创建可以减少重复性工作，提高工作效率。对于刀具和加工部位不同的操作，可以不创建父节点组，而在后续的相应步骤中进行单独创建。因此，该步骤要在具体情况下具体考虑。

（4）创建操作。在工具条上单击"创建操作"按钮后，系统将进入"创建操作"对话框，如图 1-29 所示，在此可以进行程序、方法等基础数据的设置。

（5）其他必要参数设置。在"创建操作"对话框中设置完毕后即可进行刀具、加工几何体以及其他加工参数的创建（切削模式、步进、进给和速度、非切削运动等），可以在如图 1-30 所示的对话框中进行设置。

（6）生成刀路轨迹。设置完成要指定的参数后即可生成刀路轨迹，并可进行刀路路径仿真来确定刀轨的正确性。

图 1-29

"创建操作"对话框

图 1-30

"面铣削区域"对话框

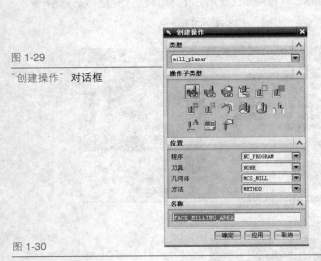

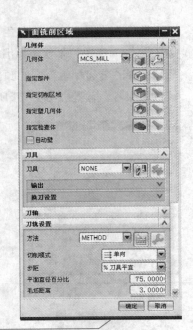

Chapter 2
数控加工基础知识

本章内容及学习地图：

数控加工是一种现代化的加工手段，同时，数控加工技术也是衡量一个国家制造业发展水平的标志。本章主要介绍数控加工的一些基础知识，这是学习数控加工的第一步。

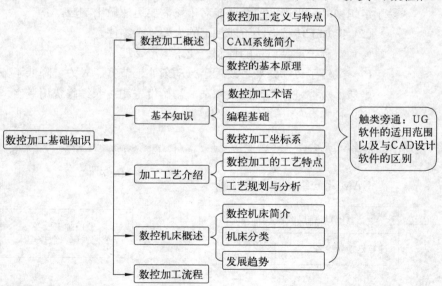

本章重点知识：

- 数控机床的定义及特点
- 数控加工常见术语
- 数控加工坐标系
- 数控编程基础
- 数控加工基本原理及工艺特点
- 数控机床的分类及发展

2.1 数控加工概述

随着时代的进步和技术的发展，CAD/CAM 已经逐步完善并深入推广，这一技术使得传统产品与生产模式发生了深刻变化。从 20 世纪 70 年代开始至今，数控加工技术的使用便在制造业、工程设计、数字化信息产业等多个领域带来了重大变革，它的广泛应用也反映出制造业信息化技术的发展趋势。下面我们将系统地讲解有关数控方面的基础知识。

数控加工是指数控机床按照数控机床程序所确定的轨迹而进行的表面成形运动，从而加工出产品的表面形状。数控加工与普通加工相比，具有适应范围广、自动化程度高、柔性强、操作者劳动强度低、易于组成自动生成系统等优点。

2.1.1 数控加工的定义及特点

数控加工就是在对工件材料进行加工之前，事先在计算机上编写好程序，再将这些程序输入到利用计算机控制的加工机床里进行加工，或者直接在利用计算机控制的数控机床的面板上输入指令来操作机床进行加工。整个过程包括走刀、换刀、变速、变向、停车等，这些都是数控机床自动完成的。

传统工业机械加工都是工人用手工操作机床，而现代工业机械加工已经广泛采用数控加工。作为先进的加工工具，数控机床具有以下特点：

（1）生产效益一般比通用机床提高 3 ～ 5 倍，多的可达到 8 ～ 10 倍。

（2）减少刀具、夹具的存储和花费，减少零件的库存和搬运次数。

（3）减少工装和人为误差，提高零件加工精度，重复精度高，互换性好。

（4）缩短新产品的试制和生产周期（当改变零件设计时，只需改变零件程序即可），易于组织多品种生产，使企业能对市场需要迅速做出响应。

（5）能加工传统方法不能加工的大型复杂零件。

（6）有利于产品质量的控制，便于生产管理。

（7）减轻了劳动强度，改善了劳动条件，节省了人力，降低了劳动成本。

当然，数控机床系统比较复杂，初始投资和技术维修费用较高，要求管理及操作人员的素质也较高。

2.1.2 CAM 系统简介

CAM 系统组成如图 2-1 所示。

图 2-1
CAM 系统组成

一个典型 CAM 系统由两个部分组成：一是计算机辅助编程系统；二是数控加工设备。

计算机辅助编程系统又由两个部分组成，即计算机硬件和自动编程软件。

计算机辅助编程系统是根据工件的几何信息计算出加工过程的刀具路径，并编写出数控程序的过程。

计算机自动编程软件就是通常说的 CAM 软件，它是计算机辅助编程系统的核心。其主要功能包括数据输入 / 输出、加工轨迹计算与编辑、工艺参数设置、加工仿真、数据程序后处理、数据管理等。

一般来说，迄今为止发展较为成熟的 CAM 软件有以下几种：

1．Unigraphics（UG）

UG 集美国航空航天、汽车工业的经验于一体，成为机械集成化 CAD/CAE/CAM 主流软件之一。UG 现归 UGS 公司拥有，主要应用在航空航天、汽车、通用机械、模具、家电等领域。它采用自由的复合建模技术，局部参数化、强大的曲面功能和方便的布尔运算，使设计师应用时得心应手。在 UG 新版本中，板金、注塑模、级进模、机械管路、外观造型、工程图、加工、电气线路、电极、装配、造船、人体仿真、运动仿真、高级 FEA 等模块众多。特别是在高级分析模块中，用 NX Nastran 全面替代了以前的 Structure P.E.，精确度大幅提高；增加了接触分析，使模型更接近真实状态。

2．Pro Engineer（Pro/E）

Pro/E 属美国 PTC 公司。20 世纪 90 年代初，PTC 已成为全球 CAD/CAM 市场增长最快的公司。Pro/E 系统是一个全参数化、基于特征和全相关的系统，它把所有的功能模块在统一的数据库下联系起来，使其在同一数据库结构下工作时提供了所有工程项目之间的全关联，在参数设计技术上独领风骚。不过全参数的模型设计，也决定了它比较适合于零件相对简单而部件结构比较复杂的产品。

3．SolidWorks

SolidWorks 创建于 1993 年 12 月，总部设在美国麻省 Concord。在软件开发中，SolidWorks 采用最好的几何平台 ACIS、Parasolid 和约束求解 DCM 组件。其第一版于 1995 年 11 月上市，在 AutoFACT 展示会上重演了当年 Pro/E 赢得观众一片叫好的火爆场面。由于定位准确，SolidWorks 发展的速度超越了 AutoCAD，也超越了 Pro/E。1997 年 6 月法国达索飞机公司收购了 SolidWorks，但并没有改变原来的管理班子和业务运转方式。

4．CATIA

CATIA 是法国达索飞机公司开发的 CAD/CAM 软件，在中国由 IBM 公司代理销售。CATIA 软件以其强大的功能在飞机、汽车、轮船等设计领域享有很高的声誉。全球知名的汽车公司已经全部切换为 CATIA 设计，中国一汽集团也在 CATIA 上投入将近 1 亿元。由此可见大家对 CATIA 软件的认可程度。北汽福田汽车公司于 2003 年引进 CATIA 5，当年就在其旗下的欧曼重卡体现出明显的效益。CATIA 软件在汽车设计上的应用越来越广泛。

5．Cimatron

Cimatron 属于 1982 年成立的以色列 Cimatron 公司，该软件具有功能齐全、操作简便、学习简单、经济实用的特点，受到小型加工企业特别是模具企业的欢迎，在我国有广泛的应用。其中 Cimatron E 是基于 Windows 平台开发的。Cimatron E 全面的 NC 解决方案包含一系列久经市场检验的加工策略，为用户提供了无与伦比的加工效率。在制造业，Cimatron 已用于高速铣床的 2.5～5 轴刀路、毛坯残留知识和能够显著减少编程与加工时间的模板。特别是因为它拥有完全智能和基于特征的 NC 处理，为高级用户提供了足够灵活的控制权。

6．MasterCAM

MasterCAM 是美国 CNC Software 公司研制开发的 CAD/CAM 软件，一开始就是在 Windows 平台下开发的，分为 DESIGN 设计模块、MILL 铣床加工模块、LATHE 车床加工模块和 WIRE 线切割加工模块；也是一种简单易学、经济实用的小型 CAD/CAM

软件。它具有方便直观的几何造型，MasterCAM 提供了设计零件外形所需的理想环境，其强大稳定的造型功能可设计出复杂的曲线、曲面零件。MasterCAM 具有强劲的曲面粗加工及灵活的曲面精加工功能。用 MasterCAM 软件编制复杂零件的加工程序极为方便，而且能对加工过程进行实时仿真，真实反映加工过程中的实际情况，MasterCAM 不愧为一个优秀的 CAD/CAM 软件。

7. 国产软件 CAXA

CAXA 是我国制造业信息化 CAD/CAM/PLM 领域自主知识产权软件的优秀代表和知名品牌。CAXA 始终坚持走市场化道路，截至 2004 年底已累计成功销售正版软件150 000 套以上，赢得广大企业用户与工程技术人员的信任和好评，是我国 CAD/CAM/PLM 业界的领导者和主要供应商。

其他常用的 CAD/CAM 软件还包括 DELCAM 公司的 POWERMILL 和 HZS 公司的SPACE-E 等。

■— 2.1.3 数控加工的基本原理 —■

数控刀轨是由一系列简单的线段连接而成的折线，折线上的节点称为刀位点，刀具的中心点沿着刀轨依次经过每一个刀位点，从而切削出工件的形状。

刀具从一个刀位点移动到下一个刀位点的运动称为数控机床的插补运动。由于数控机床一般只能以直线或圆弧这两种简单的运动形式完成插补，所以产生的刀轨只是由许多直线段和圆弧段将刀轨连接而成的折线。

一般来说，数控加工工艺和通用机床加工工艺原则上是基本一致的。在通用机床上加工零件时，每道工序的操作内容记录在工艺规程或工艺卡片上，操作者按照工艺卡片上具体流程进行加工。而数控机床加工零件时，全部的工艺过程、工艺参数和位移数据是以程序的形式记录在控制系统里，从而控制机床的运动。

2.2 数控加工基本知识

众所周知，利用数控加工技术可以完成很多以前不能完成的曲面零件的加工，而且加工的准确性和精度等都能够得到很好的保证。在进入加工操作之前我们首先要学习数控过程中常见的加工术语以及编程基础，熟练掌握这些知识才能为后面数控加工的学习打下良好基础。

■— 2.2.1 数控加工术语 —■

数控加工的专业性很强，术语比较多，掌握数控加工的专业术语对于学好 UG 数控加工非常必要。

1. 数控程序

数控编程是把零件的工艺过程、工艺参数、机床的运动，以及刀具位移量等信息用数控语言记录在程序单上，并经校核的全过程。为了与数控系统的内部程序及自动编程用的零件源程序相区别，把从外部输入的直接用于加工的程序称为数控加工程序，简称数控程序。

2. 插补、直线插补、圆弧插补

（1）插补。大多数机器零件的轮廓形状，一般是由一些简单的几何元素（直线、圆

弧等）构成的，并且一般情况下我们仅仅知道构成零件轮廓的几何元素的起点和终点坐标等参数。这在数控机床上加工符合要求的零件轮廓是不够的，还需要根据有关的信息指令进行"数据密化"，即根据给定的信息在轮廓起点和终点之间计算出若干个中间点的坐标值。

（2）直线插补。在此插补方式中，两点间的插补沿着直线的点群来逼近，沿此直线控制刀具的运动。

（3）圆弧插补。在此插补方式中，根据两端点间的插补数字信息，计算出逼近实际圆弧的点群，控制刀具沿这些点运动，加工出圆弧曲线。

3. 刀具补偿

数控机床的加工过程中是通过控制刀具中心或刀架参考点来实现加工轨迹的，然而我们知道，实际参与切削的部位只是刀具的刀尖或刀刃边缘，它们与刀具中心或刀架参考点之间存在偏差。刀具补偿就是通过数控系统计算出偏差值，将控制对象由刀具中心或刀架参考点变换到刀尖或刀刃边缘上，这样可以大大减少数控编程的工作量，提高数控程序的利用率。刀具补偿包括刀具半径补偿和刀具长度补偿。

4. 固定原点和浮动原点

固定原点又称机床原点，它是数控机床的一个固定参考点。例如，CK630 数控机床的固定原点的位置是 X=200mm、Z=400mm。

浮动原点体现了数控机床的一种性能，具有浮动原点功能的数控机床，可以用同一条"纸带"在工作台的不同位置上加工出相同的形状。数控系统中并不需要存储永久的原点位置，数控测量系统的原点可以设在相对机床基准点的任一位置上。

5. 定位精度和重复精度

定位精度是指数控机床定位块单次移动时所能达到的精度值；重复精度是指定位块反复运动时，每次在相同定位点的精度值。这两个数据在数控剪板机和折弯机上都有很高的要求。

6. 刀具路径

刀具路径是由操作产生的刀具运动轨迹，包括加工选定的几何体的刀具位置、进给量、切削速度和后置处理命令等信息。一个刀具路径源文件可以包含一个或多个刀具路径。

7. 后置处理

后置处理是将 Unigraphics NX 生成的刀具路径，转化成指定的数控系统可以识别的数据格式的过程。处理结果就是可用于数控加工的 NC 程序。

8. 加工坐标系

加工坐标系是所有刀具路径输出点的基准位置，刀具路径中的所有数据相对于该坐标系。加工坐标系是所有加工模板文件中的默认对象之一，系统默认的加工坐标系与绝对坐标系相同。加工一个零件，用户可以创建多个加工坐标系，但一次走刀只能使用一个坐标系。

9. 参考坐标系

参考坐标系确定所有非模型数据的基准位置，如刀轴方向、安全退刀面等。系统默认的参考坐标系为绝对坐标系。

10．横向进给量

横向进给量也称跨距，指相邻刀具路径之间的距离。车削加工指径向切削的切削深度，铣削加工指铣削宽度。

11．其他专用术语

数控加工的其他专业术语如下：

参考位置：机床启动用的沿着坐标轴上的一个固定点。

绝对尺寸：距一坐标系原点的直线距离或角度值。

增量尺寸：在一序列点的增量中，各点距前一点的距离或角度值。

字符：用于表示一组织或控制数据的一组元素符号。

控制字符：出现于特定的信息文本中，表示某一控制功能的字符。

准备功能：使机床或控制系统建立加工功能方式的命令。

辅助功能：控制机床或系统的开\关功能的一种命令。

刀具功能：依据相应的格式规范识别或调入工具。

进给功能：定义进给速度技术规范的命令。

主轴速度功能：定义主轴速度技术规范的命令。

子程序：加工程序的一部分，子程序可由适当的加工控制命令调用而生效。

材料边：材料边指定保留材料不被切除的那一侧边界。

边界：边界是限制刀具运动范围的直线或曲线，用于定义切削区域，用于定义切削区域。边界可以封闭，也可以不封闭。

零件几何：零件几何是加工中需要保留的那部分材料，即加工后的零件或半成品。

毛坯几何：毛坯几何是用于加工零件的原材料，即毛坯。

检查几何：检查几何是加工过程中需要避开与刀具碰撞的对象。检查几何可以是某个零件的某个部位，也可以是夹具中的某个零件。

2.2.2 数控加工坐标系

数控加工中所采用的坐标系有 3 种类型：机械坐标系、编程坐标系和加工坐标系。

加工坐标系是指以确定的加工原点为基准所建立的坐标系。

加工原点也称为程序原点，是指零件被装夹好后，相应的编程原点在机床坐标系中的位置。

在加工过程中，数控机床是按照工件装夹好后所确定的加工原点位置和程序要求进行加工的。编程人员在编制程序时，只要根据零件图样就可以选定编程原点，建立编程坐标系，计算坐标数值，而不必考虑工件毛坯装夹的实际位置。对于加工人员来说，则应在装夹工件、调试程序时，将编程原点转换为加工原点，并确定加工原点的位置在数控系统中给予设定（即给出原点设定值），设定加工坐标系后就可根据刀具当前位置，确定刀具起始点的坐标值。在加工时，工件各尺寸的坐标值都是相对于加工原点而言的，这样数控机床才能按照准确的加工坐标系位置开始加工。

2.2.3 数控加工编程基础

从零件图样分析开始，到获得数控机床所需的加工程序（或控制介质）的过程称为程序编制。

程序编制有手工编程和自动编程。手工编程在点位直线加工及直线圆弧组成的轮廓加工中仍被广泛应用，但对于曲线轮廓、三维曲面等复杂形面，一般采用计算机自动编程。

自动编程与手工编程相比，编程的准确性和质量提高，特别是复杂零件的编程，其技术经济效益显著。

数控机床程序编制的内容与步骤一般包括：分析零件图样、确定加工工艺过程、数值计算、编写零件加工程序单、程序输入数控系统、校核加工程序和首件试切加工。程序编制的一般步骤如图 2-2 所示。

图 2-2
编制程序一般步骤

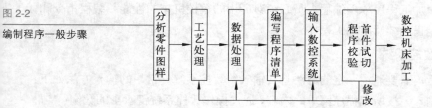

1. 分析零件图样

通过零件图样对零件材料、形状、尺寸、精度及毛坯形状和热处理进行分析，以便确定该零件是否适合在数控机床上加工，或适合在哪种类型的数控机床上加工，明确加工的内容及要求，确定加工方案，选择合适的数控机床，设计夹具，选择刀具，确定合理的走刀路线及选择合理的切削用量等。一般说来，只有那些属于批量小、形状复杂、精度要求高及生产周期要求短的零件，才最适合数控加工。

2. 确定加工工艺过程

在对零件图样做了全面的分析后，确定零件的加工方法（如采用的工夹具、装夹定位方法等）、加工路线（如对刀方式、选择对刀点、换刀点、制订进给路线以及确定加工余量）及切削用量等工艺参数（如进给速度、主轴转速、切削宽度和切削深度等）。制订数控加工工艺时，具体考虑以下几方面：

（1）确定加工方案。除了考虑数控机床使用的合理性及经济性，并充分发挥数控机床的功能外，还须遵循数控加工的特点，按照工序集中的原则，尽可能在一次装夹中完成所有工序。

（2）工夹具的设计和选择。确定采用的工夹具、装夹定位方法等，减少辅助时间。若使用组合夹具，生产准备周期短，夹具零件可以反复使用，经济效果好。此外，所用夹具应便于安装，便于协调工件和机床坐标系的尺寸关系。

（3）正确选择编程原点及坐标系。对于数控机床来说，编程原点及坐标系的选择原则包括：所选的编程原点及坐标系应使程序编制简单；编程原点、对刀点应选在容易找正并在加工过程中便于检查的位置；引起的加工误差小。

（4）选择合理的进给路线。进给路线的选择应从 5 个方面考虑：进给路线尽量短，并使数值计算容易，减少空行程，提高生产效率；合理选取起刀点、切入点和切入方式，保证切入过程平稳，没有冲击；保证加工零件精度和表面粗糙度的要求；保证加工过程的安全性，避免刀具与非加工面的干涉；有利于简化数值计算，减少程序段数目和编制程序工作量。

（5）选择合理的刀具。根据零件材料的性能、机床的加工能力、加工工序的类型、切削用量以及其他与加工有关的因素来选择刀具。

（6）确定合理的切削用量。在工艺处理中必须正确确定切削用量。

3. 数值计算

根据零件图样上零件的几何尺寸及确定的加工路线、切削用量和刀具半径补偿方式等，计算刀具的运动轨迹，计算出数控机床所需输入的刀位数据。数值计算主要包括计算零件轮廓的基点和节点坐标等。

4．编写零件的加工程序清单

在完成上述工艺处理和数值计算之后，根据计算出来的刀具运动轨迹坐标值和已确定的加工路线、刀具、切削用量以及辅助动作，依据数控系统规定使用的指令代码及程序段格式，逐段编写零件加工程序单。编程人员必须对所用的数控机床的性能、编程指令和代码都非常熟悉，才能正确编写出加工程序。

5．程序输入数控系统

程序单编好之后，需要通过一定的方法将其输入给数控系统。常用的输入方法如下：

（1）手动数据输入。按所编程序清单的内容，通过操作数控系统键盘上的数字、字母、符号键进行输入，同时利用 CRT 显示内容进行检查，即将程序清单的内容直接通过数控系统的键盘手动输入到数控系统。对于不太复杂的零件常用手动数据输入（MDI）显得较为方便、及时。

（2）用控制介质输入。控制介质输入方式是将加工程序记录在穿孔纸带、磁带、磁盘等介质上，用输入装置一次性输入。穿孔纸带方式由于是用机械的代码孔，不易受环境的影响，是数控机床传统的信息载体。穿孔纸带上的程序代码通过光电阅读机输入给数控系统，而磁带、磁盘上的程序代码是通过磁带收录机、磁盘驱动器等装置输入数控系统的。

（3）通过机床的通信接口输入。将数控加工程序通过与机床控制系统的通信接口连接的电缆直接快速输入到机床的数控装置中，对于程序量较大的情况，输入快捷。

6．校核加工程序和首件试切加工

通常数控零件加工程序输入完成后，必须经过校核和首件试切加工才能正式使用。校核一般是将加工程序中的加工信息输入给数控系统进行空运转检验，也可在数控机床上用笔代替刀具，以坐标纸代替零件进行画图模拟加工，以检验机床动作和运动轨迹的正确性。

但是，校核后的零件加工程序只能检验出运动是否正确，还不能确定出因编程计算不准确或刀具调整不当造成加工误差的大小，即不能检查出被加工零件的加工精度，因而还必须经过首件试切加工进行实际检查，进一步考察程序清单的正确性并检查工件是否达到加工精度。根据试切情况进行程序单的修改以及采取尺寸补偿措施等，当发现有加工误差时，应分析误差产生的原因，找出问题所在，加以修正，直到加工出满足要求的零件为止。

2.3 数控加工工艺

UG 数控加工提供了很多加工操作，包括 CAM 基础（CAM Base）、车削（Lathe）、型腔铣削（Cavity Milling）、固定轴铣削（Fixed-Axis Milling）、可变轴铣削（Variable Axis Milling）、顺序铣（Sequential Millling）、线切割（Wire EDM）、后处理（Postprocessing）等工艺操作。各个不同的功能模块将根据不同工艺特点来实现不同用途，下面将介绍各个模块在加工工艺中的特点，让用户对各加工操作有一定认识。

下面将对数控加工中常见工艺模块的功能特点进行简单介绍。

1．车削（Lathe）

提供了粗车、多次走刀精车、车退刀槽、螺纹、钻孔等加工功能。

2．型腔铣削（Cavity Milling）

可完成型腔粗加工，或是沿任意类似型腔的形状进行加工操作，可加工设计精度低、曲面之间有间隙或重叠的工件，若发现腔面异常，可进行自动更正，或在用户规定的公差范围内进行加工。

3．固定轴铣削（Fixed-Axis Milling）

提供了逆铣、顺铣以及螺旋进刀的方式，能够自动识别前道工序中未能切除的未加工区域和陡峭区域。

4．可变轴铣削（Variable Axis Milling）

支持定轴和多轴铣削，可加工 UG 造型模块中的任何几何体，并保持主模型的相关性。

5．顺序铣（Sequential Millling）

支持 2～5 轴的铣削编程，允许用户交互式的一段一段地生成刀具路径，并保持对过程中的每一步控制。它提供循环功能，使用户可以仅定义某个曲面上最内和最外的刀具路径，该模块数控加工中的特有模块，适合于高难度数控编程。

6．线切割（Wire EDM）

支持 2 轴或 4 轴的线切割加工，并可用后置处理器开发专用的后处理程序。

2.3.2 数控加工工艺分析与规划

数控加工工艺分析是数控编程的核心部分。程序员要想编制出高质量、高水准的数控程序，必须把数控加工工艺合理、科学地融入到数控编程中，通过数控编程逐步完善数控加工工艺。

数控加工的工艺特点决定了数控编程和工艺分析是密不可分的，所以要想编制出一个高效而且优质的数控程序，必须充分考虑所要加工零件的具体特点，做好加工工艺分析。数控加工工艺分析的主要内容如下：

（1）选择适合在数控机床上加工的零件以确定工序内容。

（2）分析所要加工零件的 CAD 模型以明确技术要求和加工内容。

（3）安排加工工序并选用合适的机床。

（4）设置 CAM 软件中的参数，包括刀具的选择及其参数的设计、加工对象及加工区域的设置、切削方式的选择及切削用量的设置、进刀方式的设置等。

（5）编制数控加工工艺规划文件。

在分析数控加工工艺的基础上，一个优秀的数控程序员必须边学边用，从生产实践中不断总结经验和教训，才能完成一份完整且优质的加工工艺规划。数控加工工艺规划应该按照以下步骤进行分析和制订：

（1）选择数控机床和加工方法。

（2）安装零件和选择夹具。

（3）选择刀具并安排工序及工步。

（4）分配加工余量并选择刀轨形式。

（5）控制误差、残余高度、切削工艺、安全高度和避让区域。

（6）估算工时，绘制工艺图并编制工艺文件。

2.4 数控机床介绍

数控机床是数字控制机床的简称，是一种装有程序控制系统的自动化机床。该控制系统能逻辑地处理具有控制编码或其他符号指令规定的程序，并将其译码，从而控制机床，对零件进行加工。

2.4.1 数控机床简介

数控机床一般由下面几个部分组成，如图 2-3 所示。

图 2-3

数控机床的构成

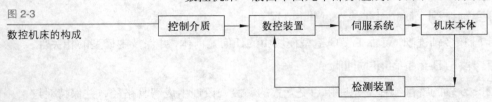

（1）机床本体。它是数控机床的主体，用于完成各种切削加工的机械部分。

（2）控制介质。它以指令的形式记载各种加工信息，并将加工信息输入到数控装置，控制数控机床对零件进行切削加工。

（3）数控装置。它是数控机床的核心，用于输入数字化的零件加工程序，并将之存储、变换、插补运算，以及实现各种控制功能。

（4）伺服系统。它是数控机床的执行系统，用于控制机床运动部件按加工程序指令运动。

（5）检测装置。它由检测元件和相应的电路组成，用于检测机床工作台和主轴移动的位移量、移动速度等参数，通过模拟转换变成数字信号，反馈到数控装置中，数控装置根据反馈回来的信息进行判断并发出相应的指令，纠正所产生的误差。

2.4.2 数控机床的分类

数控机床的分类有多种方式，下面将介绍几种最常见的分类形式。

1. 按加工工艺方法分类

（1）一般数控机床。与传统的机械加工车、铣、钻、镗、磨、齿轮相对应的数控机床有数控车床、数控铣床、数控钻床、数控镗床、数控磨床、数控齿轮加工机床等，而且每一类又有很多品种，例如数控铣床就有数控立铣、数控卧铣、数控工具铣及数控龙门铣等。尽管这些数控机床加工工艺方法存在很大差别，具体的控制方式也各不相同，但它们都具有很好的精度一致性，较高的生产率和自动化程度，都适合加工单件、小批量和复杂零件。

（2）数控加工中心。这类数控机床是在一般数控机床的基础上加装一个刀库和自动换刀装置，构成一种带自动换刀装置的数控机床。典型的数控加工中心有镗铣加工中心和车削加工中心。

数控加工中心又称为多工序数控机床。在加工中心上，零件一次装夹后，可进行多种工艺、多道工序的集中连续加工，这就大大减少了机床台数。由于装卸零件、更换和调整刀具的辅助时间缩减，从而提高了加工效率，同时由于克服了多次安装的定位误差，减少了机床台数，所以提高了生产效率和加工自动化的程度。因此，近年来数控加工中心得以迅速发展和应用。

（3）特种加工类数控机床。除了切削加工数控机床以外，数控技术也大量用于数控电火花线切割机床、数控电火花成型机床、数控等离子弧切割机床、数控火焰切割机床，以及数控激光加工机床等。

（4）板材加工类数控机床。常见的应用于金属板材加工的数控机床有数控压力机、数控剪板机和数控折弯机等。

近年来，其他机械设备中也大量采用了数控技术，如数控多坐标测量机、自动绘图机及工业机器人等。

2．按运动控制的方式分类

（1）点位控制的数控机床。点位控制的数控机床只要求获得准确的加工坐标点的位置，在移动过程中不进行加工，对两点间的移动速度和运动轨迹没有严格要求，可以沿多个坐标同时移动，也可以沿各个坐标先后移动。为了减少移动时间和提高终点位置的定位精度，一般采取先快速移动，当接近终点位置时，再降速缓慢靠近终点的方式，以保证定位精度。

采用点位控制的机床有数控钻床、数控坐标镗床、数控冲床和数控测量机等。

（2）点位直线控制的数控机床。点位直线控制的数控机床除了要求控制位移终点位置外，还能实现坐标轴的直线切削加工，并且可以设定直线加工的进给速度。因此，这类机床应具有主轴转速的选择与控制、切削速度与刀具的选择以及循环进给加工等辅助功能。这种控制方式常用于简易数控车床、数控镗铣床等。

（3）轮廓控制的数控机床。轮廓控制的数控机床能够对两个或两个以上的坐标轴同时进行控制，这类机床不仅能够控制机床移动部件的起点与终点坐标值，而且能够控制整个加工过程中每一点的速度与位移量。其数控装置一般要求具有直线和圆弧插补功能、主轴转速控制功能及较齐全的辅助功能。这类机床用于加工曲面、凸轮及叶片等复杂零件。

轮廓控制的数控机床有数控铣床、车床、磨床和加工中心等。

3．按伺服系统的控制方式分类

按照数控机床对被控制量有无检测反馈装置，可以分为以下 4 类：

（1）开环控制数控机床。开环控制系统仅适用于加工精度要求不很高的中、小型数控机床，特别是简易经济型数控机床。

（2）闭环控制数控机床。这类控制的数控机床，因为把机床工作台纳入了控制环节，故称为闭环控制数控机床。闭环控制数控机床的定位精度高，但调试和维修都较困难，系统复杂、成本高。

（3）半闭环控制数控机床。半闭环控制数控系统的调试比较方便，并且具有很好的稳定性。目前大多将角度检测装置和伺服电动机设计成一体，这样可使结构更加紧凑。

（4）混合控制数控机床。将以上 3 类数控机床的特点结合起来，就形成了混合控制数控机床。混合控制数控特别适用于大型或重型数控机床。

4．按联动坐标轴的个数分类

（1）二坐标数控机床。此类机床只能以实现 X、Y 轴的联动去完成平面轮廓加工。

（2）三坐标数控机床。此类机床可完成复杂行面的加工。数控铣床中以三坐标数控铣床最为常见。

（3）四轴联动数控机床。

（4）五轴联动数控机床。

2.4.3 数控机床的发展趋势

随着微电子、计算机和控制技术的进步，数控机床主要朝着以下几个方面发展：

1. 高精度化

机床的加工精度，以及其可重复性和可信赖度高，性能长期稳定，能够在不同运行条件下"保证"零件的加工质量。从精密加工发展到超精密加工（特高精度加工），是世界各工业强国致力发展的方向。其精度从微米级到亚微米级，乃至纳米级（<10nm），其应用范围日趋广泛。随着高新技术的发展和对机电产品性能与质量要求的提高，机床用户对机床加工精度的要求也越来越高。为了满足用户的需要，近 10 多年来，普通级数控机床的加工精度已由 ±10μm 提高到了 ±5μm，精密级加工中心的加工精度则从 ±3 ~ 5μm，提高到了 ±1 ~ 1.5μm。

2. 高速度化

随着汽车、航空航天工业的发展，铝合金及其他新材料的应用日益广泛，对高速加工的需求越来越强劲。实现该目标的关键是提高切削速度，进给速度和减少辅助时间。

3. 高效率和复合化

在一台机床上尽可能完成一个零件的所有加工工序，同时又保持机床的通用性，能够迅速适应加工对象的改变。

4. 高柔性自动化

数控机床向柔性自动化系统发展的趋势是：既从点（数控单机、加工中心和数控复合加工机床）、线（FMC、FMS、FTL、FML）向面（工段车间独立制造岛、FA）、体（CIMS、分布式网络集成制造系统）的方向发展，又向注重应用性和经济性方向发展。柔性自动化技术是制造业适应动态市场需求及产品迅速更新的主要手段，是各国制造业发展的主流趋势，是先进制造领域的基础技术。

5. 高智能化

加工设备不仅提供"体力"，也有"头脑"，能够在线监测工况，独立自主地管理自己，并与企业的生产管理系统连网通信。智能化包含数控系统的各个方面：为追求加工效率和加工质量方面的智能化，如自适应控制、工艺参数自动生成；为提高驱动性能及使用连接方便方面的智能化，如前馈控制、电机参数的自适应运算、自动识别负载自动选定模型、自整定等；简化编程、简化操作方面的智能化。

6. 模块化、专门化与个性化

为了适应数控机床多品种、小批量的特点，数控机床结构向模块化发展，而数控功能向专门化发展。个性化也是近几年来特别明显的发展趋势。

7. 美观化、人性化

近年来机床制造商更加注重数控机床的人性化设计，造型美观、色调协调柔和、操作方便。

2.5 数控加工的基本流程

1．创建部件模型

UG NX 部件模型有零件、毛坯和装配等形式。在模拟刀具路径时，需要使用毛坯来观察零件的成形过程。因此，进入加工模块前，应在建模环境中建立用于成形零件的毛坯。毛坯可以用于成形零件的毛坯。毛坯可以是圆柱体、块体等材料，也可以通过拉伸或偏置零件的线与面来创建。

为了提高数据的独立性、安全性及相关操作速度，最好建立一个引用零件实体的装配部件作为加工基础。装配部件可以在建模环境中创建，也可以在加工环境中创建。

2．根据部件模型制订加工工艺规程

根据部件模型，事先完成加工工艺规程的制订，完成切削用量、加工方式等工艺参数的设置是保证数控加工顺利完成的前提。数控加工工艺规程与常规加工工艺规程的制订过程大致相同，请参考机械加工工艺师手册。

3．设置加工环境

加工环境设置包括 CAM 进程配置和 CAM 设置，选择合适的刀具库、材料库、切削用量库以加快编程速度。

4．创建程序组

程序组用于组织各加工操作和排列各操作在程序中的次序。合理地将各操作组成一个程序组，可在一次后置处理中按选择程序组的顺序输出多个操作。

5．创建刀具组

创建刀具组为铣削、车削和点位加工操作创建刀具或从刀具库中选取刀具。

6．创建几何体

创建几何体在零件上定义要加工的几何对象和指定零件在机床上的加工定位，包括加工坐标系、工件、边界和切削区域等。

7．创建方法

创建方法为粗加工、半精加工和精加工指定统一的加工误差、加工余量、进给量等参数。

8．创建操作

创建操作是在指定程序组下用合适的刀具对已建立的几何对象用合适的加工方法建立操作。

9．生成刀路轨迹

刀路轨迹是一个或多个操作，或者包含操作的程序组，通过生成刀具路径工具产生加工过程中刀具的运动轨迹。

10．验证刀路轨迹，生成车间文件

通过模拟、动态显示切削过程，验证刀具运动轨迹的合理性，生成包含零件材料、加工参数、控制参数、加工顺序、机床控制顺序、后置处理命令、刀具参数和刀具路径等信息的车间工艺文件。

11．后置处理

后置处理是根据机床参数格式化刀具位置源文件，并生成特定机床可以识别的 NC 程序的过程。

12．生成 NC 文件

NC 文件是后置处理过程生成的，可控制数控机床运动的文本文件。

Chapter 3

平面铣加工技术

本章内容及学习地图：

平面铣主要应用于直壁，且岛屿顶面和槽腔底面为平面的零件。它是一种较为基本的数控加工技术，本章节将介绍平面铣的加工基本流程、几何体设置与参数设置的基本知识，使读者对数控加工有一些初步认识，也为后面的深入学习奠定基础。

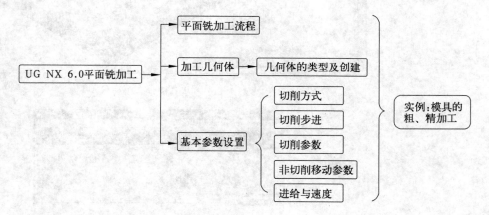

本章知识点：

- 平面铣操作的创建
- 加工几何体的创建
- 平面铣操作的几何体设置
- 平面铣基本参数的设置
- 平面铣粗加工与精加工的实际应用

本章视频

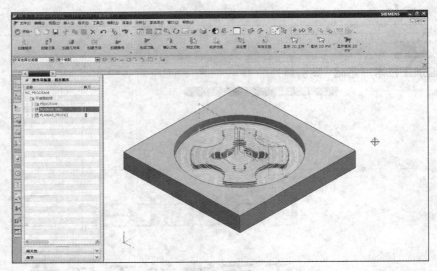

模具粗加工刀

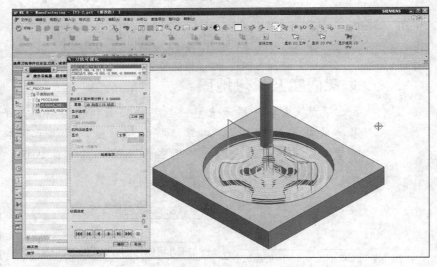

模具精加工刀

视频教学——粗、精加工

3.1 平面铣概述

平面铣加工主要应用于直壁，且岛屿顶面和槽腔底面为平面的零件。其独特优点在于：（1）可以通过边界和不同的材料侧方向，定义任何区域的任意切削深度；（2）无须做出完整造型而直接依据 2D 图形进行刀具路径的生成，调整方便；（3）很好地控制刀具在边界上的位置。

3.2 平面铣操作流程

1．设置加工环境

打开要进行加工的零件后，选择"开始"→"加工"命令，如图 3-1 所示。进入加工模块。当一个零件是首次进入加工模块时，首先要进行加工环境的初始化创建：选择一种合适的加工配置，如 "cam_general"，并指定模块零件为 "mill_planar"，如图 3-2 所示，再初始化进入加工环境，使用该环境就可以创建平面铣操作。

图 3-1

加工环境设置

图 3-2

加工环境"对话框

相关知识

UG NX 6.0 提供了包括建模、制图、加工、装配等多个功能模块，本章节以及后续章节中运用的均为加工模块内的操作。

2．平面铣的创建

在创建工作条上单击"创建操作"图标 ，系统会自动弹出"创建操作"对话框，选择"类型"为 mill_planar，即选择了平面铣加工操作建立模板，如图 3-3 所示。

3．创建平面铣的父节点组

在如图 3-3 所示的对话框中分别选择方法、刀具、几何体的父节点组选项。也可以在"面铣削区域"对话框中重新选择，在对话框中单击"确定"按钮，进行面铣削区域的设置，弹出的对话框如图 3-4 所示。在该对话框中，可以进行选择或者重建几何体、加工方法、刀具。

图 3-3

"创建操作"对话框

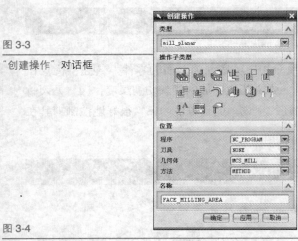

图 3-4

"面铣削区域"对话框

4．设置面铣削参数

"面铣削区域"对话框如图 3-4 所示，在对话框中选择"刀轨设置"选项并指定相关参数，这些参数都将对刀轨产生影响。

（1）设置几何体。包括部件几何体，以及切削区域、壁几何体、检查体的选择。

（2）设置操作基本参数。选择合适的切削模式，指定步距，如图 3-5、图 3-6 所示。

图 3-5

切削方式

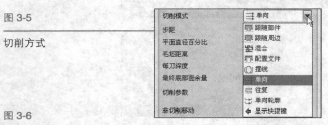

图 3-6

步距方式

相关知识

步距下拉菜单的内容会根据所选切削模式的不同而有所改变。

（3）设置选项参数。在操作对话框中依次进行进 / 退刀参数、切削、切削深度、角、避让、进给率等参数设置。

在如图 3-5 所示的对话框中单击"非切削移动"按钮可以进入如图 3-7（a）所示的对话框，在其中可设置进刀、退刀、传递 / 快速等各个参数。

图 3-7（a）

"非切削移动"对话框

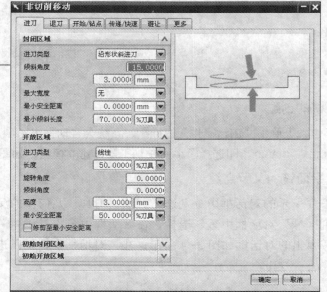

在如图 3-5 所示的对话框中单击"切削参数"按钮可以进入如图 3-7（b）所示的对话框，在其中可设置切削方向与切削角（①）、壁清理（②）等各个参数。

图 3-7（b）

"切削参数"对话框

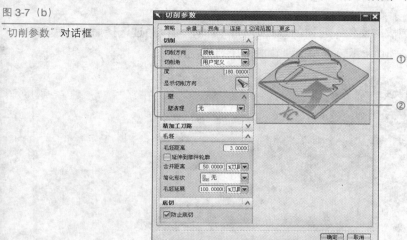

在"刀轨设置"选项卡中单击"进给和速度"按钮会弹出如图 3-8 所示的"进给和速度"对话框，在其中可具体设置主轴转速、进给率等一系列参数。

5. 生成平面铣操作并检验

在对话框中指定了所有的参数后，单击对话框底部的"生成刀轨"图标，如图 3-9 所示，用来生成刀轨。单击"确定"按钮关闭对话框，完成平面铣操作的创建。

对于生成刀具路径，如果有明显的错误或者不合理的存在，则必须进行参数的修改，再次生成操作并检验，必要时可以还进行 3D 动态模拟。

图 3-8

"进给和速度"对话框

图 3-9

"生成刀轨"按钮

3.3 平面铣的加工几何体

本节知识主要分为类型选择、几何体创建两大部分。加工几何体的设置是整个操作中最为基本的内容，它的选择将为后续加工中刀具的运动提供适合场所。下面将详细介绍各部分的主要功能和作用。

3.3.1 平面铣操作的几何体类型

平面铣的几何体边界用来计算刀位轨迹，定义刀具运动的范围。平面几何体设置中主要包括指定部件、指定切削区域、指定壁几何体和指定检查体 4 种，图 3-4 所示即为平面铣操作对话框中的几何体部分。

3.3.2 平面铣操作的几何体创建

1. 指定部件

部件边界用于描述完成的操作，它控制刀具运动的范围，可以通过选择面、曲线和点来定义零件边界，如图 3-10 所示，上顶面两轮廓选择为指定部件。

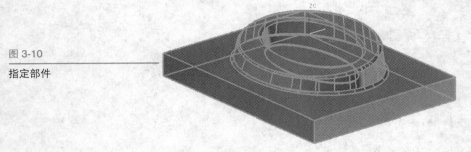

图 3-10
指定部件

2. 指定切削区域

切削区域用于描述将要被加工的材料范围。它的定义比部件几何体的定义更进一步，即所定义的加工范围更为具体，如图 3-11 所示，外圈轮廓被定义为指定切削区域。

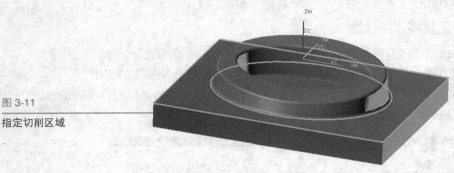

图 3-11
指定切削区域

3. 指定壁几何体

用于描述道具不能碰撞的区域，如夹具和压板位置。当刀具碰到检查几何体时，可以在检查边界的周围产生刀位轨迹，也可以产生退刀运动，这可以根据需要在"几何体"选项卡中选择"指定壁几何体"选项，在弹出的对话框中进行设置，如图 3-12（a）、图 3-12（b）所示。

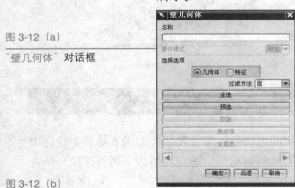

图 3-12（a）
"壁几何体"对话框

图 3-12（b）
指定壁几何体

4. 指定检查体

用于进一步控制刀具的运动范围，与零件边界一同使用时，对由零件边界生成的刀轨做进一步的修剪。

3.4 平面铣加工参数设置

切削方式用来设置刀具轨迹在平面铣操作加工切削区域的走刀路线，用于切削加工的走刀路线选择是否合理，直接影响到切削加工的速度和加工表面质量。因此，选择合理的切削方式十分重要。

3.4.1 切削方式

在各种类型加工操作对话框中，都可以看到"切削方式"选项，它的下拉列表中提供了 8 种可用的切削方法，分别为往复式切削、单向切削、单向轮廓切削、跟随周边、跟随部件、摆线式零件切削、配置文件、混合，如图 3-13 所示。

1．跟随部件

该切削方式也称为沿零件切削，是通过对所有指定的零件几何体进行偏置来产生刀轨。轮廓部分留料均匀有利于精加工，同时其切削负荷相对固定，如图 3-14 所示。

图 3-13

切削模式选项

图 3-14

跟随部件切削方式

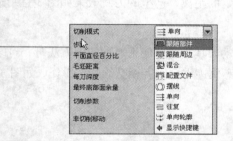

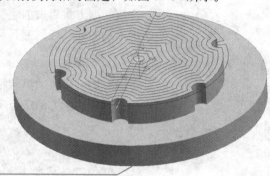

2．跟随周边

该切削方式又称为跟随边界切削，用于创建一系列同心线形式的刀具轨迹。它是通过对外围轮廓区域的偏置得到的。生成的刀轨都由系统根据零件形状的偏置产生，形状交叉的地方刀轨不规则，而且切削不连续，如图 3-15 所示。

3．摆线式切削

摆线加工通过产生一个小的回转圆圈，从而避免在切削时全刀切入时切削的材料量过大。可用于高速加工，以较低的而且相对均匀的切削负荷进行粗加工，如图 3-16 所示。

图 3-15

跟随周边切削方式

图 3-16

摆线切削方式

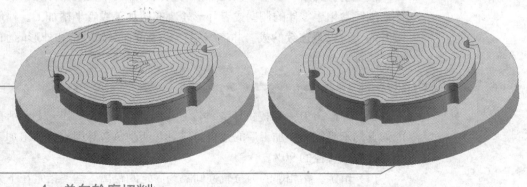

4．单向轮廓切削

该切削方式用于创建平行单向的刀具轨迹。以轮廓的单向切削方式产生刀具轨迹时，横向进给也是切削运动，所以也使用指定的切削速度进行横向进给。用此种方法，切削比较平稳，对刀具没有冲击，故常用于加工薄壁零件。产生的刀轨如图 3-17 所示。

5. 往复式切削

该切削方式用来创建一系列平行的往复式切削刀轨。采用该切削方式时，切削方向交替变化，顺铣和逆铣也交替变换，效果如图 3-18 所示。

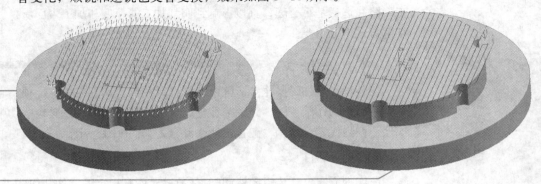

图 3-17
单向轮廓切削方式

图 3-18
往复切削方式

6. 单向切削

该切削方式用来创建一系列平行的单向切削刀轨。与往复式切削方式一样，为了保持切削运动的连续性，刀具可能要偏移一定的距离。产生的刀轨效果如图 3-19 所示。

7. 混合

混合切削严格地沿着指定的边界驱动刀具运动，使用这种切削方法时，可以允许刀轨自相交。该切削方法适合于雕花、刻字等轨迹重叠或者相交的加工操作，如图 3-20 所示。

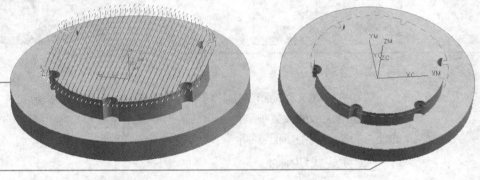

图 3-19
单向切削方式

图 3-20
混合切削

8. 配置文件

该切削方式用于创建一条或者指定数量的刀轨来完成零件侧壁或轮廓的切削。配置文件切削通常用于零件的侧壁或者外形轮廓的精加工或者半精加工。外形可以是封闭的或者敞开的，可以是连续的或者非连续的。具体的应用如内壁和外形的加工、拐角的补加工、陡壁的分层加工等。

3.4.2 切削步距

UG NX 6.0 一共提供了 4 种设置步距的方式，如图 3-21 所示。步距的确定需要考虑刀具的承受能力、加工后的残余材料量、切削负荷等因素。在粗加工时，最大可以设置为刀具有效直径的 90%。

（1）恒定。指相邻的刀位轨迹间隔为固定的距离。需要指定在下方的距离栏中输入其间隔的距离数值。

（2）残余高度。根据在指定的间隔刀位轨迹之间，刀具在工件上造成的残料高度来计算刀位轨迹的间隔距离。适用于使用球头刀进行加工时步进的计算。

（3）% 刀具平直。指定相邻的刀位轨迹间隔为刀具直径的百分比。通常在进行粗加工时，步进可以设置为刀具有效直径的 80% 左右，是较为常用的方法。

（4）多个 / 变量平均值。使用手动方式设定多段变化的刀位轨迹间隔，对每段间隔指定间隔的走刀次数。当切削方法为平行切削的各种切削方式时，可变步距的设置如图 3-22、图 3-23 所示；而切削方法为环绕切削的各种切削方式时，可变步距设置如图 3-24 所示。

图 3-21

"跟随部件模式"下的步距

图 3-22

设置刀路数与距离

图 3-23

"单向"切削模式下的步距

图 3-24

可变步距的设置

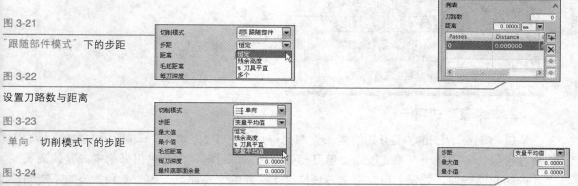

技术点拨

选择切削方式为"单向"后，步距的"多个"选项也随之转变为"变量平均值"。

3.4.3 切削参数

在"面铣削区域"对话框中单击"切削参数"按钮，将打开"切削参数"对话框，如图 3-25 所示。下面将主要介绍"策略""余量"选项卡。

图 3-25

"切削参数"对话框

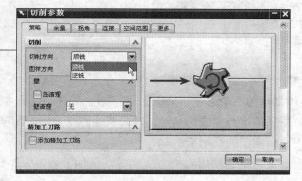

1."策略"选项卡

（1）切削方向。它包括顺铣和逆铣两种方式。图 3-26（a）所示为顺铣，图 3-26（b）所示为逆铣。

图 3-26（a）

"顺铣"切削

图 3-26（b）

"逆铣"切削

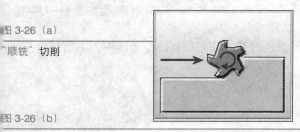
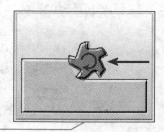

（2）壁清理。壁清理（①）可以清理零件壁或者岛屿壁上的残留材料，是在切削完每一个切削层后插入一个轮廓铣轨迹来进行的，如图 3-27 所示。使用"跟随周边"切削模式加工时，在零件壁上会有较大的残余量。

（3）岛清理。岛屿清理用于岛屿四周的额外残余材料（②），如图3-27所示。选中该复选框，则在每一个岛屿边界的周边都包含一条完整的刀具路径，用于清理残余材料。

图 3-27

"策略"选项卡

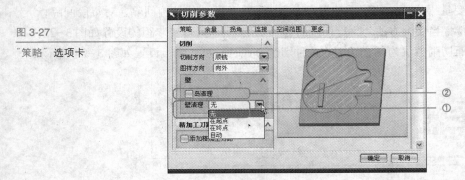

2. "余量"选项卡

（1）公差。它指定了刀具偏离工件的允许误差（①），如图3-28所示。数值越大，精度越低；数值越小，精度越高，但可能会增加加工时间。内公差用来指定刀具偏离工件内的允许误差。外误差用来指定刀具偏离工件外的允许误差。内公差和外公差不能同时为0。

图 3-28

"余量"选项卡

（2）余量。具体划分为5个选项（见图3-28 ②），其作用分别如下：

① 部件余量。用来指定当完成切削加工后，工件侧壁上尚未切削的材料量。

② 壁余量。用来指定壁的切削量。

③ 最终底部面余量。该选项用来指定当完成切削加工后，工件底面或岛屿顶部尚未切削的材料量。

④ 毛坯余量。用来指定刀具定位在毛坯几何体上的距离。

⑤ 检查余量。指定刀具与检查几何体之间偏置的距离。

3.4.4 非切削移动参数

在对话框中单击"非切削移动"按钮，系统打开"非切削移动"对话框。下面简单介绍几个重要选项卡内的参数含义。

1. "进刀"/"退刀"选项卡

"进刀"/"退刀"选项用于定义刀具在切入、切出零件时的距离和方向。该选项卡下又包含封闭区域和开放区域两个复选项。

（1）封闭区域进刀类型。如图3-29（a）所示，进刀类型有5种（①），分别为与开放区域相同、螺旋、沿形状斜进刀、插削、无。

图 3-29（a）

封闭区域进刀类型

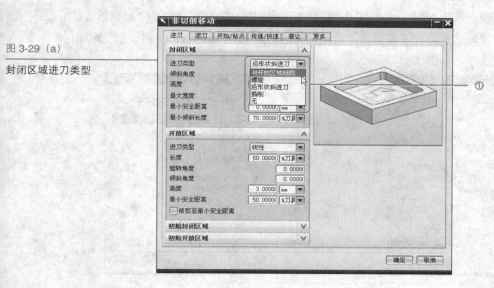

（2）开放区域。如图 3-29（b）所示，类型（②）包括与封闭区域相同、线性、线性 - 相对于切割、圆弧、点、线性 - 沿矢量、角度 角度 平面、矢量平面、无等 9 种。

图 3-29（b）

开放区域进刀类型

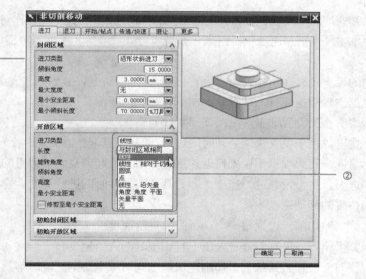

2. "开始" / "钻点" 选项卡

区域起点可以通过指定"默认区域起点"来定义刀具进刀位置和步进方向。使用默认方式时又有"角"和"中点"两个选项，如图 3-30 所示。

为了改善下刀时的刀具受力情况，除了使用倾斜下刀或者螺旋下刀方式来改善切削路径，也可以使用预钻孔的方式，先钻好一个大于刀具直径的孔，再在这个孔的中心下刀，然后水平进刀开始切削。图 3-31 所示为预钻孔的参数选项。

图 3-30

区域起点

图 3-31

预钻孔点

在"指定点"选项区域单击"点构造器"按钮，即可打开"点"对话框，如图3-32所示。设置预钻点时，需要指定一个预钻孔进刀点和一个可选择的深度值。类型中有许多选项可供选择，如图3-33所示。

图3-32

"点"构造器

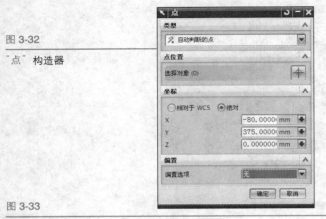

图3-33

点类型

3.4.5 进给和速度

进给和速度用于设置各种刀具运动类型的移动速度。在铣平面操作对话框中"刀轨设置"选项卡中单击"进给和速度"按钮，系统将打开"进给和速度"对话框，如图3-34（a）所示。

转速的设定可以在主轴转速栏中直接输入数值，将鼠标放置于"表面速度"数值框上，系统会根据主轴转速而自动计算。如图3-34（a）所示。

进给率的相关设置如下（见图3-34（b））：

（1）快进。用于设置快速运动时的进给，即从刀具起始点到下一个前进点的移动速度。

（2）逼近。此选项用于设置接近速度，即刀具从起刀点到进刀点的进给速度。

（3）进刀。用于设置进刀速度，即刀具切入零件时的进给速度。它是从刀具进刀点到初始切削位置的移动速度。

（4）第一刀切削。设置每一刀切削时的进给速度。

（5）单步执行。设置刀具进入下一行切削时的进给速度。

（6）移刀。设置刀具从一个切削区域跨越到另一个切削区域时刀具的移动速度。

（7）退刀。设置退刀速度，即刀具切出零件材料时的进给速度，即刀具完成切削退刀到退刀点的运动速度。

（8）离开。设置离开速度，即刀具从退刀点到返回点的移动速度。

图3-34（a）

"进给和速度"对话框

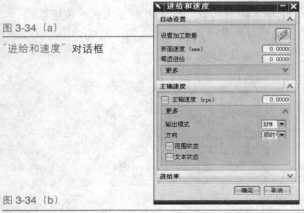

图3-34（b）

进给率设置

3.5 综合实例：零件平面铣加工

实例分析

本节通过某零件模具的加工操作，让读者通过实际加工熟悉面铣操作的整个过程，加工过程中分别采用了 D14 和 D8 的平底铣刀，对零件平面凹槽进行粗、精加工。平面铣加工时是较为常用的 2.5 轴加工方式，它广泛应用于直壁，且岛屿顶面和槽腔底面为平面的零件。通过本例的学习，读者将会熟悉和掌握 UG/CAM 系统中基于平面铣类加工的设计方法，同时了解相关数控加工工艺知识。

实例难度

★★★

制作方法和思路

创建平面铣操作并选择必要的父节点组，设置加工几何体，而后选择 D14 刀具，设置必要参数，对整体槽腔进行粗加工，而后运用 D8 铣刀，进行进一步精加工操作。最后生成刀路轨迹。

参考教学视频

光盘目录\视频教学\第3章 零件平面铣加工 .avi

实例文件

原始文件 光盘目录 \prt\T3-2.prt
最终文件 光盘目录 \SHILI\T3-2.prt

实例效果（见图 3-35（a）、图 3-35（b））

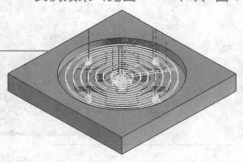

图 3-35（a）
粗加工刀轨

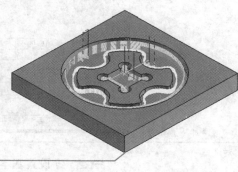

图 3-35（b）
精加工刀轨

▰▰▰ 3.5.1 创建粗加工操作

Step 1 打开零件模型：打开 UG NX 6.0，单击"打开文件"图标，打开零件模型 SHILI\T3-2.prt，图形如图 3-36 所示。在视图中对模型进行检视，确定模型没有明显的错误，并确认工作坐标系的坐标原点在模型最高平面，且在中心位置。

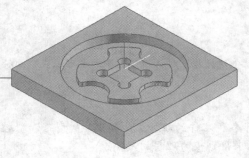

图 3-36
待加工模型

Step 2 进入加工模块：选择"开始"→"加工"命令（①），进入加工模块，如图 3-37 所示。

Step 3 指定 CAM 设置：CAM 会话设置默认为"cam_general"。单击"确定"按钮进行加工环境的初始化设置，如图 3-38 所示。

图 3-37

选择"加工"命令

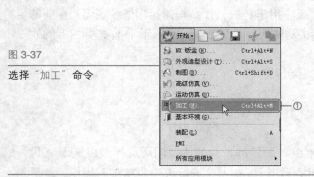

图 3-38

加工环境设置

Step 4 创建平面铣操作：在工具条上单击"创建操作"图标，在打开的如图 3-39 所示的"创建操作"对话框中进行设置，创建一个平面铣加工 PLANAR_MILL。确认选项后单击"确定"按钮进入"平面铣"对话框，如图 3-40 所示。

图 3-39

"创建操作"对话框

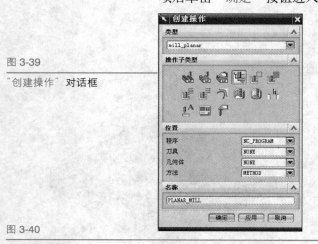

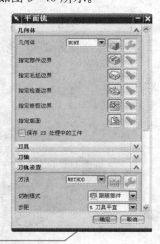

图 3-40

"平面铣"对话框

Step 5 设置基本操作参数：在"平面铣"对话框中进行参数设置，如图 3-41 所示。在"刀轨设置"选项卡中的切削模式下拉列表中选择"跟随周边"选项，设置"步距"为"刀具平直"，其百分比为 50%。

图 3-41

基本参数设置

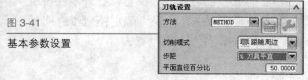

小知识

加工方法的选择可以在"创建操作"对话框中选取，也可以在"面铣削区域"中的"方法"下拉菜单中进行选择。

相关知识

"跟随周边"模式适用于各种零件的粗加工，如模具的型芯和型腔。一般可以通过调整步距、刀具或者毛坯的尺寸来得到较为理想的刀轨。

Step 6 刀具建立：由于当前没有刀具（刀具：NONE），单击"新建"按钮进入刀具选择与创建。系统将出现"新的刀具"对话框，如图 3-42 所示。按照如图 3-43 所示设置刀具参数。设置完毕后，单击"确定"按钮，结束铣刀的设定。

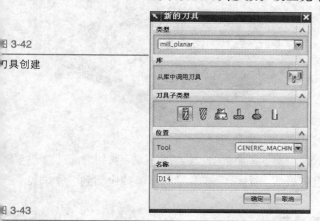

图 3-42 刀具创建

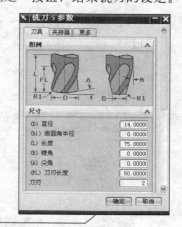

图 3-43 刀具参数设置

Step 7 选择部件几何体：（1）指定部件。选择"平面铣"对话框中的"几何体"选项，单击"指定部件边界"图标，系统打开"部件几何体"对话框，单击"全选"（①）按钮后再单击"确定"按钮完成设置，如图 3-44、图 3-45 所示。

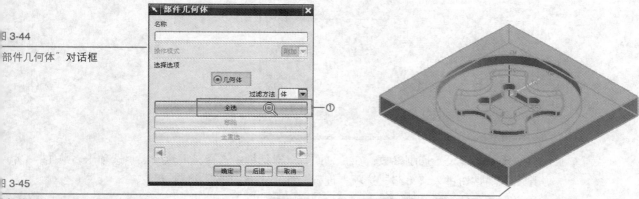

图 3-44 "部件几何体"对话框

图 3-45 选择的部件几何体

（2）指定切削区域。单击"指定切削区域"图标，在弹出的"切削区域"对话框中，选择过滤方式，然后在模型中选择需要加工的区域，如图 3-46、图 3-47 所示。

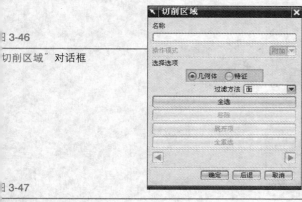

图 3-46 "切削区域"对话框

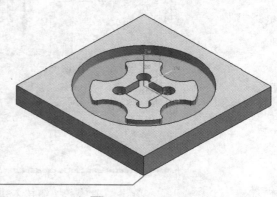

图 3-47 选择的切削区域

（3）指定壁几何体。单击"指定壁几何体"图标，系统打开如图 3-48 所示的"指定壁几何体"对话框。选择的壁几何体如图 3-49 所示。

图 3-48

"壁几何体"对话框

图 3-49

选择的壁几何体

Step 8 进刀／退刀方式：在"平面铣"对话框中单击"非切削移动"按钮进入进刀／退刀设置界面，如图 3-50 所示的方式进行设置。完成后单击"确定"按钮回到"平面铣"操作对话框中。

图 3-50

进刀参数设置

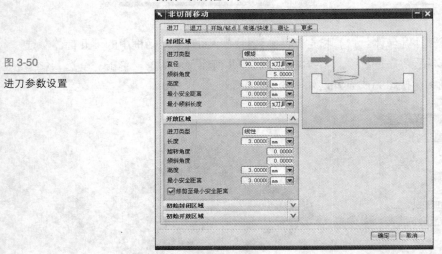

Step 9 设置切削参数：在"平面铣"对话框中选择"刀轨设置"选项卡，单击"切削参数"按钮进入"策略"选项卡设置，如图 3-51 所示。

图 3-51

"策略"选项卡设置

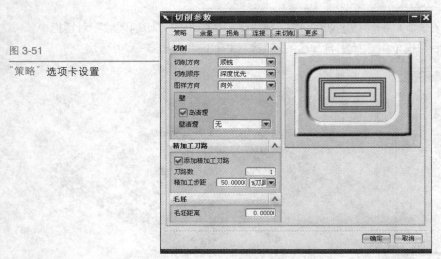

单击"余量"按钮接着进入"余量"选项卡，按图 3-52 所示进行设置，其余参数按默认值不变。

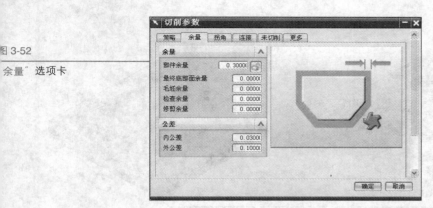

图 3-52

余量"选项卡

Step 10 设置安全平面：在"平面铣"操作对话框中，单击"非切削移动"按钮进入参数设置对话框。选择"传递 / 快速"选项卡，按图 3-53 所示的进行设置。设置"安全设置选项"为"平面"，单击"选择平面"按钮（①）进入如图 3-54 所示的"平面构造器"对话框。

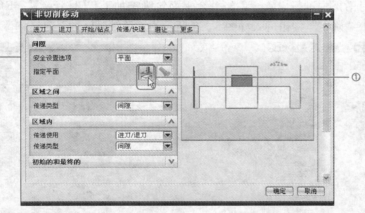

图 3-53

指定安全平面

Step 11 设置进给参数：在"平面铣"操作对话框中单击"进给和速度"按钮进入如图 3-55 所示的参数设置对话框。设置主轴转速为 500，切削速率为 250，其余参数默认不变。

图 3-54

平面构造器"对话框

图 3-55

进给参数设置

Step 12 生成刀路轨迹：操作对话框中的其他参数按默认值进行设置，完成了操作对话框中所有项目的设置后，单击选项卡中的"生成"图标 来生成刀路轨迹。如图 3-56 所示

Step 13 检验刀轨并进行切削仿真：通过"旋转"、"平移"等操作对生成刀路进行观察，单击"确认"按钮接受刀轨，还可单击"3D 动态"按钮，进行切削动态模拟，效果如图 3-57 所示。

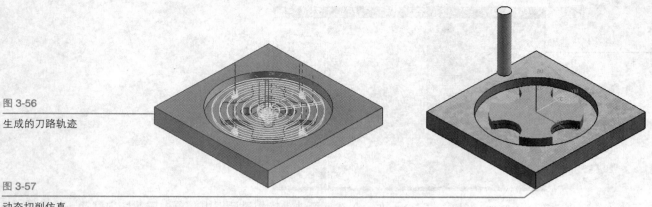

图 3-56

生成的刀路轨迹

图 3-57

动态切削仿真

3.5.2 创建精加工操作

Step 1 创建平面铣操作：接续前例加工，单击"创建操作"图标 ，在如图 3-58 所示的对话框中进行设置。创建一个平面轮廓铣加工"PLANAR_PROFILE_1"。确认选项后单击"确定"按钮进入如图 3-59 所示的"面铣削区域"对话框。

图 3-58

"创建操作"对话框

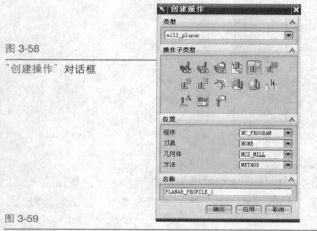

图 3-59

"平面轮廓"对话框

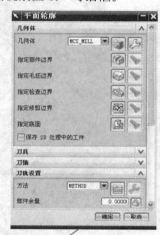

Step 2 刀具建立：由于当前没有刀具（刀具：NONE），单击"新建"按钮 ，系统将出现"新的刀具"对话框，如图 3-60 所示，设置"类型"为 mill_planar（①），"子类型"为平底铣刀（②）；在"名称"文本框中输入 D8（③），单击"确定"按钮进入铣刀设置对话框。按图 3-61 所示的设置刀具参数。

图 3-60

"新的刀具"对话框

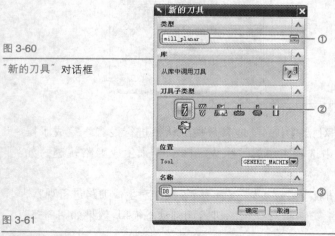

图 3-61

刀具参数设置

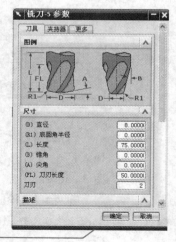

Step 3 选择几何体：(1)指定部件边界。在"平面轮廓"对话框中单击"指定部件边界"图标 ，系统打开"边界几何体"对话框，如图 3-62 所示，设置"模式"为"曲线 / 边"（①）后进入图 3-63 所示的"创建边界"对话框，并更改"材料测"为"外部"（②）。

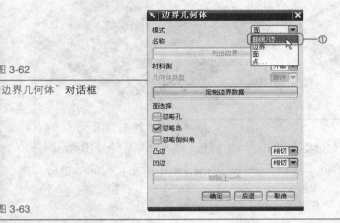

图 3-62

边界几何体"对话框

图 3-63

创建边界"对话框

在工件上拾取边界，如图 3-64 所示，单击"确定"按钮回到"平面轮廓"对话框，继续单击"指定部件边界"图标，在打开的对话框中单击"附加"按钮（①），进入下一个边界的选择，如图 3-65 所示。

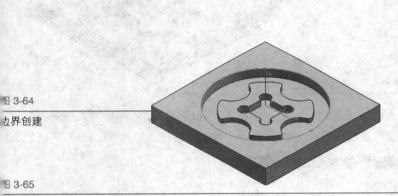

图 3-64

边界创建

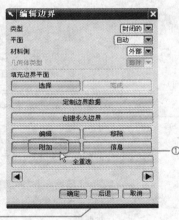

图 3-65

附加边界的创建

系统弹出如图 3-62 所示的对话框，重复上面步骤继续在工件上拾取下一个边界，如图 3-66 所示。单击"确定"按钮回到"平面轮廓"对话框中，单击"指定部件边界"图标，在打开的对话框中单击"附加"按钮，在弹出的"创建边界"对话框中更改"材料测"为"内部"，如图 3-67 所示。

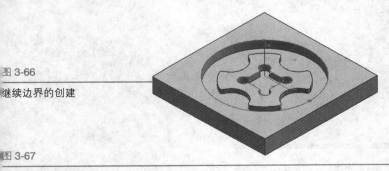

图 3-66

继续边界的创建

图 3-67

更改材料测选项

在工件体上选择最后一组边界，选择结果如图 3-68 所示。

（2）指定检查边界：单击"确定"按钮回到"平面轮廓"对话框中，单击"指定检查边界"图标，在"创建边界"对话框中设置"材料测"为"外部"，拾取检查边界如图 3-69 所示。

图 3-68

选择完成的边界

图 3-69

检查边界

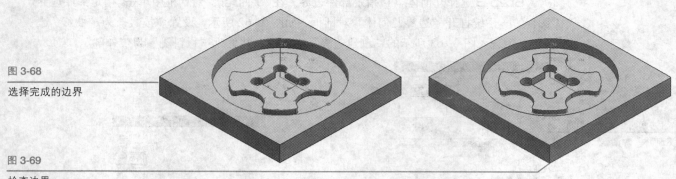

（3）指定底面：在"平面轮廓"对话框中单击"指定底面"图标，系统弹出如图 3-70 所示的"平面构造器"对话框，拾取工件内部底面，如图 3-71 所示，完成后单击"确定"按钮。

图 3-70

"平面构造器"对话框

图 3-71

底面选择

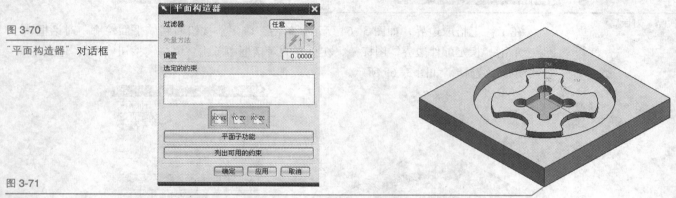

Step 4 进刀方式：在"平面轮廓"对话框中单击"非切削移动"图标进入进刀设置对话框，如图 3-72 所示进行参数设置。完成后单击"确定"按钮。

图 3-72

进刀参数设置

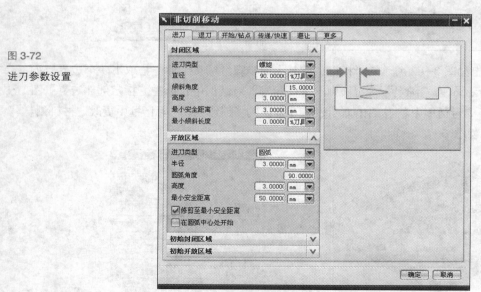

选择"传递/快速"选项卡，如图 3-73 所示，设置"安全设置选项"为"平面"（①），单击"选择平面"按钮（②），系统弹出"平面构造器"对话框，按照如图 3-74 所示的方案进行参数设置。

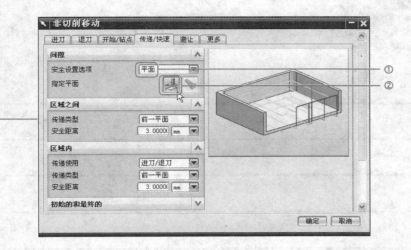

图 3-73

指定安全平面

Step 5 设置进给和速度：单击"进给和速度"按钮进入如图 3-75 所示的进给参数设置对话框。设置"主轴转速"为 600。完成后单击"确定"按钮。

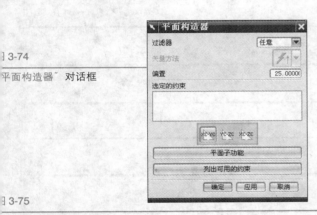

图 3-74

"平面构造器"对话框

图 3-75

进给和速度设置

Step 6 生成刀路轨迹并检验：完成了操作对话框中所有项目的设置后，单击"生成"图标 来生成刀路轨迹，如图 3-76 所示。在图形区通过旋转、平移、放大视图，从不同角度对刀路轨迹进行查看。必要时可进行"3D 动态"仿真，效果如图 3-77 所示。

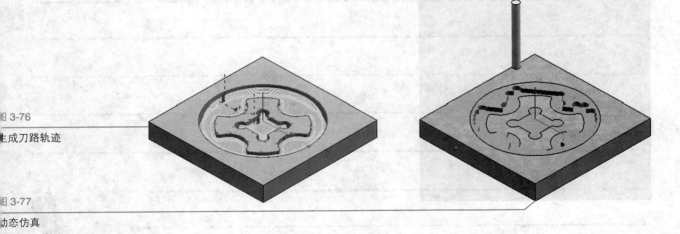

图 3-76

生成刀路轨迹

图 3-77

动态仿真

Chapter 4

型腔铣加工技术

本章内容及学习地图：

　　型腔铣加工通常适用于非直臂的、岛屿的顶面和槽腔的底面为平面或曲面的零件，其加工特点是，在刀具路径的同一高度内完成一层切削，遇到曲面时绕过，再下降一个高度进行下一层切削。本章节将介绍型腔铣加工的一般操作流程和参数设置，同时安排实例巩固所学知识。

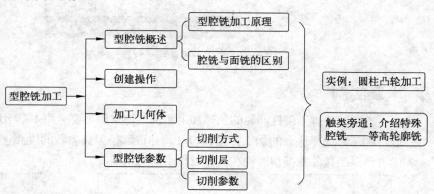

本章重点知识：

- 型腔铣操作的创建
- 型腔铣加工几何体的设置
- 参数介绍与定制
- 型腔铣在实际中的应用
- 等高轮廓铣的概述与参数选项

本章视频

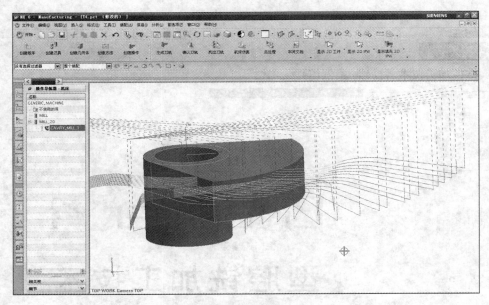

圆柱凸轮铣加工

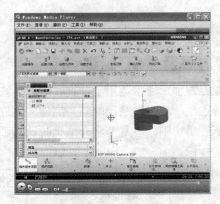

视频教学——凸轮铣加工

本章实例

　　本章节安排了圆柱凸轮的三轴加工实例，该实例主要运用本章节所讲述的型腔铣知识进行加工，选择适合的加工方式和刀具，并讲解了刀具参数的设置过程。通过实例学习，读者可以清楚并掌握型腔铣在具体工作中的运用情况。

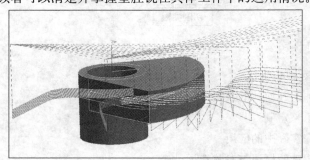
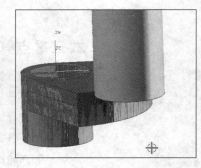

4.1 型腔铣加工概述

型腔铣的加工特征是在刀具路径的同一高度内完成一层切削,遇到曲面时绕过,再下降一个高度进行下一层的切削。型芯和型腔铣铣削提供多个或单个型腔以及沿任意形状切去大量毛坯材料的全部功能,还可对复杂的曲面产生刀路运动轨迹。本章节将介绍型腔铣的基本知识并配合实例进行讲解,使读者掌握这部分加工知识并熟悉相关的数控加工工艺。

4.1.1 型腔铣加工的切削原理

系统按照零件在不同深度的截面形状计算各层的刀路轨迹。可以理解成在一个由轮廓组成的封闭容器中,由曲面或实体组成容器中的堆积物,在容器中注入液体,在每一个高度上,液体存在的位置均为切削范围。

4.1.2 型腔铣与平面铣的区别

相同点:

· 二者的刀具轴都垂直于切削层平面。
· 刀具路径的所用切削方法相同,都包含切削区域和轮廓的铣削(注:型腔铣中没有混合 Standard Drive)。
· 切削区域的开始点控制选项以及进刀 / 退刀选项相同。可以定义每层的切削区域开始点。提供多种方式的进刀 / 退刀功能。
· 其他参数选项,如切削参数选项、拐角控制选项、避让几何体选项等基本相同。

不同点:

· 平面铣用边界定义零件材料;边界是一种几何实体,可用曲线 / 边界、面(平面的边界)、点定义临时边界以及选用永久边界。而型腔铣可用任何几何体以及曲面区域和小面模型来定义零件材料。
· 切削层深度的定义二者不相同。平面铣通过所指定的边界和底面的高度差来定义总的切削深度,并且有 5 种方式定义切削深度;而型腔铣通过毛坯几何体和零件几何体来定义切削深度,通过切削层选项可以定义最多 10 个不同切削深度的切削区间。

4.2 创建型腔铣操作

1.创建型腔铣

进入加工模块后,在创建工具条上单击"创建操作"按钮 ,系统打开如图 4-1 所示的"创建操作"对话框。在对话框中的"类型"选项的下拉列表中选择"mill_contour",选择子类型中第 1 行的第一个型腔铣图标 ,单击"确定"按钮进入"型腔铣"对话框。

2.型腔铣选项框

图 4-2 所示为"型腔铣"对话框,在该对话框中可以看到,型腔操作与平面铣操作在机械参数、切削方式、刀具路径操作等项目上是基本相同的。而在一些参数中,其选项有所区别。

图 4-1

"创建操作"对话框

图 4-2

"型腔铣"对话框

4.3 型腔铣加工几何体

1. 指定部件 "⬛"

在"型腔铣"操作对话框中，单击"指定部件"图标⬛，系统弹出如图 4-3 所示"部件几何体"对话框。在该对话框中，设置选择对象的过滤方法，然后在绘图区中选择对象定义几何零件。

在"部件几何体"对话框中，部分选项的含义如下：

（1）名称。它是用来选择已命名的几何对象。

（2）拓扑结构。它提供面分析的功能，用于检查材料边的非连续面之间的间隙、丢失的面以及重叠的面等。它可以帮助改正模型几何体造型上的错误，一般在刀位轨迹产生失败时才使用此选项。

（3）操作模式。在编辑零件几何体时，作用模式设置工作状态是编辑当前选择的几何体对象，还是向零件几何中添加新的几何对象。

（4）选择选项。指定选择的实体类型，包括特征、几何体和小平面 3 种类型。大部分情况下，选择"几何体"选项。

技术点拨

过滤方法限制了选择实体类型对应的可选几何对象类型。当选择选项为"特征"或"小平面"时，"过滤方法"下拉菜单的内容也会随之改变，如图 4-4 所示。

图 4-3

"部件几何体"对话框

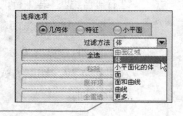

图 4-4

"过滤方法"下拉菜单

（5）展开项。将实体分成单独的面，只有在编辑状态下并且当前对象是体对象时才能使用。

（6）定制数据。当选择"定制数据"选项时，"部件几何体"对话框将会扩展，可以指定零件几何体的余量、公差，如图4-5所示。

2．指定毛坯"▨"

它是将要加工的原材料，用几何体（实体、面、曲线）进一步定义，以限制刀具走刀部位。单击"指定毛坯"图标▨，系统将弹出"毛坯几何体"对话框。

3．指定检查"◥"

它是刀具在切削过程中要避让的几何体，如夹具和其他已加工过的重要表面。在型腔铣中，零件几何体和毛坯几何体共同决定了加工刀轨的范围。图4-6所示即为"检查几何体"对话框。

图 4-5

定制数据

图 4-6

"检查几何体"对话框

4．指定切削区域"◩"

在等高轮廓铣操作中的切削区域，指定了零件几何被加工的区域，它可以是零件几何的一部分，也可以是整个零件几何，如图4-7所示。

5．指定修剪边界"▨"

用于进一步控制刀具的运动范围，对生成的刀轨做进一步地修剪。图4-8所示即为"修剪边界"对话框。

图 4-7

"切削区域"对话框

技术点拨

选择零件切削区域时，可不必讲究区域各部分选择的行列顺序，但切削区域中的每个成员必须包含在已选择的零件几何体中。

图 4-8

"修剪边界"对话框

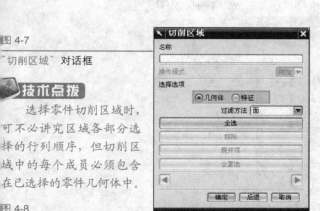

4.4 型腔铣参数设置

参数的设置决定着刀具在几何体上的具体运动情况，每一个数值的设置都会对刀轨产生一定的影响，因此基本参数的设置是必要的。下面我们就简单介绍一下各个参数的意义和设置方法。

4.4.1 切削方式

在"型腔铣"操作对话框中，有不少选项是与平面铣完全相同的，如进刀/退刀方法与自动进刀/退刀选项，控制几何体中的点选项以及角、避让、进给率和机床选项。故此处不做赘述。切削参数中大部分参数都是一样的，仅增加了几个参数选项，具体不同之处会在后面做出说明。

4.4.2 切削层

图 4-9（a）所示为"型腔铣"操作对话框，单击"切削层"按钮即可进入如图 4-9（b）所示的"切削层"对话框。（注意：在 UG NX 6.0 中，若工件几何体未被指定，则切削层按钮为灰色，即不可用状态，只有指定了切削区域、壁几何体等该按钮才可使用。）

图 4-9（a）

"型腔铣"对话框

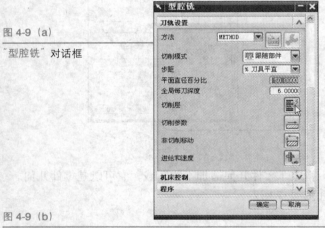

图 4-9（b）

"切削层"对话框

4.4.3 切削参数

型腔铣在使用往复式切削方式时的"余量"选项卡，如图 4-10 所示，可以发现与平面铣的切削参数表基本上相近。下面我们将就不同之处做简要说明。

图 4-10

"切削参数"对话框

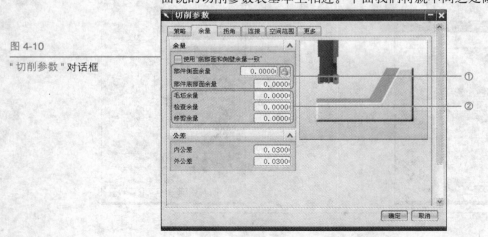

1．部件底部面余量和部件侧面余量

（1）部件底部面余量，指在零件底面上剩余材料的厚度（①），它是沿着刀具轴方向（垂直方向）测量的。它只定义切削层的零件面，这些面垂直于刀具轴的平面（其曲面的法向是平行刀具轴的）。

（2）部件侧面余量，指在零件侧边上剩余材料的厚度（①），在每一切削层上，它是沿着刀具轴的法向（水平方向）测量的，它应用与全部的零件面（平面的、非平面的、直臂面和成角度面）。

2．毛坯余量、检查余量和修剪余量

（1）毛坯余量：指切削时刀具离开毛坯几何体的距离（②）。它应用于那些有着相切情形的毛坯边界和毛坯几何体。毛坯余量可以使用负值。

（2）检查余量：指切削时刀具离开检查几何体之间的距离（②）。

（3）修剪余量：指切削时刀具离开裁剪几何体之间的距离（②）。

当切削时，刀具总是远离所定义的检查几何体和修剪几何体。把一些重要的加工面或者夹具设置为检查几何体，加上余量的设置，可以防止刀具与这些几何体接触，以起到安全和保护的作用。

3．修剪由

如图4-12所示，当没有定义毛坯几何时，"修剪由"选项指定用型芯外形边缘或外形轮廓（①），作为定义毛坯几何的边界。该选项必须与容错加工选项配合使用。

图4-11
"修剪由"选项

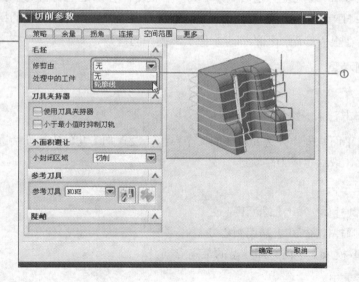

4．防止底切

如图4-13所示，该选项可使系统根据底切几何调整刀具路径，防止刀杆摩擦零件几何。只有在不激活"容错加工"选项时（①），该选项才可以被激活。

激活"防止底切"选项时（②），刀杆应离开零件表面一个水平安全距离（在进刀／退刀选项中设定）。当刀杆在底切几何以上的距离等于刀具半径，随着切削的深入，刀具就开始逐渐离开底切几何，直到刀杆到达底切几何处时，刀柄与底切几何间的距离就等于水平安全距离。

图 4-12

"防止底切"选项

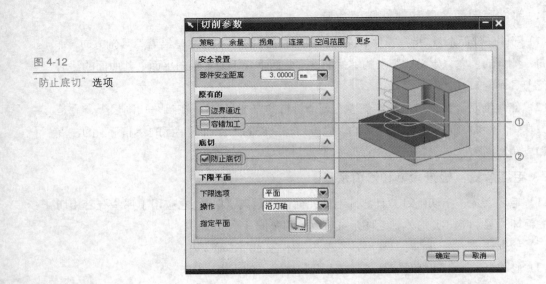

4.5 综合实例：圆柱凸轮铣加工

实例分析

本章节零件需要对扇形凸轮螺旋型面进行必要加工，要求保证扇叶厚度尺寸在 60°范围内从 6mm 螺旋上升过渡到 10mm。本例中工件的毛坯材料为圆棒料，采用 45＃ 钢，调制状态 HRC30~34。通过本章节实例的学习，读者将会对型腔铣的操作设置有更进一步的了解，在巩固基础知识的同时掌握实际操作的应用。

实例难度

★★★

制作方法和思路

创建平面铣操作并选择必要的父节点组，设置加工几何体，而后选择合适刀具，设置必要参数，最后生成刀路轨迹。

加工坐标原点

X：圆柱体 $\varnothing 20$ 上端面圆心处；

Y：圆柱体 $\varnothing 20$ 上端面圆心处；

Z：取模板上平面，即模型的最高点。

装夹方式

在加工过程中采用三爪卡盘夹住其 $\varnothing 20 \times 10$ 的外圆，将其固定在机床工作的台上。用简易工装保证扇叶厚度尺寸 10 的边与 X 轴负向平行。

参考教学视频

光盘目录＼视频教学＼第 4 章 圆柱凸轮铣加工 .avi

实例文件

原始文件：光盘目录＼prt＼T4.prt

最终文件：光盘目录＼SHILI＼T4.prt

实例效果（见图 4-13）

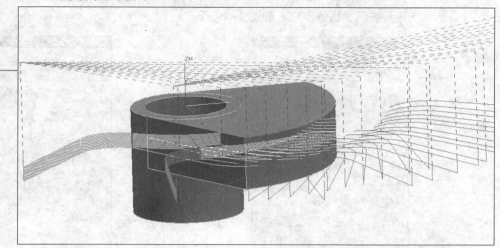

图 4-13

实例

Step 1 打开模型并进入加工模块：打开零件模型"SHILI\T4.prt"。确认工作坐标系，坐标原点在模型最高点，并在中心位置，打开的模型如图 4–14 所示。选取"mill_contour"选项，在"开始"菜单下选择"加工"命令，如图 4–15 所示，系统将弹出如图 4–16 所示对话框，指定 CAM 设置为"mill-contour"，并单击"确定"按钮。

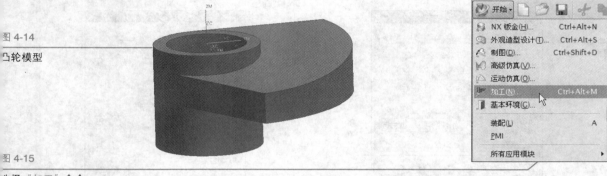

图 4-14

凸轮模型

图 4-15

选择"加工"命令

Step 2 创建加工方法：单击"创建操作"图标，系统打开如图 4–17 的"创建方法"对话框。在"类型"下拉列表中选择"mill-contour"（①）；"方法子类型"选择第 1 行第 1 个图标"" （②），"方法"选择"MILL_ROUGH"，确认选项后单击"确定"按钮。

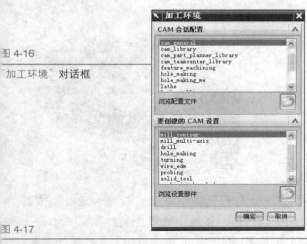

图 4-16

"加工环境"对话框

图 4-17

"创建方法"对话框

系统弹出如图 4-18 所示的"铣削方法"对话框，将"部件余量"更改为 0.2，其余变量按照默认值不变，如图 4-19 所示。

图 4-18

"铣削方法"对话框

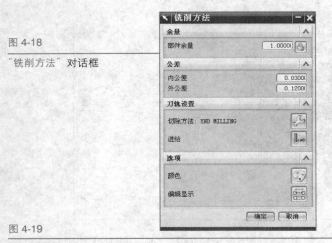

图 4-19

更改"部件余量"

Step 3 创建几何体：在加工工具条上单击"创建几何体"按钮，系统弹出"创建几何体"对话框，如图 4-20 所示。"几何体子类型"选择第 1 个图标，"几何体"选择"MCS_MILL"（①），"名称"设置为"MCS"（②），单击"确定"按钮，系统弹出 MCS（机床坐标系）对话框，如图 4-21 所示。

图 4-20

"创建几何体"对话框

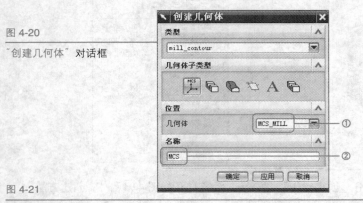

图 4-21

MCS 对话框

单击 MCS 对话框中的"构造器"按钮（③），系统弹出如图 4-22（a）所示的 CSYS 对话框，确认 X、Y、Z 均为零后单击"确定"按钮，效果如图 4-22（b）所示。

图 4-22（a）

CSYS 对话框

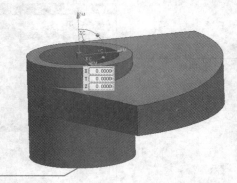

图 4-22（b）

显示的加工坐标系

同样，在如图 4-21 所示的对话框中的参考坐标系选项中单击"RCS 构造器"按钮，系统弹出如图 4-23 所示的 CSYS 对话框，在该对话框中设置"类型"为"动态"，完成 RCS 设置后单击"确定"按钮，加工坐标系 MCS 与工件构造坐标系 WCS 重合，如图 4-24 所示。

图 4-23

CSYS 对话框

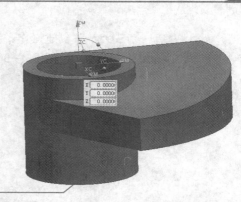

图 4-24

坐标系 MCS 与 WCS 重合

Step 4 创建刀具：在操作工具条上单击"创建刀具"按钮 ，系统弹出图 4-25 所示的"创建刀具"对话框，"刀具子类型"选择第 1 个图标，"名称"设置为"MILL_20"，单击"确定"按钮，在弹出的如图 4-26 所示的对话框中进行参数设置。

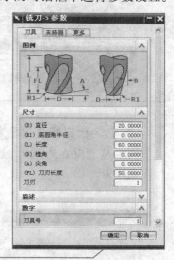

图 4-25

"创建刀具"对话框

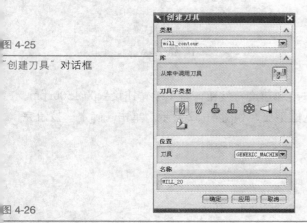

图 4-26

刀具参数设置

Step 5 创建程序：单击加工创建工具条上的"创建程序"按钮 ，系统弹出"创建程序"对话框，如图 4-27 所示，"名称"设置为"ROUGH"，单击"确定"按钮，即可创建一个程序名。

Step 6 进行图层设置：选择"格式"→"图层设置"命令，系统弹出如图 4-28 所示的对话框，选择第 10 层，完成后单击"确定"按钮，将第 10 层显示出来，如图 4-29 所示。

图 4-27

"创建程序"对话框

技术点拨

创建完成的程序可以在操作导航器内的程序视图下进行查看，并可通过鼠标右键在此进行快速修改。

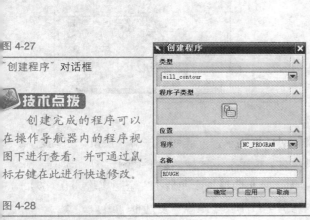

图 4-28

"图层设置"对话框

Step 7 创建操作：在创建工具条上单击"创建操作"按钮 ，系统弹出"创建操作"对话框，按照图 4-30 所示的对话框进行设置，完成后单击"确定"按钮，进入"型腔铣"对话框，如图 4-31 所示。

图 4-29

显示出的第 10 层实体

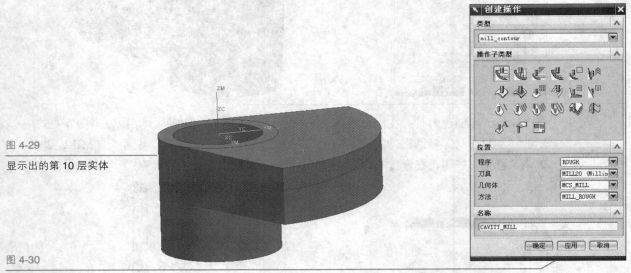

图 4-30

"创建操作"对话框

Step 8 设置进给和速度：单击"进给和速度"按钮，将主轴转速设置为 1500rpm，切削速度设置为 600，其余参数按照默认值不变，如图 4-32 所示。单击"确定"按钮完成设置。

图 4-31

"型腔铣"对话框

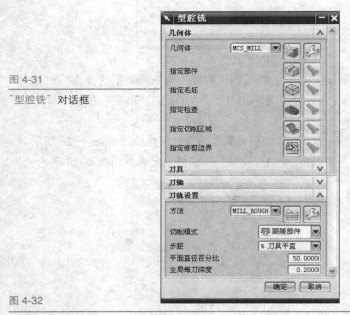

图 4-32

"创建操作"对话框

Step 9 设置进刀参数：在"型腔铣"对话框内单击"非切削移动"按钮，系统进入如图 4-33 所示的对话框，在"进刀类型"的下拉菜单下选择"沿形状斜进刀"选项，斜角为 15（①）；高度为 3，最小宽度设置为"无"，最小倾斜长度和最小安全距离均为 0（②）；进刀类型设置为"圆弧"（③），并选中"修剪至最小安全距离"复选框（④）。

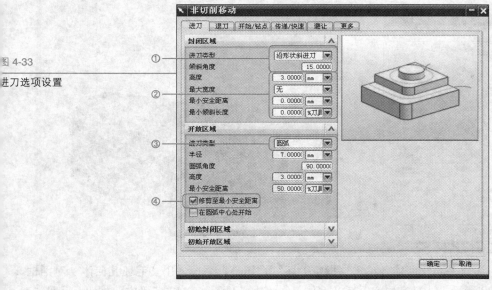

图 4-33

进刀选项设置

选择"传递/快速"选项卡，如图 4-34 所示，"安全设置选项"设置为"平面"，并单击"指定安全平面"按钮 (①)。

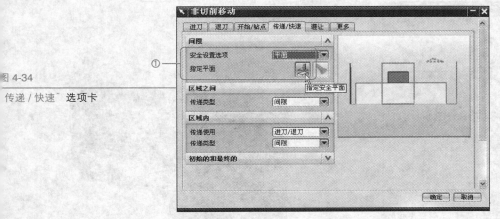

图 4-34

"传递/快速"选项卡

系统弹出如图 4-35 所示的"平面构造器"对话框，将偏置数值设置为 20，单击"确定"按钮，此时会在工件模型上方出现安全平面，如图 4-36 所示。

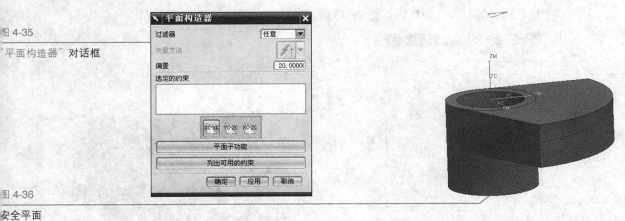

图 4-35

"平面构造器"对话框

图 4-36

安全平面

Step 10 加工几何体的设置：(1) 选择部件几何体。在"型腔铣"对话框中单击"指定部件"按钮，系统弹出"部件几何体"对话框，如图 4-37 所示。选择需要的部件几何体，如图 4-38 所示，单击"确定"按钮，返回"型腔铣"对话框。

图 4-37

"部件几何体" 对话框

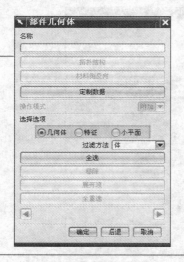

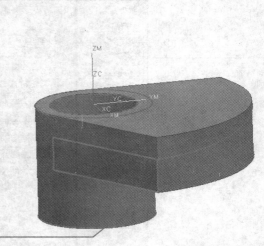

图 4-38

选择部件几何体

（2）选择毛坯几何体。单击"指定毛坯"按钮，系统弹出"毛坯几何体"对话框，如图 4-39 所示。选择需要的毛坯几何体，如图 4-40 所示，单击"确定"按钮，返回"型腔铣"对话框。

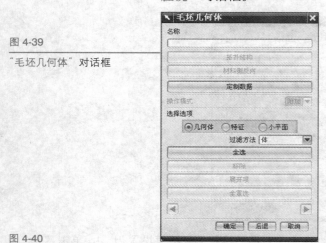

图 4-39

"毛坯几何体" 对话框

图 4-40

选择毛坯几何体

（3）指定检查几何体。单击"指定检查"按钮，系统弹出如图 4-41 所示的对话框，拾取需要的检查几何体，如图 4-42 所示，单击"确定"按钮完成操作。

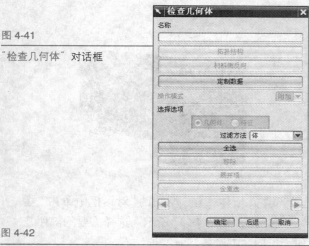

图 4-41

"检查几何体" 对话框

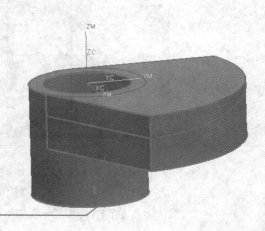

图 4-42

选择检查几何体

Step 11 设置切削层参数：单击"切削层"按钮，系统弹出"切削层"对话框，如图 4-43 所示。设置"全局每刀深度"为"0.2"，"局部每刀深度"为"0.2"，单击"确定"按钮，返回到"型腔铣"操作对话框中。

Step 12 生成刀具轨迹并检验：在"型腔铣"操作对话框中单击"生成"图标 ，如图 4-44 所示，计算完成后，在图形区将显示出铣切轨迹，如图 4-45 所示。

图 4-43

切削层参数设置

图 4-44

单击"生成"图标

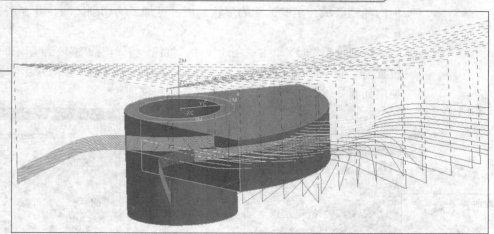

图 4-45

生成刀轨

通过平移和缩放等操作观察刀具轨迹，确认无误后单击"确认"按钮 ，系统进入刀轨可视化对话框，如图 4-46 所示。可单击"3D 动态"按钮对模具中刀具切除过程进行仿真模拟，如图 4-47 所示。

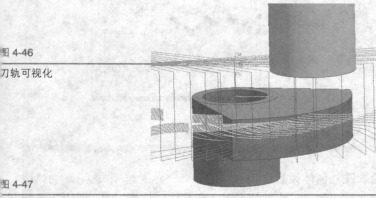

图 4-46

刀轨可视化

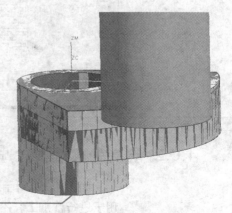

图 4-47

刀削模拟

接受刀轨后，在操作导航器内会出现设置完成的切削程序，如图 4-48、图 4-49 所示，若想对操作中参数进行修改，可在操作导航器内通过双击或右击来实现。

图 4-48

程序顺序图

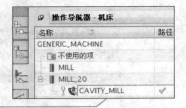

图 4-49

机床视图

4.6 触类旁通

等高轮廓铣（ZLEVEL）是一种特殊的型腔铣操作，通过切削多个切削层来加工零件实体轮廓与表面轮廓。等高轮廓铣与型腔铣中指定为轮廓铣削方式加工有点类似。

4.6.1 等高轮廓铣概述

在等高轮廓铣中，除了可以指定零件几何外，还可以指定切削区域几何作为零件几何的子集，以便限制切削的区域，如果没有指定切削区域几何，则整个零件几何就被作为切削区域。在创建等高轮廓铣刀具路径期间，系统将追踪零件几何、检测整个零件几何的陡峭区域、定制追踪的形状、识别可加工的切削区域，并在所有切削层上切削这些区域。

在创建操作时，单击"创建操作"按钮，将弹出如图 4-50 所示的操作对话框，"类型"设置为"mill_contour"，"操作子类型"选择"ZLEVEL_PROFILE"，单击"确定"按钮，弹出如图 4-51 所示的"深度加工轮廓"对话框。

图 4-50

"创建操作"对话框

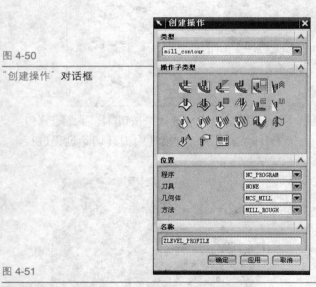

图 4-51

"深度加工轮廓"对话框

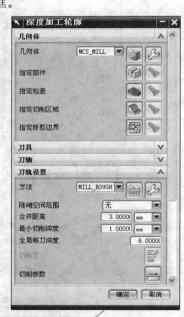

4.6.2 等高轮廓铣参数选项

如图 4-52 所示，等高轮廓铣几何体设置中没有"毛坯几何体"选项（①），它只适用于进行精加工，不需要设置毛坯。等高轮廓铣的大部分参数与型腔铣相同，而以下参数则是型腔铣没有的。

1．陡峭空间范围

如图 4-53 所示，"陡角空间范围"是等高轮廓铣区别于型腔铣设置切削方式为"轮廓"的一个关键参数。零件上任一点的陡峭度是由刀轴与零件表面法向间的夹角来定义的，陡峭区域是指零件上陡峭度大于等于指定陡峭角的区域。

2．合并距离

用于指定不连续刀具路径被连接的最小距离值。

3．最小切削深度

用于输入生成刀具路径时的最小段长度值。

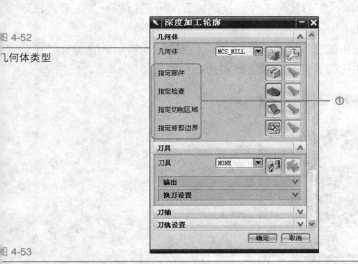

图 4-52
几何体类型

图 4-53
"深度加工轮廓"对话框

4.6.3 等高轮廓铣参数设置

打开等高轮廓铣的切削参数，许多参数设置和型腔铣的设定是相同的，但有个别选项是其特有的，如图 4-54 所示。

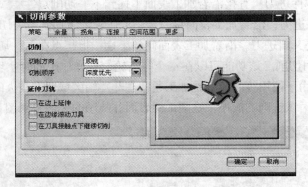

图 4-54
刀削参数设置

（1）在"策略"选项卡中，等高轮廓铣新增了"在边上延伸"、"在边缘滚动刀具"和"在刀具接触点下继续切削"3 个选项。

① 在边上延伸：用于避免刀具切削外部边缘时停留在边缘处。选中该复选框，刀具路径从零件几何上抬起一个小距离（①），并延伸出一段长度，就直接将刀具移动到切削区域的另一侧，从而避免退刀、跨越与进刀等非切削刀具运动，如图 4-55 所示。

图 4-55

设置"在边上延伸"选项

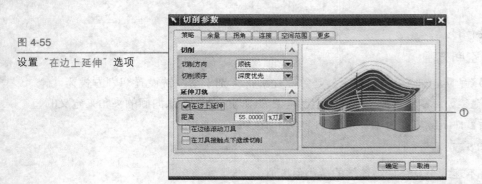

② 在边缘滚动刀具：在边缘滚动刀具产生的刀轨沿曲面边缘按可接触的范围进行加工，可以完全加工边界区域。

③ 在刀具接触点下继续切削：在刀具与工件的接触位置向下进行进一步走刀，该选项能够最大限度地切削零件毛坯

（2）在"切削参数"对话框中选择"连接"选项卡，如图 4-56 所示，它与型腔铣有较大的差别，需要设置层到层的连接方式和在层之间剖切的相关选项。

图 4-56

连接设置

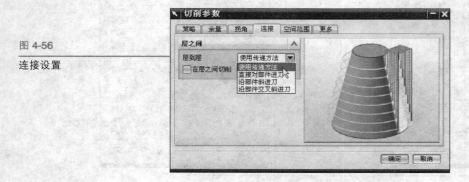

① 层到层。层到层用于设置上一层向下一层转移时的移动方式，包括"使用传递方法"、"直接对部件进刀"、"沿部件斜进刀"和"对部件交叉斜进刀" 4 个选项。

ａ．使用传递方法。使用进刀／退刀设置中设置的方法，可以是安全平面、先前平面、毛坯平面或者是直接的几个选项。一般来说，使用传送方法要抬刀。

ｂ．直接对部件进刀。直接沿着加工表面下插到下一切削层。

ｃ．沿部件斜进刀。沿着加工表面按一定角度倾斜地下插到下一切削层。

ｄ．沿部件交叉斜进刀。沿着加工表面倾斜下插，但起点在前一切削层的终点。

② 在层之间切削。该功能可以在一个等高轮廓铣操作中同时实现对陡峭区域和非陡峭区域的加工。由于使用等高轮廓铣加工通常在非陡峭区域留有较大的残余量，这部分残料需要另外创建区域铣削的操作来铣削工件表面非陡峭的区域，如图 4-57 所示。

图 4-57

层剖切选项设置

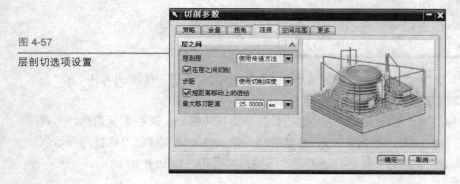

③ 步距。该项用于设置在浅面切削时两行之间的距离，可以采用恒定的、刀具直径的百分比、最大残余波峰高度和每一刀的全局深度方式进行设置。

④ 最大移刀距离。该项决定是否进行传送，如果横向距离大于指定值，则刀具完成切削层切削后将抬刀到层间切削的起点处下刀进行切削。

笔记栏

Chapter 5

固定轴曲面轮廓铣加工

本章内容及学习地图：

　　UG NX 中经常要运用到固定轴曲面轮廓铣进行局部的精加工操作，通过选择不同的驱动方式与设置不同的走刀方式，可以产生各种曲面加工的刀路路径。本章节将介绍曲面轮廓铣加工的操作流程和基本参数设置，同时安排实例巩固所学知识。

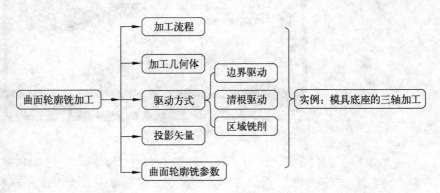

本章重点知识：

- 曲面轮廓铣加工安排
- 常用驱动方式的选择与设置
- 投影矢量的作用与制订
- 曲面轮廓铣的特有参数与设置方法
- 曲面轮廓铣的实际加工应用

本章视频

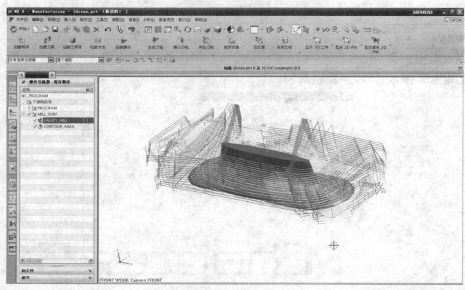

模具底座铣加工

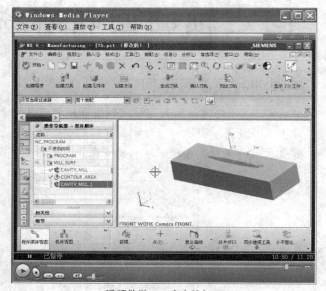

视频教学——底座铣加工

本章实例

　　本章节安排了某模具底座的加工实例，通过该实例使读者清楚掌握固定轴曲面铣的创建与加工参数设置。整个加工过程分为粗铣和精铣两个部分，采用 D16 的圆鼻铣刀，选用半精加工和精加工模式完成零件曲面的整体加工。

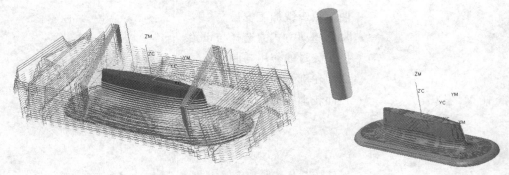

5.1 固定轴曲面轮廓铣概述

　　曲面铣通常用于半精加工或者精加工程序，通过不同的驱动方式的设置，可以获得不同的刀轨形式，相当于其他 CAM 软件的沿面切削、外形投影、口袋投影、沿面投影及清角等。

　　如图 5-1 所示的零件模型，以下几个部分可以使用曲面铣进行加工切削，这样可以使零件在最短时间内获得较高的表面粗糙度。

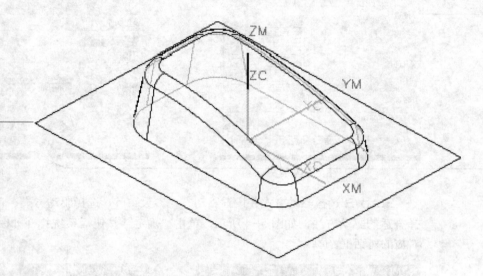

图 5-1
零件模型

　　（1）整体半精加工。用边界驱动铣削区域加工，指定走刀方式为平行往复走刀，切削方向为 45°，保留精加工余量，使用圆鼻刀切削。

　　（2）精加工顶面浅色部分。用铣削区域方式，指定走刀方式为沿着周边；选择浅色的边缘为限定轮廓，使用圆鼻刀切削。

　　（3）精加工圆角深色部分。用曲面区域驱动，按其垂直方向的参数线方向进行往复切削，使用球头刀加工。

　　（4）上表面标记。用曲线驱动，选择标记曲线投影到曲面进行加工，使用球头刀加工。

5.2 固定轴曲面轮廓铣创建过程

　　创建固定轴曲面轮廓铣操作步骤如下：

　　Step 1 创建操作：进入加工模块后，在创建工具条上单击"创建操作"图标，系统打开"创建操作"对话框，如图 5-2 所示，在对话框中的"类型"下拉列表中选择 mill_contour，再在"操作子类型"中单击"固定轮廓铣"图标，单击"确定"按钮进入"固定轮廓"对话框，如图 5-3 所示。

　　Step 2 定义所需要加工的几何体：对于曲面铣的所有驱动方式，都可以定义指定部件与指定检查，在选择区域铣削或者清根时还可以定义切削区域和修剪边界。

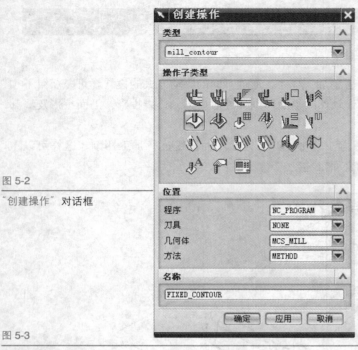

图 5-2

"创建操作"对话框

图 5-3

"固定轮廓铣"对话框

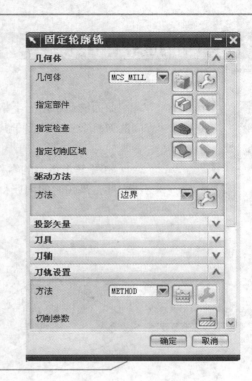

Step 3 选择驱动方式并设置驱动方式参数：（1）选择驱动方式。在操作对话框中选择合适的驱动方法，如图 5-4 所示，单击"确定"按钮后系统打开如图 5-5 的驱动方法对应的对话框。

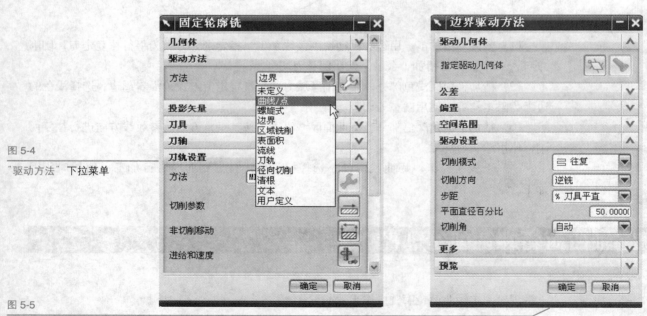

图 5-4

"驱动方法"下拉菜单

图 5-5

"边界驱动方法"对话框

（2）选择驱动几何体。单击 按钮，进入图 5-6 所示的"边界几何体"对话框，根据需要选择点/曲线、曲面区域、边界等驱动方式，需要在图形上拾取驱动几何体。

（3）设置驱动方式参数。在驱动方式的对话框中设置驱动方式参数，不同驱动方式的参数差异很大。图 5-7 所示模式选定为"曲线/边"时的"创建边界"对话框。

Step 4 设置操作参数：返回到图 5-3 所示的操作对话框中，设置操作参数，包括切削参数、非切削参数、进给和机床控制参数。

Step 5 生成刀轨：完成所有的几何体选择和参数设置后，可以生成刀轨并进行检查确认。

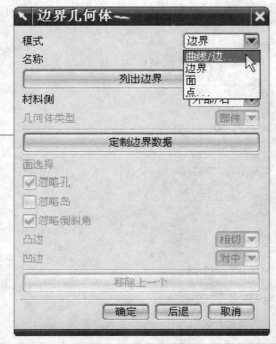

图 5-6

选择"曲线 / 边"选项

图 5-7

"创建边界"对话框

5.3 加工几何体

在"固定轮廓铣"的操作对话框中，有部分选项是与型腔铣完全一样的，包括方法、几何体、刀具；加工对象几何体的对应选项；进给率、检查控制以及切削参数中大部分选项，本章中不再赘述，请参阅前述内容。

5.4 固定轴曲面轮廓铣常用驱动方式

固定轴曲面轮廓铣共有多种驱动方法，包括边界驱动方法、清根驱动方法、文本驱动方法、区域铣削驱动方法以及更为详细的表面积驱动方法、曲线 / 点驱动方法、螺旋线、径向切削、刀轨、流线、用户自定义、未定义等。下面将介绍常用的边界、清根、区域铣削 3 种基本驱动方法。

5.4.1 边界驱动方法

边界驱动方法可指定以边界或环路来定义切削区域（环路又称"循环"）。边界不需要与零件表面的形状或尺寸有所关联，而环路则需要定义在零件表面的外部边缘。图 5-8 所示为"边界驱动方法"对话框。对话框中提供了驱动几何体图形的选择、编辑与显示，以及使用部件空间范围、切削模式、步距、切削区域、铣削方向等选项。

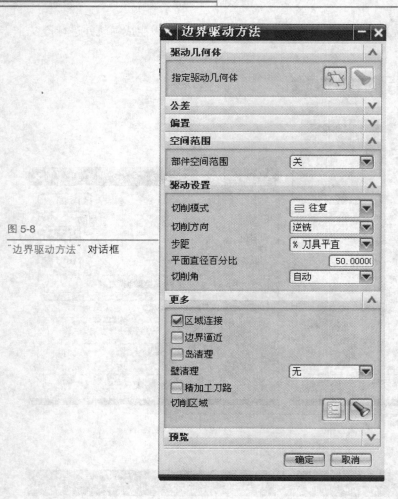

图 5-8

"边界驱动方法" 对话框

1．边界的选择

在"驱动几何体"选项区域中单击"选择"按钮，弹出如图 5-9 所示的对话框。该对话框与平面铣中的零件边界选择对话框类似，只是模式中默认的设置不同。平面铣中为"面"，而边界驱动方法中为"边界"。

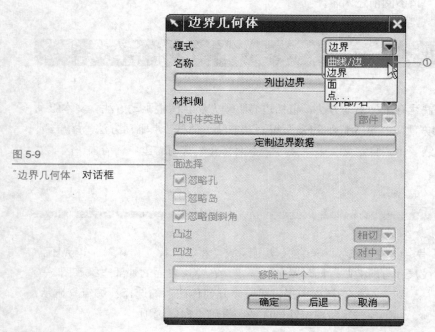

图 5-9

"边界几何体" 对话框

选择边界后，单击"定制边界数据"按钮，可以设置边界的内外公差，以及边界余量，可以对边界进行偏移，如图 5-10 所示。

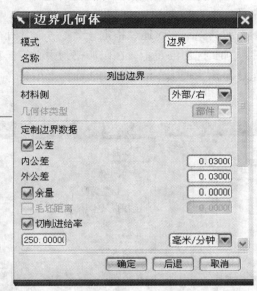

图 5-10
边界数据的设定

2. 空间范围

如图 5-11 所示，它利用沿着所选零件表面和表面区域的外部边缘生成的环线来定义切削区域（①）。环与边界同样定义切削区域，但它是直接在零件表面上产生的，而非投影产生的。

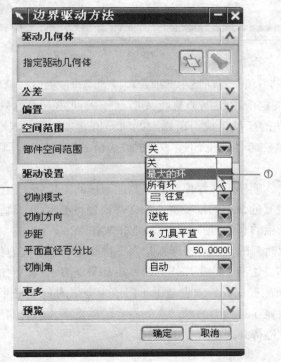

图 5-11
部件空间范围

——— 5.4.2 清根驱动方法 ——

在如图 5-12 所示的对话框中选择"清根"选项，系统打开"清根驱动方法"对话框，如图 5-13 所示。首先，要设置清根切削的刀具路径形式，有 3 种方式可供选择：

◆ 单刀路。沿凹角与沟槽产生一条单一刀径。使用该项时,没有附加参数选项被激活。

◆ 多个偏置。通过指定偏置数目以及相邻偏置间的横向距离,在清根中心的两侧参数多道切削刀具路径。

◆ 参考刀具偏置。参考刀具驱动方法通过指定一个参考刀具直径来定义加工区域的总宽度,并且指定该加工区中的步距,在以凹槽为中心的任意两边产生多条切削轨迹。可以用"重叠距离"选项,沿着相切曲面扩展由参考刀具直径定义的区域宽度。

图 5-12

驱动方法选择

图 5-13

"清根驱动方法"对话框

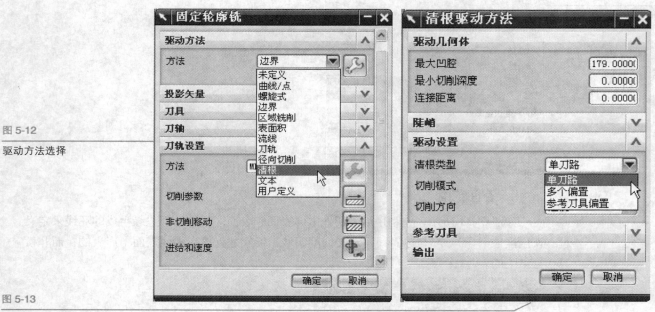

下面对"清根驱动方法"对话框中其他选项设置的含义做以下简要说明:

◆ 最大凹腔。决定清根切削刀轨生成所基于的凹角。刀轨只有在那些等于或者小于最大凹角的区域生成。所输入的凹角值必须小于179°,并且是正值。当刀具遇到那些在零件面上超过了指定最大值的区域,刀具将回退或转移到其他区域。

◆ 最小切削深度。能排除在零件面的分割区形成的刀位轨迹段。当该刀位轨迹段的长度小于所设置的最小切削长度,那么在该处将不生成刀轨。这个选项在排除圆角的交线处产生的非常短的切削移动是非常有效的。

◆ 连接距离。把断开的切削轨迹连接起来,排除小的不连续刀位轨迹或者刀位轨迹中不要的间隙。这些小的不连续的轨迹对加工走刀不利,它的产生可能是由于零件面之间的间隙造成的,或者是由于凹槽中变化的角度超过了指定值而引起的。输入的数值决定了连接刀轨两端点的最大跨越距离。两个端点的连接是通过线性的扩展两条轨迹得到的。

5.4.3 区域铣削驱动方法

在图 5-14 所示的"固定轮廓铣"操作对话框中选择"区域铣削"驱动方法,将弹出如图 5-15 所示的"区域铣削驱动方式"对话框。通过该对话框可以进行各种驱动参数的设置。

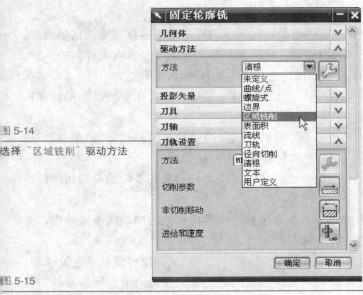

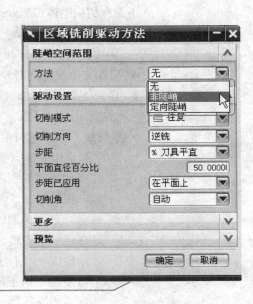

图 5-14

选择"区域铣削"驱动方法

图 5-15

"区域铣削驱动方法"对话框

1．陡峭空间范围

陡峭区域指部件几何体上陡峭度大于等于指定陡峭角的区域，即陡峭角度把切削区域分为陡峭区域和非陡峭区域。陡峭空间范围是根据刀具路径的陡峭程度来限制切削区域的，目的是控制残余面积高度，并避免刀具在陡峭表面产生过切。陡峭约束中共有以下 3 个选项：

- ◆ 无。切削整个区域。在刀具路径上不使用陡峭约束，允许加工整个工件表面。
- ◆ 非陡峭。切削非陡峭区域，用于切削平缓的区域，而不切削陡峭区域。通常可作为等高轮廓铣的补充。选择该项，需要设置"陡角必须"。
- ◆ 定向陡峭。定向切削陡峭区域，切削方向由路径模式方向绕 ZC 轴旋转 90°确定，路径模式方向则由切削角度确定，即从 WCS 的 XC 轴开始，绕 ZC 轴指定的切削角度就是路径模式方向。切削角度可以从选择这一选项后弹出的对话框中指定，也可以从"切削角"下拉列表中选择用户自定义方式。选择该项，需要设置"切削角度"和"陡峭角度"。

2．切削模式

在图 5-16 所示的对话框内单击"切削模式"下拉按钮（①），切削模式用于定义在各切削路径之间，刀具是如何走刀的。它包括 16 个选项，如图 5-17 所示。

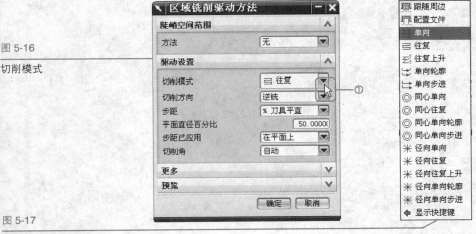

图 5-16

切削模式

图 5-17

切削模式选项

下面介绍切削模式部分选项含义：

◆ 跟随周边。跟随周边生成一系列沿着切削区域的轮廓等距偏移刀路的切削图样。需要指定切削方向——顺铣或逆铣，指定型腔加工方向——向内或者向外。

◆ 配置文件。它是沿着切削区域的周边生成轨迹的一种切削模式。

◆ 往复上升。创建双向的切削刀轨。这种切削方法允许刀具在步距运动期间保持连续的进给运动。

◆ 平行线。平行线切削生成由一系列平行轨迹定义的切削模式。"往复"、"单向"、"单向轮廓"和"单向步进"这4种类型都属于平行线模式。

　　◇ 往复。创建双向的切削刀轨。这种切削方法允许刀具在步距运动期间保持连续的进给运动。

　　◇ 单向。创建单向的刀位轨迹，此选项能始终维持一致的顺铣或逆铣切削，并且在连续的刀轨之间没有沿轮廓的切削。

　　◇ 单向轮廓。用于创建单向的、沿着轮廓的刀位轨迹，始终维持顺铣或逆铣切削。

　　◇ 单向步进。用于创建单向的、在进刀边沿着轮廓而在退刀边直接抬刀的刀位轨迹，始终维持着顺铣或者逆铣切削。

◆ 径向线切削。径向线切削也可称为放射状切削，由一个用户指定的或者系统计算出来的优化中心点向外放射扩展而成。它又细化分"径向单向"、"径向往复"、"径向往复上升"、"径向单向轮廓"和"径向单向步进"。

◆ 同心圆弧，包括"同心单向"、"同心往复"、"同心单向轮廓"和"同心单向步进"4种类型。它从用户指定的或系统计算出来的优化中心点生成逐渐增大或逐渐缩小的圆周切削模式。刀具路径与切削区域无关。

5.5 投影矢量

在"固定轮廓铣"对话框中单击"矢量"下拉按钮，在弹出的下拉列表中会出现6种矢量方式，如图5-18所示。

图5-18

矢量方式

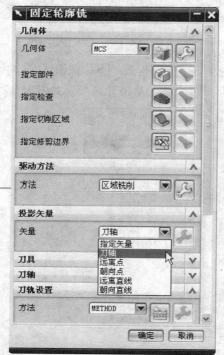

◆ 远离点／朝向点。该选项用来指定一点作为焦点，远离点投影矢量的方向以焦点为起点，指向零件几何表面。朝向点的投影矢量方向则从零件几何表面指向焦点，即以焦点为终点。图 5-19 所示即为选择该选项时弹出的"点"对话框。

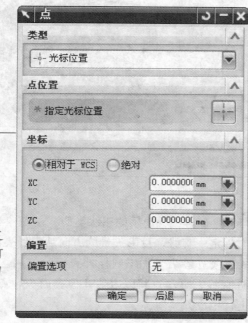

图 5-19
"点"对话框

相关知识

投影矢量用来指定驱动点投影到零件几何上的方式以及零件与刀具接触的一侧。

◆ 刀轴。该选项用来指定刀轴作为投影矢量。这是系统默认的投影方法。当驱动点向零件几何体投影时，其投影方向与刀轴矢量方向相反。
◆ 指定矢量。该选项用来指定某一矢量作为投影矢量。选择该选项，将打开"矢量"对话框，如图 5-20 所示，供用户选择一种方法指定某一矢量作为投影矢量。显示结果如图 5-21 所示。

图 5-20
"矢量"对话框

图 5-21
矢量显示

◆ 远离直线。该选项用来指定一条直线，投影矢量以指定直线为中心，呈发射状。选择该选项后系统弹出如图 5-22 所示对话框，它的方向以该直线为起点，垂直于该直线并指向零件几何表面，如图 5-23 所示。

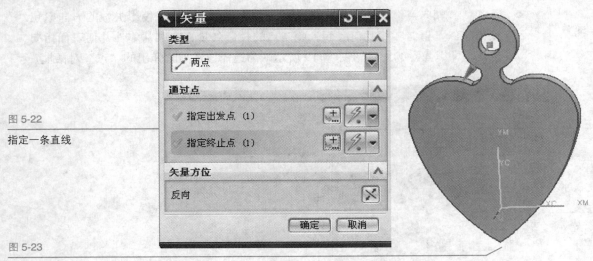

图 5-22

指定一条直线

图 5-23

矢量显示

◆ 朝向直线。该选项与"远离直线"选项的用法类似，图 5-24 所示为选择该选项后弹出的对话框。它指定一直线，投影矢量的方向从零件表面开始，指向直线，如图 5-25 所示。该选项一般用于加工圆柱外表面时使用。这时，可以指定圆柱体的中心线为接近直线，驱动点将以零件几何表面为起点，指向接近直线投影到圆柱体外表面上，生成刀具轨迹。

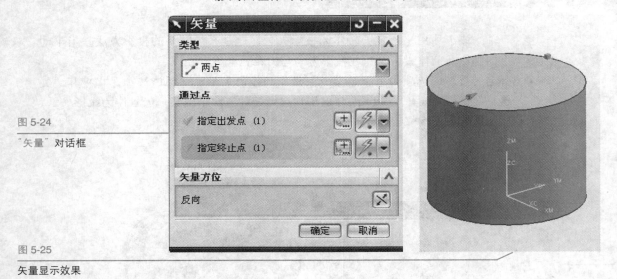

图 5-24

"矢量"对话框

图 5-25

矢量显示效果

5.6 基本参数设置

固定轴曲面铣的参数组成和其他加工形式相似，也包括切削参数、非切削移动等设置。下面将做简要介绍。

5.6.1 切削参数

在固定轴曲面轮廓铣操作对话框中，当驱动方式为"区域铣削"时，单击"刀具轨迹"选项卡中的"切削参数"，将弹出如图 5-26 所示的"切削参数"对话框。

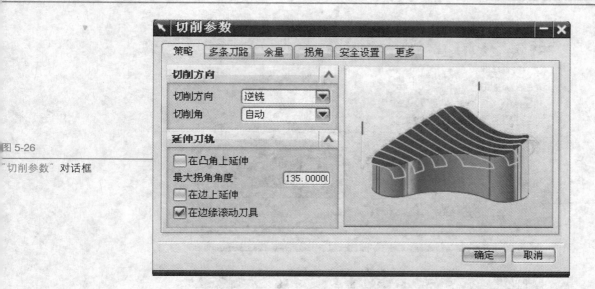

图 5-26

"切削参数"对话框

在该对话框中包括部件公差与余量、多深度切削、安全距离、刀柄、切削步长等选项，下面介绍部分选项含义：

1. 多重深度切削

该选项用于指定多次分层逐次切削零件材料（①），如图 5-27 所示。设置多重深度切削的方法有以下两种：

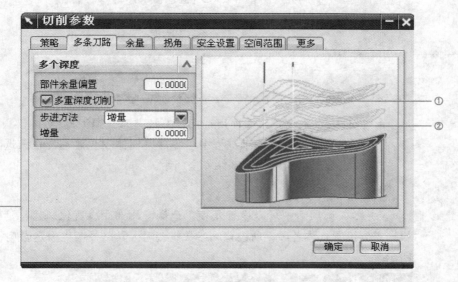

图 5-27

多重深度切削

◆ 增量。该选项用来指定各切削层之间的距离（②）。当指定递增的余量后，系统会根据总的切削量来计算切削层的层数。

◆ 刀路。选择该选项后，对话框变为如图 5-28 所示。该选项用来指定切削层的总层数（①）。当指定切削层的总层数后，系统会根据总的切削量来计算个切削层之间的距离。

2. 安全设置

安全设置包括"检查安全距离"和"部件安全间距离"，如图 5-29 所示，分别说明如下：

◆ 检查安全距离。该选项用来指定刀具与检查几何体之间的距离（①）。指定该距离，避免刀具或刀柄在切削过程中与检查几何体发生碰撞。在该选项右侧的文本框内输入数值，即可指定检查安全距离。

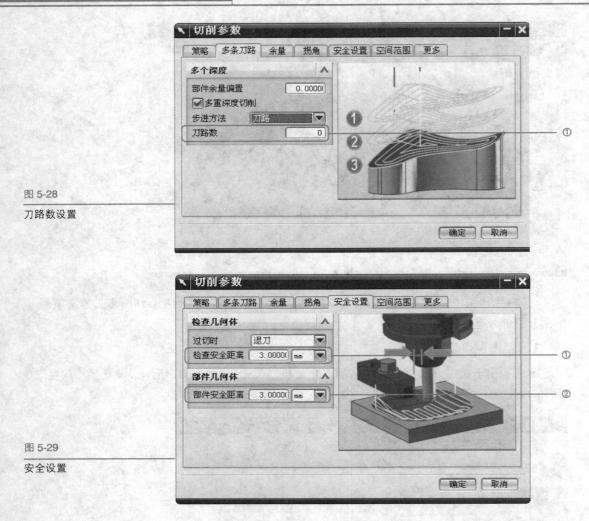

图 5-28

刀路数设置

图 5-29

安全设置

◆ 部件安全距离。该选项用来指定刀具进刀／退刀的距离（②）。指定该距离，避免刀具或刀柄在切削过程中与零件几何体发生碰撞。在该选项右侧的文本框内输入数值，即可指定部件安全间距。

3．更多选项

"更多"选项卡中可以设置角度、选择应用布距、优化轨迹、延伸至边界等，用户根据需要设置具体各项，所设置的参数将会对刀具路径产生一定影响和限制，如图 5-30 所示。

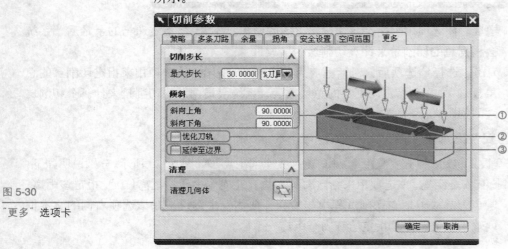

图 5-30

"更多"选项卡

◆ 斜向上 / 下角度。这两个选项分别用来指定刀具斜向上 / 下运动的角度（①），即上 / 下坡角度，在该文本框中输入数值即可指定角度。

◆ 优化刀轨。它是用来确定是否根据指定的上 / 下坡角度来选择最优化的刀具轨迹（②）。选择该项后，系统会根据指定结果选取最优化的刀具轨迹，使刀具尽可能与零件表面保持接触。

◆ 延伸至边界。该选项用来确定是否将刀具轨迹延伸至边界（③）。选择该选项时，在仅向上或向下切削过程中，系统将刀具轨迹延伸至零件边界。当仅向上或仅向下关闭时，刀具轨迹只延伸到零件的顶部；当仅向上或仅向下打开时，刀具轨迹只延伸到零件的边界。

◆ 清理几何体。图 5-31（a）所示即为"清理几何体"对话框，该对话框用来指定系统生成点或边界，以辨认零件加工后的残余材料（①）。激活"凹部"选项，并选择"边界"为输出类型，则可进行进一步清理输出控制的设置（②），如图 5-31（b）所示。

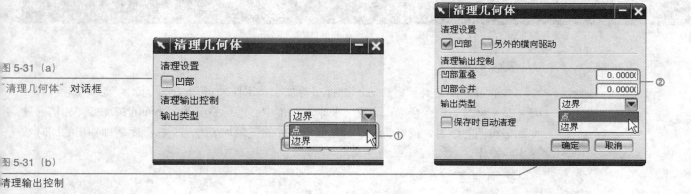

图 5-31（a）
"清理几何体"对话框

图 5-31（b）
清理输出控制

5.6.2 非切削运动

在固定轴曲面轮廓铣操作对话框中，当驱动方式为"区域铣削"时，单击"非切削运动"按钮，将打开如图 5-32 所示的"非切削移动"对话框。在该对话框内可进行进刀 / 退刀类型的设置。

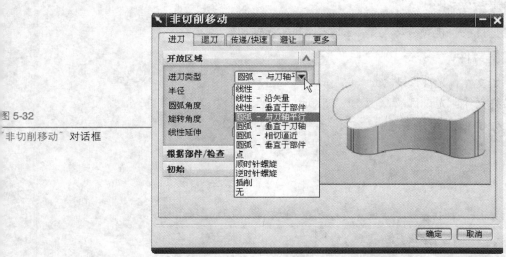

图 5-32
"非切削移动"对话框

"进入类型"部分选项含义如下：

◆ "线性"选项：指定刀具在进刀时，以线性方式移动。

◆ "圆弧 - 与刀轴平行"选项：指定刀具在进刀时，以圆弧方式移动，且圆弧的一端不需要与切削向量相切，但要与刀具轴平行。

◆ "圆弧-垂直于刀轴"选项：指定刀具在进刀时，以圆弧方式移动，且圆弧的一端不需要与切削向量相切，但要与刀具轴垂直。

◆ "圆弧-相切逼近"选项：指定刀具在进刀时，以圆弧方式移动，其中圆弧既要与切削向量相切，又要与下刀向量相切。该选项仅用于进刀运动。

◆ "圆弧-垂直于部件"选项：指定刀具在退刀时，以圆弧方式移动，其中圆弧既要与切削向量相切，又要与下刀向量相切。该选项仅用于退刀运动。

◆ "顺时针螺旋"选项：指定刀具在进刀／退刀时，以螺旋线方式围绕一个固定轴旋转移动，其旋转方向与刀具旋转方向相同。该选项仅用于进刀运动。

◆ "逆时针螺旋"选项：指定刀具在进刀／退刀时，以螺旋线方式围绕一个固定轴旋转移动，其旋转方向与刀具旋转方向相反。该选项仅用于进刀运动。

5.7 综合实例：模具底座铣加工

实例分析

本章节零件需要对零件底座进行必要加工，工件外形尺寸为：长 × 宽 × 高 =150×45×25，材料为铝合金 LY12CZ，要求在加工中心进行整个零件曲面的精加工。相信通过本章节实例的学习，读者将会了解曲面类零件的三轴加工方法，在巩固基础知识的同时掌握实际操作。

实例难度

★★★☆

制作方法和思路

由于零件模型是一组曲面、变半径圆角组成的实体，在数控加工中要采用平口钳进行固定，采用 D16 的圆鼻刀，选择合适的加工方法，设置必要的加工参数对零件进行粗、精加工，并生成最终的刀路轨迹。

参考教学视频

光盘目录 \ 视频教学 \ 第 5 章 零件底座三轴加工 .avi

实例文件

原始文件：光盘目录 \prt\T5.prt

最终文件：光盘目录 \SHILI\T5.prt

实例效果（见图 5-33）

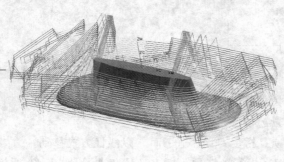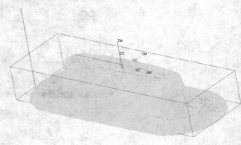

图 5-33

零件底座实例

5.7.1 加工前的创建工作

Step 1 打开零件：选择菜单栏上的"文件"→"打开"命令，如图 5-34 所示。打开 SHILI\T5.prt 文件，图 5-35 所示即为某模具的底座。

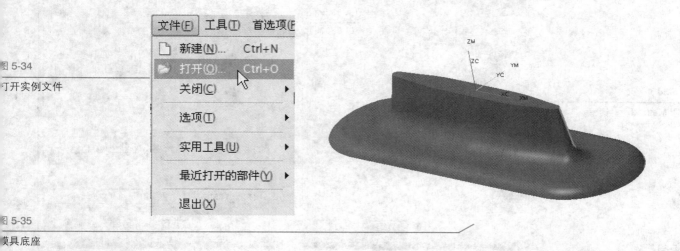

图 5-34

打开实例文件

图 5-35

模具底座

Step 2 创建程序：单击创建工具条上的"创建程序"按钮 ，系统弹出"创建程序"对话框，如图 5-36 所示，类型选择"mill_contour"，程序选择"NC_PROGRAM"，名称输入"MILL_SURF"，单击"确定"按钮，完成设置。

Step 3 创建方法：单击"创建方法"按钮 ，系统弹出如图 5-37 所示对话框，"方法"设置为"MILL_SEMI_FINISH"，名称输入"MILL_XS"，单击"确定"按钮，系统弹出"Mill Method"对话框，如图 5-38 所示，单击"确定"按钮完成设置。

图 5-36

创建程序"对话框

图 5-37

创建方法"对话框

图 5-38
"Mill Method" 对话框

图 5-39
"创建刀具" 对话框

Step 4 创建刀具：单击"创建刀具"按钮，系统弹出如图 5-39 所示的"创建刀具"对话框，子类型选择"平底铣刀"，刀具名称文本框中输入"MILL_16BULL"。 单击"确定"按钮，进入图 5-40 所示的刀具参数对话框，按照图示参数进行设置。

Step 5 创建几何体：单击"创建几何体"按钮，系统弹出如图 5-41 所示的对话框，设置几何体为"MCS_MILL"，单击"确定"按钮，即进入 MCS 对话框，如图 5-42 所示。

图 5-40 （a）
刀具参数设置

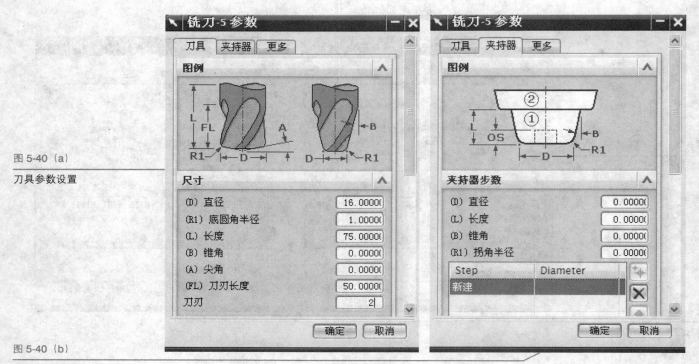

图 5-40 （b）
夹持器参数设置

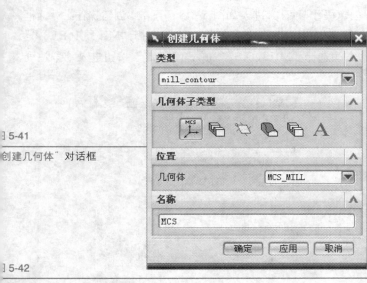

单击 MCS 对话框内的"指定 MCS"旁的按钮，系统弹出 CSYS 对话框，如图 5-43 所示。确认 X、Y、Z 坐标均为 0 后，单击"确定"按钮，返回 MCS 对话框。

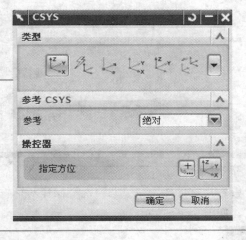

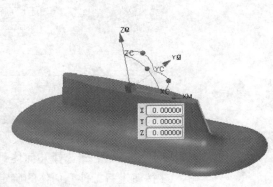

在图 5-40 所示的对话框中单击"指定 RCS"旁的按钮，系统进入 CSYS 对话框，确定工件坐标系也在原点后，单击"确定"按钮，此时 MCS 与 RCS 重合，如图 5-44 所示。

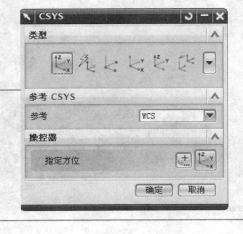

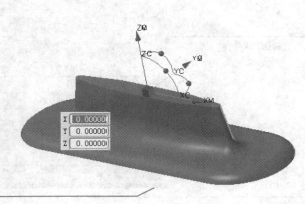

─── 5.7.2　三轴粗铣加工 ───

Step 1 创建操作：单击"创建操作"图标，进入如图5-45所示的"创建操作"对话框。子类型选择"Mill_Contour"，程序使用"MILL_SURF"，刀具选择"MILL_16BULL"，几何体使用"WORKPIECE"，方法选择"MILL_XS"，单击"确定"按钮进入"型腔铣"操作对话框，如图5-46所示。

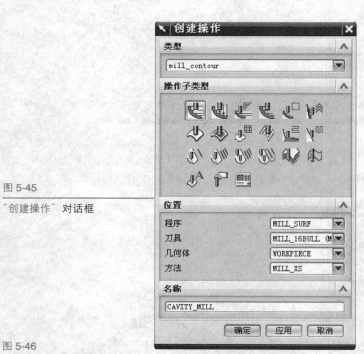

图 5-45

"创建操作"对话框

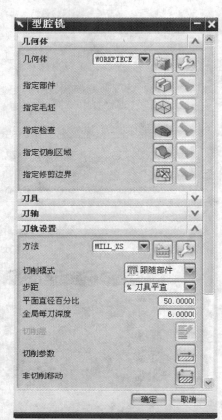

图 5-46

"型腔铣"对话框

Step 2 选择几何体：（1）指定部件。在"型腔铣"操作对话框中单击"指定部件"按钮进行工件几何体的确定，如图5-47所示。

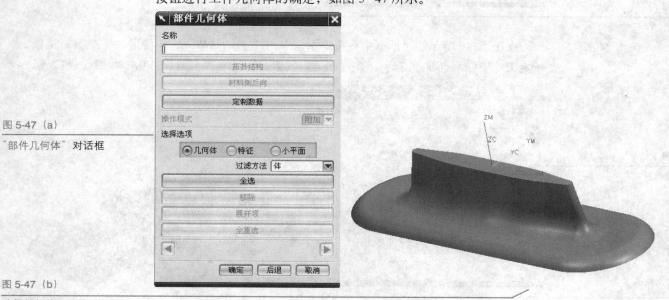

图 5-47（a）

"部件几何体"对话框

图 5-47（b）

选择的部件几何体

（2）指定毛坯几何体。首先在"格式"→"图层设置"下将第 54 层设置为"可选"，此时零件模型上出现毛坯层，如图 5-48 所示。

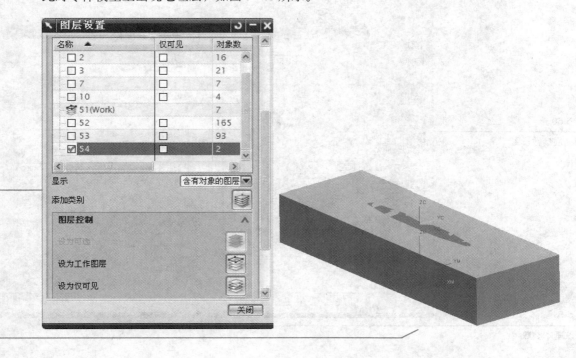

图 5-48（a）

"图层设置"对话框

图 5-48（b）

显示毛坯层

在"型腔铣"对话框中单击"指定毛坯"按钮，进行毛坯几何体的选择，如图 5-49 所示。

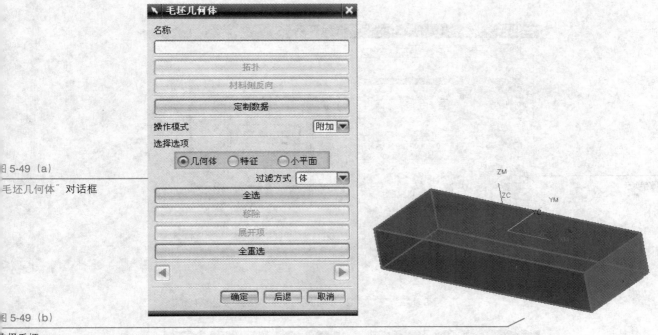

图 5-49（a）

"毛坯几何体"对话框

图 5-49（b）

选择毛坯

Step 3 设置切削层参数：在"型腔铣"对话框中，单击"切削层"按钮，系统弹出如图 5-50 所示的对话框，设置"全局每刀深度"和"局部每刀深度"分别为"1.5"，单击"确定"按钮，完成设置。系统返回型腔铣对话框后，将该对话框中的"全局每刀深度"也更改为"1.5"，其余默认不变，如图 5-51 所示。

图 5-50

切削层参数设置

图 5-51

更改基本参数

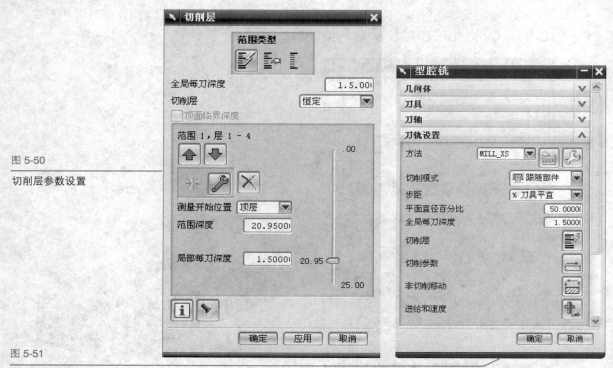

Step 4 设置切削参数：在"型腔铣"操作对话框中单击"切削参数"按钮，进入如图 5-52 所示的"切削参数"对话框，按照图 5-52 所示的值进行设置。

图 5-52

"策略"选项卡

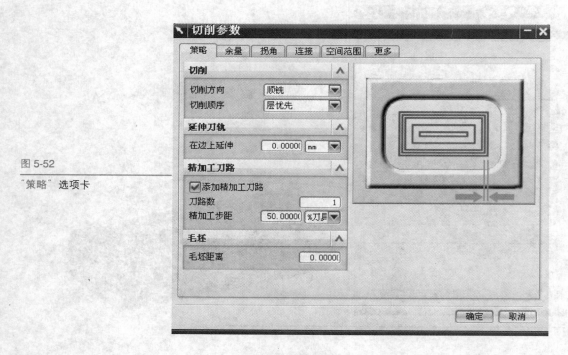

Step 5 设置非切削移动参数：单击"非切削移动"按钮，系统进入非切削移动对话框，按照图 5-53 所示的值进行设置。

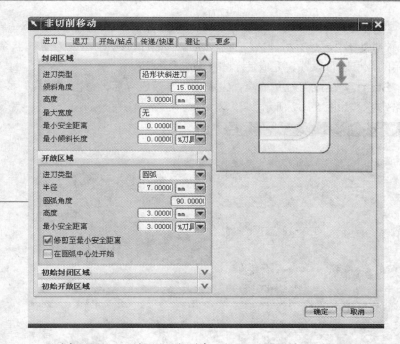

图 5-53
"非切削移动"对话框

选择"传递 / 快速"选项卡，如图 5-54 所示，设置"安全设置选项"为"平面"（①）再单击"指定安全平面"按钮（②），系统弹出图 5-55 所示的"平面构造器"对话框，在"偏置"文本框中输入"10"，单击"确定"按钮完成设置。

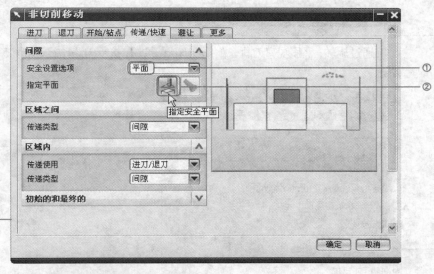

图 5-54
"传递 / 快速"选项卡

图 5-55
"平面构造器"对话框

Step 6 进给和速度参数的设置：单击"进给和速度"按钮，系统会弹出"进给和速度"对话框，如图 5-56 所示，设置主轴转速为 3000rpm，切削速度为 500，其余参数按照图 5-56 所示的数值进行设置，完成后单击"确定"按钮。

Step 7 生成刀轨并检验：完成上述参数设置后，单击"生成"按钮，系统会计算出刀路轨迹，如图 5-57 所示。

图 5-56

进给参数设置

图 5-57

生成刀轨

通过旋转、平移观察刀轨，单击"确认"按钮，接受刀路路径，如图 5-58（a）、图 5-58（b）所示。

图 5-58（a）

"刀轨可视化"对话框

图 5-58（b）

刀轨可视化

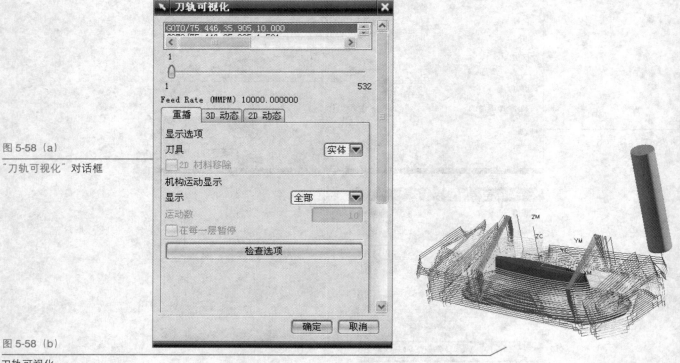

用户还可根据个人需要进行动态切削模拟，单击"3D 动态"按钮，系统会开始进行模拟仿真，形象生动地对刀具切削全过程进行演示，如图 5-59（a）、图 5-59（b）所示。

图 5-59（a）
刀轨可视化"对话框

图 5-59（b）
动态仿真

5.7.3 三轴精铣加工

Step 1 创建 CONTOUR_AREA 操作：在操作导航器上右击，在弹出的快捷菜单中选择"插入"→"操作"命令，系统弹出如图 5-60 所示的对话框，单击"确定"按钮进入如图 5-61 所示的对话框。

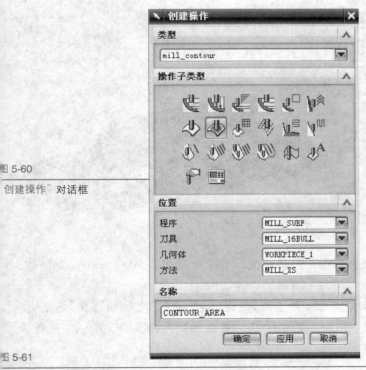

图 5-60
创建操作"对话框

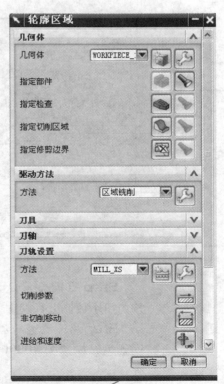

图 5-61
轮廓区域"对话框

Step 2 指定切削区域：在"轮廓区域"对话框中，单击"指定切削区域"按钮，系统进入"切削区域"对话框，如图 5-62（a）所示。单击"全选"按钮，选择切削几何体后单击"确定"按钮，返回图 5-61 所示的对话框。图 5-62（b）所示为选择的切削几何体。

图 5-62（a）
"切削区域"对话框

图 5-62（b）
选择的切削区域

再次单击"指定切削区域"按钮，弹出如图 5-63（a）所示的对话框，设置"操作模式"为"编辑"（①），单击▶按钮（③），当工件底面变成红色时，单击"移除"按钮（②），在所选切削区域中去除该部分，如图 5-63（b）所示。

图 5-63（a）
"切削区域"编辑对话框

图 5-63（b）
移除底面

Step 3 设置区域切削参数：在单击 ⚒ 按钮，系统弹出如图 5-64 所示的对话框，按照图示数值进行设置，单击"确定"按钮，完成操作。

Step 4 设置进给参数：单击"进给和速度"按钮，系统弹出"进给和速度"对话框，设置主轴转速为 40000rpm，切削速度为 1000，其余参数按图 5-65 所示的进行设置。

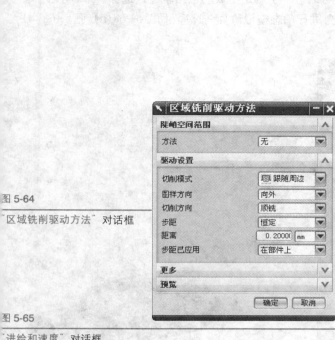

图 5-64

"区域铣削驱动方法"对话框

图 5-65

"进给和速度"对话框

Step 5 生成刀路轨迹：在完成上述各步骤的设定后，单击"生成"按钮，系统将产生刀路轨迹，如图 5-66 所示，在图形区通过旋转、平移、缩放视图从不同角度对刀路轨迹进行查看，以判断其路径是否合理。单击"确认"按钮接受刀轨，如图 5-67（a）、图 5-67（b）所示。

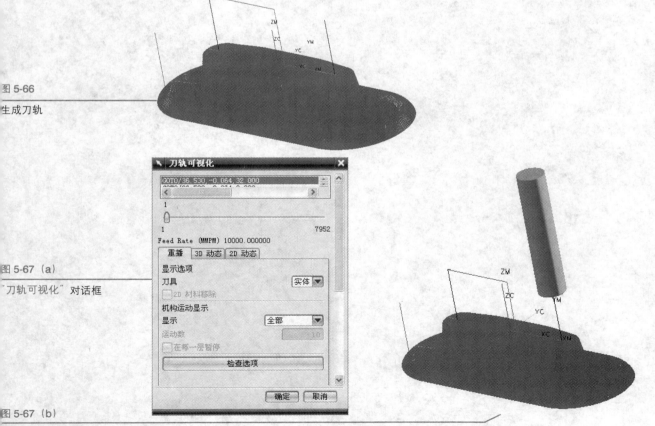

图 5-66

生成刀轨

图 5-67（a）

"刀轨可视化"对话框

图 5-67（b）

刀轨可视化

对刀具路径进行 3D 可视化检验可以进一步确定生成的道路轨迹，选择"3D 动态"选项卡后单击相关按钮进行播放，系统会进行动态模拟仿真全过程，如图 5-68(a)、图 5-68(b) 所示。

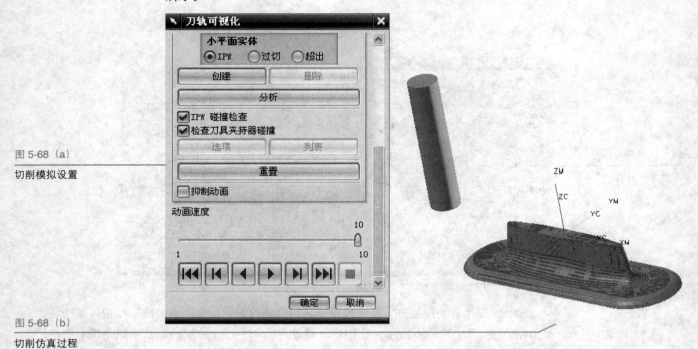

图 5-68（a）

切削模拟设置

图 5-68（b）

切削仿真过程

Chapter 6

点位加工技术

本章内容及学习地图：

　　点位加工在大部分情况下是指钻孔加工。钻孔加工的程序相对简单，使用UG进行钻孔程序的编制，可以直接生成完整程序，在孔的数量较大时尤其明显。另外对某些复杂的工件，其孔的位置分布较复杂，使用UG可以生成一个程序完成所有孔的加工，本章节将重点讲述点位加工的相关知识。

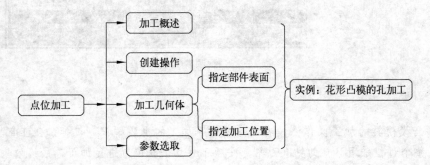

本章重点知识：

- 创建点位加工操作
- 加工位置的选择
- 路径优化的方式
- 点位加工参数设置
- 循环类型与循环参数
- 点位加工在实际中的应用

本章视频

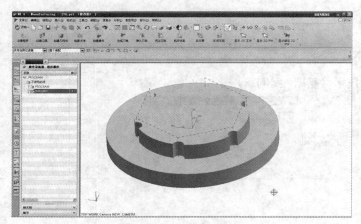

模具底座铣加工

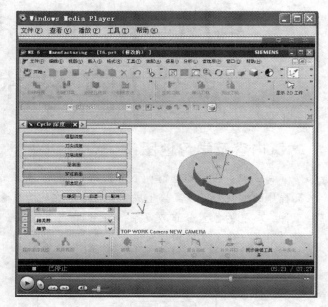

视频教学——底座铣加工

本章实例

　　本章节通过花形凸模模具的加工操作使读者清楚理解孔加工的重要知识，包括加工工部、加工几何体以及参数等的设置方法，整个过程采用 D10 的钻孔刀具，按顺序对 6 个孔位置进行加工，最终效果如下：

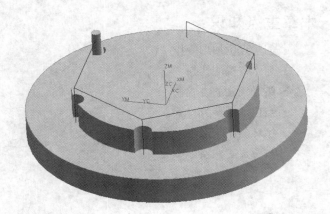

6.1 点位加工概述

点位加工包括钻孔、镗孔、扩孔、沉孔、铰孔、点焊和铆接等，其刀具运动过程：首先刀具快速定位于加工位置，之后切入零件，最后完成切削并退回。

点位加工的技术要点如下：

（1）在钻孔加工时，需要考虑到钻头的顶部是不平的，需要增加一定的深度值。

（2）选择加工形式决定了其参数是否有效，如果选择了不正确的钻孔循环方式，那么所设置的部分参数将可能是无效的。

（3）数控铣或者加工中心上不适于加工极深的孔。

（4）在钻孔加工前一般要先用中心钻或球头刀钻出引导孔，特别是在斜面上钻孔时。否则，钻头极易偏离中心，严重时甚至会导致钻头折断。

（5）钻孔加工或者镗孔加工时，一定要注意排屑问题，保证切屑不会挤死。

6.2 点位加工的创建操作

1. 创建操作

在创建工具条中单击"创建操作"图标，或选择"插入"→"操作"命令，系统将弹出"创建操作"对话框，如图 6-1 所示。（子类型下各个图标的含义如表 1 所示）

2. 点位加工操作对话框

图 6-2 所示即为"孔加工"操作对话框。通过对话框选择合适的加工几何体，并设置相应的参数，进行点位加工刀具路径的生成。在"孔加工"的操作对话框中，可以看到有部分选项是与平面铣或腔型铣类似，另外一些则是点位加工特有的选项。

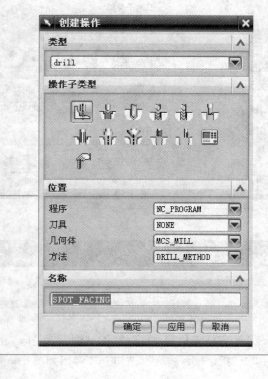

图 6-1

"创建操作"对话框

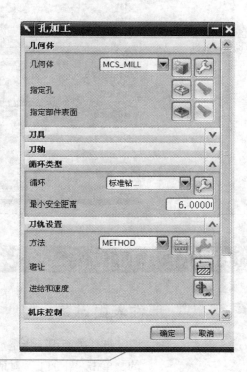

图 6-2

"孔加工"对话框

表1 钻孔加工选项说明

图标	英　文	中　文	说　明	对应G指令
	SPOT-FACING	扩孔	用铣刀在零件表面上扩孔	
	SPOT-DRILLING	中心钻	用中心钻钻出定位孔	
	DRILLING	钻孔	普通的钻孔	G81
	PEAK-DRILLING	啄钻	啄式钻孔	G83
	BREAKCHIP-DRILLING	断屑钻	断屑钻孔	G73
	BORING	镗孔	用镗刀将孔镗大	G65
	REAMING	铰孔	用铰刀将孔铰大	
	COUNTERBORING	沉孔	沉孔锪平	
	COUNTERSINKING	倒角沉孔	钻锥形沉头孔	
	TAPPING	攻丝	用丝锥攻螺纹	G84
	THEAD_MILLING	铣螺纹	用螺纹铣刀在铣床上铣螺纹	

3. 点位加工的点设置

创建孔加工操作时，所需设置的对话框如图6-3所示。点位加工设置中一般设置的切削方法为钻孔加工方法（DRILL_METHOD），而几何体设置默认为"MCS_MILL"，刀具可以选择钻孔刀具或者铣刀进行操作的创建，刀具创建对话框如图6-4所示。

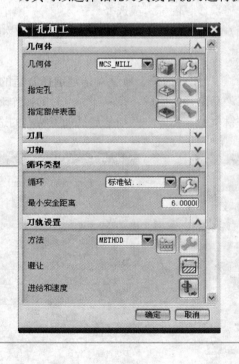

图 6-3
"孔加工"操作对话框

图 6-4
刀具创建

6.3 点位加工几何体

6.3.1 部件表面设置

部件表面用于指定加工的开始或结束位置，而且孔的钻削深度是以表面或底面为参考的。单击"孔加工"对话框中的"指定部件表面"按钮，弹出如图6-5所示的对话框。

图 6-5

"部件表面"对话框

当使用"面"或"一般平面"方式定义工件表面或底面时,"面名称"选项被激活(①),可以直接输入平面名称。而使用"主平面"方式时,"ZC 平面"选项被激活,用于指定 Z 坐标值(②),如图 6-6(a)、图 6-6(b)所示。

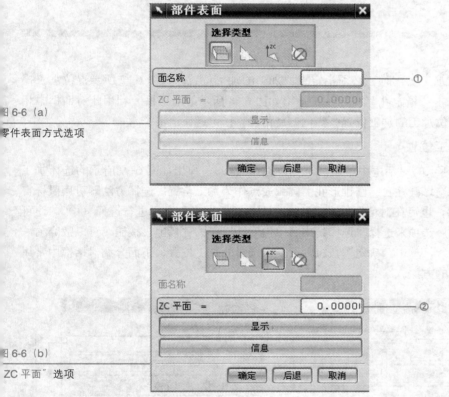

图 6-6(a)

零件表面方式选项

图 6-6(b)

"ZC 平面"选项

相关知识

单击"信息"按钮,则会出现所指定平面的相关信息内容,如图 6-7(b)所示。

当选择了一般平面作为工件表面或底面时,"显示"和"信息"选项被激活,可用于在图形上显示平面所在位置或者显示所指定平面的信息,如图 6-7(a)所示。

当选择了一般平面作为工件表面或底面时,"显示"和"信息"选项被激活,可用于在图形上显示平面所在位置或者显示所指定平面的信息,如图 6-7(b)所示。

图 6-7(a)

显示和信息选项

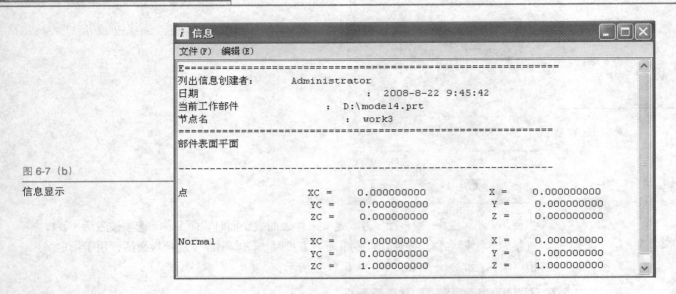

图 6-7（b）
信息显示

6.3.2 指定加工位置

在创建点位加工操作时，必须指定点位加工的加工位置。在图 6-2 所示点位加工操作对话框中，单击"指定孔"图标 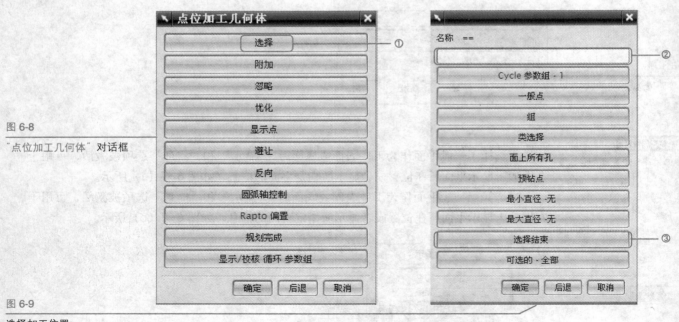，弹出如图 6-8 所示的对话框。利用此对话框中相应选项可指定点位加工的加工位置、优化刀具路径、指定避让选项等。

1．选择加工位置

在图 6-8 所示的对话框中单击"选择"按钮（①），弹出如图 6-9 所示的选择加工位置对话框。可选择圆柱孔、圆锥形孔、圆弧或点作为加工位置。选择方法既可用鼠标直接在图形中选取，也可在对话框的"名称"文本框中输入对象名称进行选择（②），还可用对话框中的相应选项来选择。选择结束后单击对话框中的"后退"按钮，可以放弃前一次选择的加工位置，单击"确定"按钮则接受所选择的加工位置，下面介绍对话框中常用的选择加工位置的方法。

图 6-8
"点位加工几何体"对话框

图 6-9
选择加工位置

在进行加工位置选择时，先根据需要改变循环参数组，再定义加工位置，完成点的位置指定时，也可以根据需要改变循环参数组，再继续定义加工位置，也可单击"选择结束"按钮（③），返回到如图 6-8 所示的对话框。完成加工位置的定义后在图形窗口显示已定义的加工位置，并且在各加工位置的旁边显示相应的选择序号，该序号即为所选位置的加工顺序号，如图 6-10 所示。

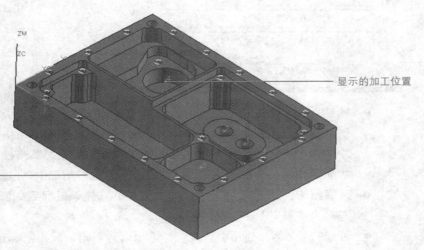

显示的加工位置

6-10
示加工位置

◆ 一般点：它是用点构造器指定加工位置。在图 6-9 中单击"一般点"按钮，将弹出点构造器对话框（见图 6-11（a）），可指定一点作为加工位置。产生一个点后，在图形窗口显示一个"*"标记，表示该点的位置（见图 6-11（b））。定义各加工位置后，单击"确定"按钮，返回到图 6-9 所示的对话框。

6-11（a）
构造器

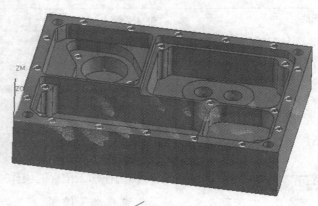

6-11（b）
定点位置

知识补充

选择片体上的孔作为加工位置时，可以选择片体上的特征孔或者是片体减去圆体形成的孔。但片体上的孔必须是整圆，且片体必须是平面片体；选择实体上的孔作为加工位置时，可以选择特征孔，也可以选择实体减去圆柱体形成的孔。孔的边缘可以倒直角或倒圆角，且不要求孔所在的实体表面是平面。对于实体上的孔，在选择加工位置时，必须选择最上面的边，加工时可用一个负的快速移动位置偏置距离，使刀具快速伸入到孔内，再开始切削加工。

图 6-12

表面上所有孔

◆ 面上所有孔：该选项通过选择表面上的所有孔指定加工位置。选择该选项，弹出如图 6-12 所示的对话框。

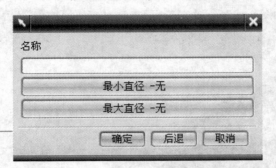

◆ 预钻点：平面铣和型腔铣中系统自动定义预钻进刀点，当选择"预钻点"选项时，预钻进刀点显示在零件上，单击"确定"按钮，系统找回存储在临时文件中的两个进刀点，作为预钻孔的加工位置。生成刀具路径后，系统从临时文件中删除预钻孔的加工位置，以便在随后的铣削加工中存储新的预钻点。

◆ 选择结束：该选项用于结束加工位置的选择，返回到如图 6-8 所示的对话框，与单击"确定"按钮功能相似。

◆ 可选的 - 全部：当用组、类选择选项选择对象，或用鼠标选择单个对象时，"可选的 - 全部"选项控制所选对象的类型。选择该选项，弹出如图 6-13 所示的对话框，可用其中选项控制选择对象的类型，控制方式有点、圆弧、孔或者点和圆弧、所有类型的几何对象。当指定了某一选项类型后，只能选择该类型图素作为加工位置。

图 6-13

可选的

2. "附加"加工位置

在图 6-8 所示的对话框中选择"附加"选项，弹出一个类似图 6-9 所示的对话框，可继续选择加工位置，所选择的加工位置将添加到先前选择的加工位置集合中。其交互操作过程与选择加工位置的操作过程完全相同。

3. 省略加工位置

在图 6-8 所示的对话框中选择"忽略"选项，弹出如图 6-14 所示的无参数对话框。

图 6-14

忽略加工位置

3. 优化刀具路径

优化刀具路径是重新指定所选加工位置在刀具路径中的顺序。在图 6-8 中选择

"优化"选项,弹出如图 6-15 所示的对话框,它提供了 4 种优化点位加工刀具路径的方法。

图 6-15
优化刀具路径

◆ 按最短路径优化。它是基于最短加工时间对加工位置进行重新排序的优化方法。在加工位置数目很多(30 个以上)和需要采用变轴点位加工的情况下,它是首选的优化方法。但这种方法比其他优化方法所需的处理时间更长。

选择"Shortest Path"选项,系统弹出如图 6-16 所示的对话框。刀具路径优化后,系统显示刀具路径的总长和刀轴方向的变化角度,可单击"确定"或"取消"按钮来接受或取消优化结果。图 6-16 所示的对话框中各选项说明如下:

图 6-16
按最短路径优化

A. Level:该选项涉及系统确定最短刀具路径所需的时间,选择该选项,优化方式会在 Standard 和 Advanced 之间切换,如图 6-17 所示。

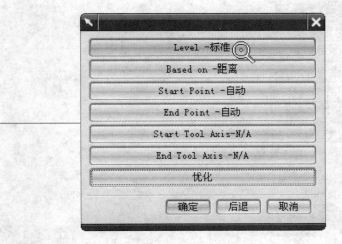

图 6-17
标准选项

◇ 标准（Standard）方式。首先选择一个加工位置作为刀具路径的起始点，然后按最近距离确定下一个加工位置，依次循环确定余下各加工位置的加工顺序。

◇ 高级（Advanced）方式。这种方式比标准方式需要较长的处理时间，但它生成的刀具路径总长要短一些，有利于缩短加工时间。

B．Based On：该选项决定优化时考虑的出发点，涉及刀具路径中加工位置之间的距离。对于固定轴点位加工的刀具路径，仅考虑 Dintance（距离）。对于变轴点位加工的刀具路径，有 3 种考虑方式：Distance 、Distance Only、Tool Axis Then Distance。

◇ Distance：优化的出发点是考虑距离。通过计算刀具高刀轴方向在垂直于刀轴的平面内的跨越时间，来确定最短路径。

◇ Distance Only：优化的出发点是仅考虑距离。通过计算刀具跨越两加工位置之间的三维距离所需的时间来确定最短路径，而忽略力轴方向的变化。

◇ Tool Axis Then Distance：优化的出发点是先考虑刀轴方向的变化，再考虑距离。它通过计算改变刀轴方向所需的时间和刀具跨越两加工位置之间的三维距离所需的时间来确定最短路径。

C．Start Point 和 End Point：这两个选项分别指定刀具路径的起始或终止加工位置。在图 6-18 所示的对话框中选择 Start Point 或 End Point 选项，将弹出如图 6-18 所示的对话框。

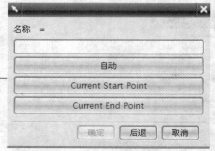

图 6-18

起始或终止加工位置

小技巧

可用鼠标在图形窗口选取一加工位置作为刀具路径的起始或终止加工位置，或用对话框中的选项来确定刀具路径的起始或终止加工位置。

D．Start Tool Axis 和 End Tool Axis。只有采用变轴点位加工，在 Based On 选项中又选择了 Tool Axis Then Distance，且将 Start Point 和 End Point 选项指定为"自动"（Automatic），用户才需要使用 Start Tool Axis 和 End Tool Axis 选项，分别指定起始和终止加工位置的刀轴方向。

E．优化。在如图 6-16 所示对话框中选择"优化"（Optimize）选项，则执行优化工作。优化结束后，弹出优化结果对话框，并在对话框中显示优化前后的刀具路径总长和刀轴方向的角度变化大小（见图 6-19）。

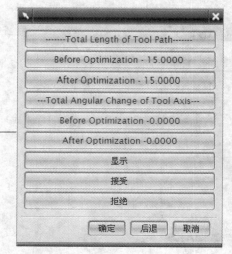

图 6-19

优化选项

◆ 按水平路径优化。选择"Horizontal Bands"选项，弹出如图6-20（a）所示的对话框。在对话框中选择"升序"或"降序"选项，可以确定每对水平直线之间各加工位置的排列方式，系统此时弹出如图6-21（b）所示的对话框。

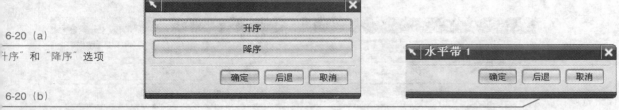

6-20（a）
"升序"和"降序"选项

6-20（b）
"水平带1"对话框

选择"升序"或"降序"选项定义刀具路径带时，先用鼠标在图形窗口选择一点，系统临时显示一条过该点且平行于XC轴的直线，并将其作为第一号路经带的第一条直线，再用同样方法定义第一号路经带的第二条直线。如此重复，为每条路经带定义两条直线，直到所有路径带全部定义完毕。最后，单击"确定"按钮，系统将所有加工位置排序后，回到如图6-8所示的对话框，如图6-21所示。

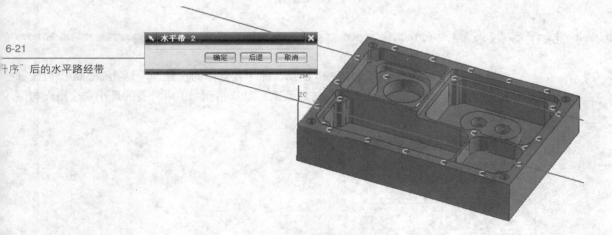

6-21
"升序"后的水平路经带

◆ 按竖直路径优化。在图6-15所示的对话框中Vertical Bands选项用于定义一系列垂直路径带。这种刀具路径的优化方法，除了路径带平行于YC轴和按YC坐标值将每条路经带内的加工位置排序外，其余的都与Horizontal Bands（水平路径带）优化方法类似。

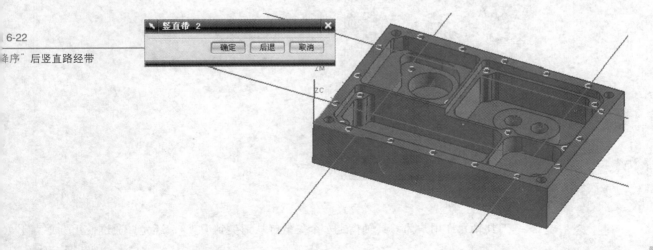

6-22
"降序"后竖直路经带

◆ 重画加工位置。

完成优化处理后，在图 6-15 所示的对话框中的 Repaint Point 选项用来设置是否重画所有加工位置。该选项在"是"和"否"之间切换，当设置成"是"时，优化后系统将会重新显示每个加工位置的顺序号。

图 6-23（a）

Repaint Point（是）选项

图 6-23（b）

Repaint Point（否）选项

6.4 点位加工参数设置

6.4.1 操作参数设置

钻孔加工的操作对话框如图 6-24 所示，除了几何体的设置外，钻孔加工的参数设置还包括刀轴设置、避让、进给率与机床参数组，以及钻孔加工中特有的最小安全距离与深度偏置。

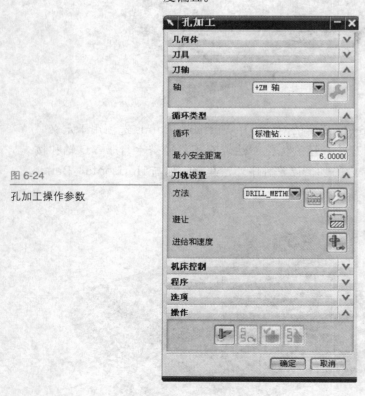

图 6-24

孔加工操作参数

1. 刀具轴

刀具轴允许用户为刀具轴指定一个矢量（从刀尖到刀夹），还允许通过使用"垂直于部件表面"选项在每个 GOTO 点处计算出一个垂直于部件表面的刀具轴。

2．最小安全距离

最小安全距离是刀具沿刀轴方向离开零件加工表面的最小距离。最小安全距离定义了每个操作的安全点，在这点上，刀具由快速运动或进刀运动改变为切削速度运动。

3．深度偏置

深度偏置是指定钻盲孔时空的底部保留的材料量，便于以后对孔进行精加工；或者指定钻通孔时刀具穿过加工底面的穿透量，以确保孔被钻穿。

4．避让、进给率与机床

点位加工中的"避让"选项和"机床"与平面铣中各参数是完全一致的，一般也需要设置安全平面。而在"进给率"选项中，由于钻孔加工运动相对简单，所以在"进给率"选项中相对平面铣操作要少，没有"第一刀切削"以及"初始切削进给"选项，如图 6-25所示。

图 6-25
"进给和速度"对话框

6.4.2 循环控制

循环控制包括选择循环类型和设置循环参数。在"孔加工"对话框的"循环"下拉列表框中有 14 种类型，如图 6-26 所示。

1．循环参数组

在点位加工中，为满足不同类型孔的加工要求，需要采用不同的加工方式，如普通钻孔、啄钻、攻螺纹、锪沉孔和深孔加工等。这些加工方式有的连续加工，有的断续加工，为满足不同类型孔的加工要求，UG 在点位加工中提供了多种循环类型来控制刀具的切削运动。

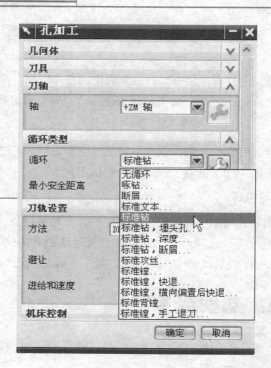

图 6-26

循环类型

选择需要的循环类型后，系统会弹出如图 6-27 所示的对话框，指定参数组后，单击"确定"按钮，弹出如图 6-28 所示的循环参数对话框。在对话框中设置第一个循环参数组中的参数后，单击"确定"按钮，系统根据指定的循环参数组个数，决定是否设置下一个循环参数组。

相关知识

系统允许最多设置5 个循环参数组，因此可输入 1 ~ 5 的整数。设定组数后再为每个循环参数组设置相应的循环参数。

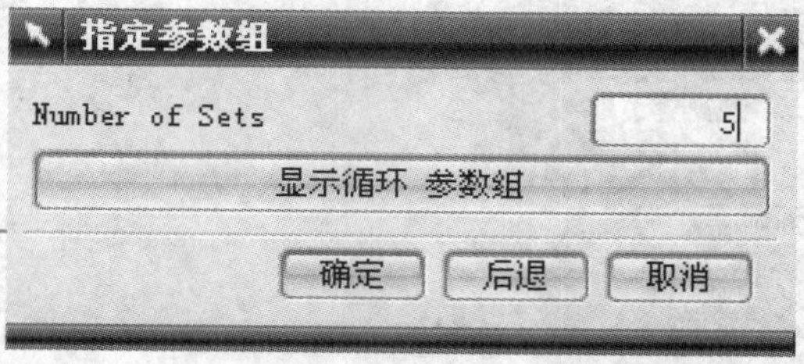

图 6-27

循环参数组个数

图 6-28

循环参数

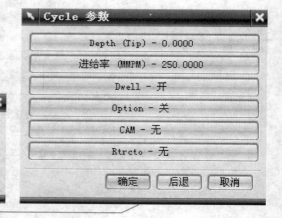

相关知识

在 14 个循环类型中只有选择"啄钻"和"断屑"循环类型时，系统才会弹出图 6-29 所示的对话框，用于输入安全距离。

图 6-29

安全距离设置

2．设置循环参数

在设置循环参数时，需要指定各循环参数值，包括进给速度、暂停时间和深度增量等。随所选循环类型的不同，所需要设置的循环参数也有差别。下面介绍各循环参数设置对话框中主要循环参数的设置方法。

(1) Depth。模型深度是指零件加工表面到刀尖的深度。除"标准钻，埋头孔"循环外，其他所有循环需要设置钻削深度参数。在循环参数设置对话框中选择"Depth"选项，弹出如图6-30（a）所示的对话框，可以选择确定钻削深度的方法。系统提供了6种确定钻削深度的方法。各种钻削深度的定义方法说明如下：

相关知识

选择"刀尖深度"或"刀肩深度"选项均会弹出"深度"对话框，用来确定具体数值，如图6-30（b）所示。

图6-30（a）

循环深度对话框

图6-30（b）

"深度"对话框

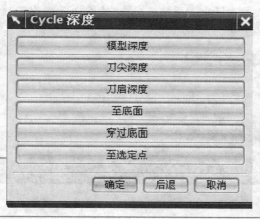

◆ 模型深度：该选项指定钻削深度为实体上的孔的深度。如果孔的轴线方向与刀轴方向一致且刀具直径小于或等于孔径，选择该选项系统会自动算出实体上的孔的深度作为钻削深度；而将非实体孔的深度作为零处理（如点、圆弧和片体上的孔等）。

◆ 刀尖深度：该方法沿刀轴方向，按加工表面到刀尖的距离确定钻削深度。选择该深度确定方法，可在对话框的文本框中输入一个正数作为钻削深度。

◆ 刀肩深度：该方法沿着刀轴方向，按刀肩到达零件的加工底面来确定切削深度。

◆ 至底面：如果要使刀肩穿透零件加工底面，可在定义加工底面时，用 Depth Offset 选项定义相对于加工底面的通孔穿透量。

◆ 穿过底面：该方法沿刀轴方向，按刀尖刚好到达零件的加工底面来确定钻削深度。

◆ 至选定点：该方法沿刀轴方向，按零件加工表面到指定点的 ZC 的坐标之差确定切削深度。

(2) Dwell。暂停时间是指刀具在钻削到孔的最深处时的停留时间。在循环参数设置对话框中选择 Dwell 选项后，弹出如图6-31所示的对话框，各选项说明如下：

◆ 关：用来指定刀具钻到孔的最深处时不暂停。

◆ 开：用来指定刀具到孔的最深处时停留指定的时间．

◆ 秒：是指定暂停时间的秒数。

◆ 转：该选项指定暂停时间的转数。

图6-31

暂停时间

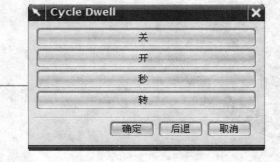

知识补充

选项"上"用于各类标准循环。选择"秒"和"回转"时则会弹出相应对话框，提示用户输入具体数值。

（3）进给率。该循环参数用设置刀具钻削时的进给速度，各种循环类型均需设置进给速度参数。在循环参数设置对话框中选择"进给率"选项，弹出的对话框如图 6-32 所示。该对话框显示当前的进给大小。

Cycle 进给率

| 毫米每分钟 | 250.00000 |

切换单位至毫米每转

确定　　后退　　取消

图 6-32

钻削时的进给速度

6.5 综合实例：花形凸模孔加工

实例分析

本例中涉及的花形凸模，在其每个圆弧形凹槽的圆心处有一个直径为 10mm 的通孔。要求利用钻孔加工操作对该模具进行必要加工。本例的安排是要对点位加工的操作过程进行实际演练，使读者深入理解该加工形式的特点，达到学以致用的目的。

实例难度

★★★

制作方法和思路

由于该模具较为简单，开孔数目较少，因此使用 D10 的钻头进行加工，采用标准钻削加工为循环类型即可。另外设置主轴转速为 500r/min，进给率为 600mm/min。

参考教学视频

光盘目录 ＼ 视频教学 ＼ 第 6 章 花形凸模孔加工 .avi

实例文件

原始文件：光盘目录 ＼prt＼T6.prt

最终文件：光盘目录 ＼SHILI＼T6.prt

实例效果

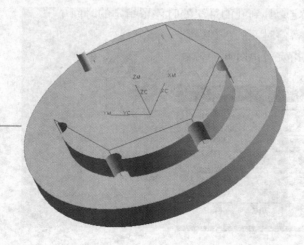

图 6-33

花形凸模孔

具体操作步骤如下：

Step 1 建立钻孔加工操作：打开文件 SHILI\T6.prt，绘图区出现零件模型如图 6-34 所示。

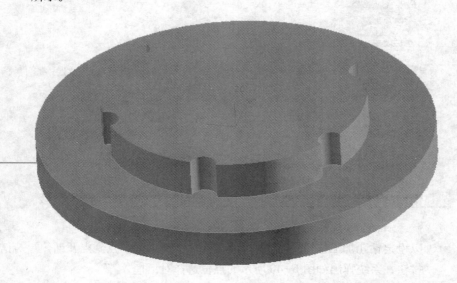

图 6-34
零件模型

单击"创建操作"图标，进入如图 6-35 所示对话框，在"创建操作"对话框中选择钻孔类型，并选择父节点组参数。

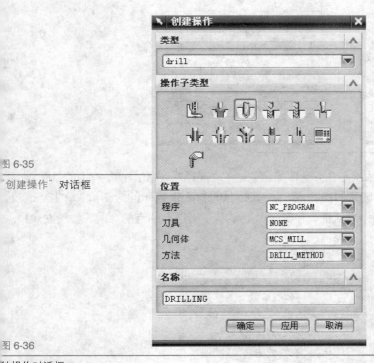

图 6-35
"创建操作"对话框

图 6-36
钻操作对话框

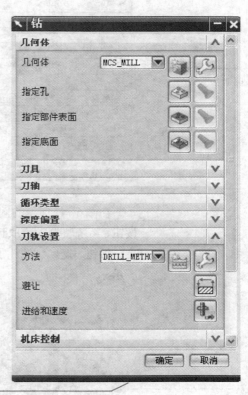

Step 2 创建钻孔刀具：在创建菜单上单击"创建刀具"按钮，系统弹出如图 6-37 所示对话框。在该对话框内设置为 drill，"刀具子类型"选择"钻刀"；在"名称"文本框中输入 Z10，单击"确定"按钮进入"钻刀"对话框，按照图 6-38 所示设置参数。

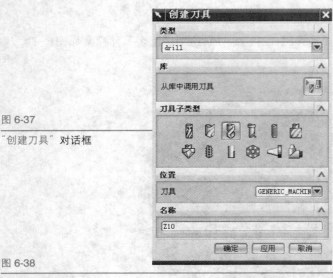

图 6-37

"创建刀具"对话框

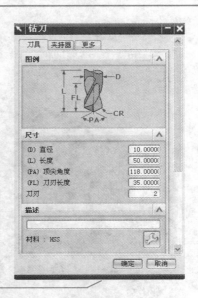

图 6-38

"钻刀"对话框

Step 3 选择钻孔点：在"钻"对话框中，单击"指定孔"图标，进入图形选择，以设定钻孔加工位置。系统弹出如图 6-39 所示的"点到点几何体"对话框，单击"选择"按钮，系统弹出如图 6-40 所示的点位选择对话框。

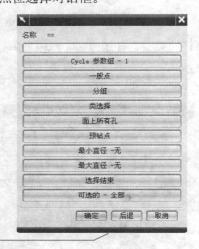

图 6-39

"点到点几何体"对话框

图 6-40

点位选择

在图 6-41 所示的图形上依次单击 6 个凹槽圆弧。完成选择后，单击图 6-40 中的"确定"按钮，系统将自动拾取到各个圆弧的圆心点，并返回到如图 6-39 所示的对话框，单击"确定"按钮，返回到钻孔加工操作对话框，并在图形上显示了所选择的点的序号，如图 6-41 所示。

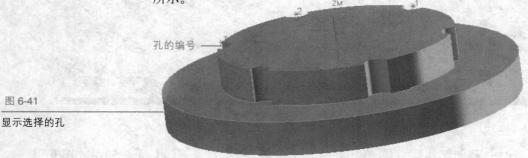

图 6-41

显示选择的孔

Step 4 指定部件表面与工件底面：单击"部件表面"图标，单击"选择"按钮，将弹出"部件表面"对话框，选择类型为"面"，再拾取图形上的钻孔起始表面，如图 6-42 所示。单击"确定"按钮完成部件表面的设置，返回到操作对话框。

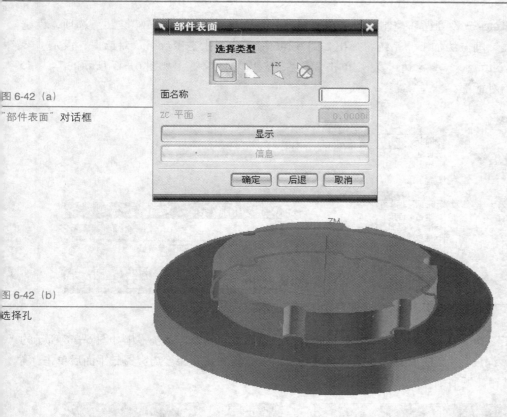

图 6-42（a）
"部件表面"对话框

图 6-42（b）
选择孔

单击操作对话框中的"底面"图标,单击"选择"按钮,将弹出"底面"对话框,如图 6-43 所示。在对话框中选择类型为 ZC 主平面,指定偏置距离 ZC 平面为"-60"。单击"确定"按钮,返回到操作对话框,单击工件表面和加工底面的"显示"按钮显示加工位置,如图 6-44 所示。

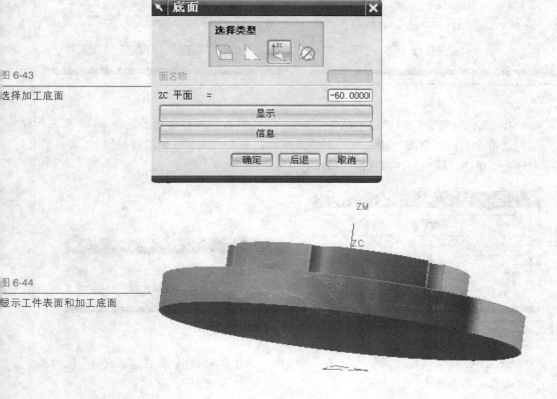

图 6-43
选择加工底面

图 6-44
显示工件表面和加工底面

Step 5 设置循环控制参数：在"循环"下拉列表框中选择"标准钻"选项，设定为标准钻削方法加工。系统将弹出如图 6-46 所示的"指定参数组"对话框，设定"参数组（Number of Sets）"为 1，单击"确定"按钮，系统将弹出如图 6-47 所示的"Cycle 参数"对话框。

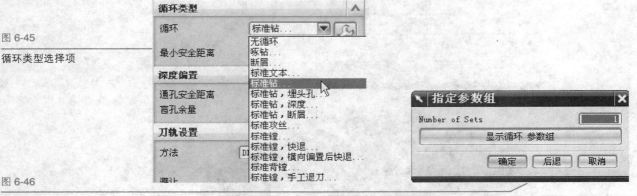

图 6-45
循环类型选择项

图 6-46
指定参数个数

在图 6-47 所示对话框中单击"Depth-模型深度"按钮，系统弹出如图 6-48 所示的"Cycle 深度"对话框，在其中单击"穿过底面"按钮，设置钻孔深度为穿透底平面后单击"确定"按钮，返回到"Cycle 参数"对话框。

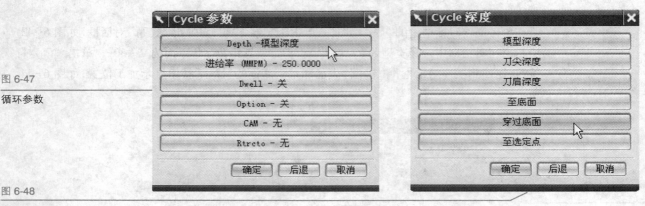

图 6-47
循环参数

图 6-48
循环深度

在"Cycle 参数"对话框中单击"Rtrcto-无"按钮，在弹出的如图 6-49 所示的转移对话框中单击"距离"按钮，设置参数为 45，单击"确定"按钮返回到"Cycle 参数"对话框。单击"确定"按钮返回到操作对话框。

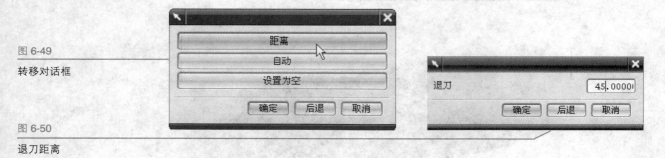

图 6-49
转移对话框

图 6-50
退刀距离

Step 6 设定操作参数：如图 6-51 所示，在操作对话框中设定最小安全距离为 3、通孔安全距离为 1.5。

Step 7 设置进给参数：在操作对话框中，单击"进给和速度"按钮进入速度设置，如图 6-52 所示，设置"主轴转速"为 250rpm，设置剪切速度为 40mm/min。其他参数的设置均按照默认值不变，设置完毕后，单击"确定"按钮，返回到操作对话框中。

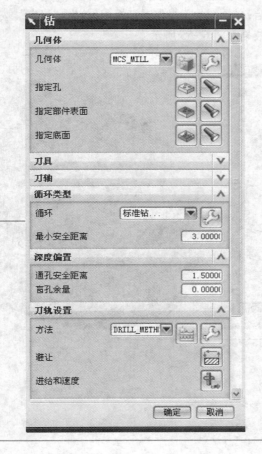

图 6-51
设置基本操作参数

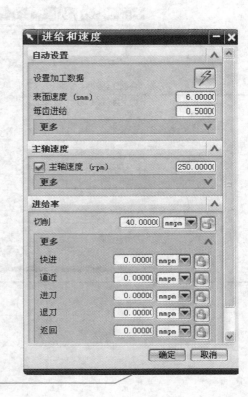

图 6-52
退刀距离

Step 8 生成刀路轨迹：完成了钻孔操作对话框中所有项目的设置后，单击"生成"图标计算生成刀路轨迹。在计算完成后，产生的刀路轨迹如图 6-53 所示。

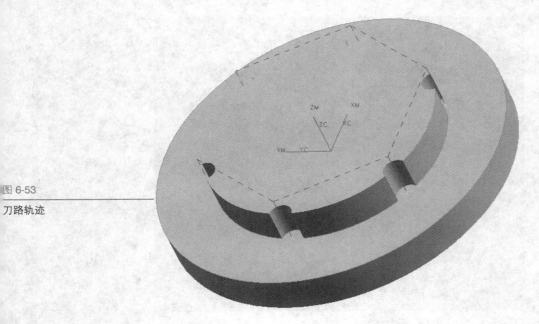

图 6-53
刀路轨迹

Step 9 检视接受刀路轨迹：在完成上述个步骤地设定后，系统产生钻孔加工的刀路轨迹，在图形区通过旋转、平移、放大视图，再单击"重播"按钮重新显示路径，如图 6-54 所示。可以从不同角度对刀路轨迹进行查看，以判断其路径是否合理。当确认生成的刀路轨迹是合理后，在钻孔加工操作对话框中，单击"确定"按钮，接受刀路轨迹，关闭操作对话框。最终效果如图 6-55 所示。

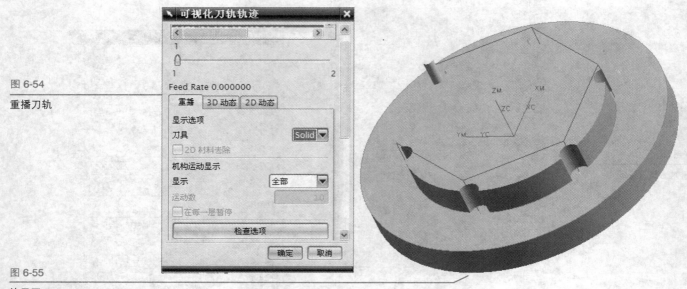

图 6-54

重播刀轨

图 6-55

效果图

Chapter 7

车 削 加 工

本章内容及学习地图：

UG 铣削加工的功能十分强大，同时 UG CAM 在车削、镗削加工以及中心孔加工等方面也拥有强大的功能。本章将详细介绍旋转体零件车削、镗削以及中心孔加工的方法，同时还附有相关实例进行说明和阐述。

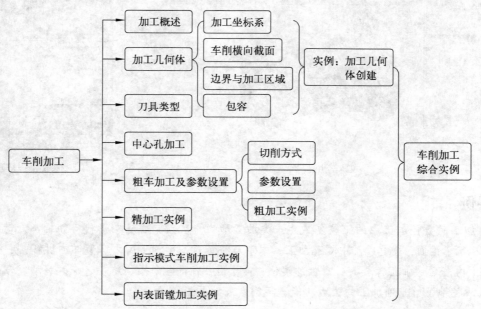

本章重点知识：

- 创建车削加工
- 车削加工几何体
- 刀具的选择
- 中心孔加工操作
- 粗车与精车加工
- 指示模式车削加工
- 镗加工

本章视频：

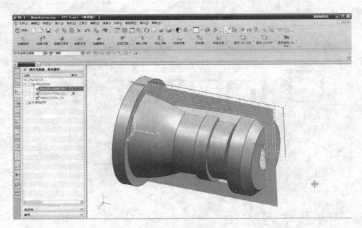

模具车削粗加工

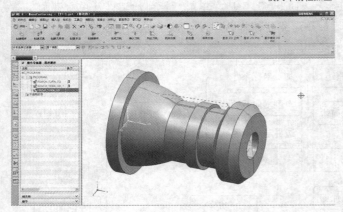

模具车削精加工

视频教学——车削粗、精加工

本章实例：

车削加工时数控加工中的比较复杂的一类加工形式，可以完成复杂形状，如轴类、盘类选装结构零件的圆柱面、圆弧面、锥面、螺纹以及中心孔加工。本章节将针对车削加工的内容做详细讲解，并分别安排了粗车加工、精车加工、内表面镗加工等具有针对性的实例，同时最后有将各个操作结合起来讲解了综合应用，通过本章学习，读者可以清楚地了解车削加工的强大功能。实例效果如下图所示。

.1 车削加工概述

UG CAM 系统提供的车削加工类型包括粗车（Roughing）、精车（Finishing）、中心孔加工（Centerline Drilling）、镗孔（Boring）以及螺纹加工（Threading）。用户可根据需要完成不同的操作。

如图 7-1（a）所示，进入加工模式后选择 CAM 为"turning"（①），则可进入车削加工。图 7-1（b）所示即为车削加工的不同子类型，对内表面、腔体进行的加工，UG CAM 记为镗加工（Bore）。

相关知识

把光标停于某个图标之上就会显示该图标的名称，例如："Rough_Turn_OD"中，Rough 表示粗加工，Turn_OD 表示车削加工外表面，而 Born_ID 表示对内表面的镗加工。

中心孔加工的操作子类型如图 7-2 所示。车削加工可以完成对中心孔的钻削、铰孔以及攻丝等操作。旋转体加工包括车槽、车螺纹等操作类型，如图 7-3 所示。

车削加工流程与数控铣削加工流程类似，需要定义刀具和加工几何体、创建操作、指定切削区域、设定切削参数等。在下面的章节中将详细介绍 UG 车削加工的知识与方法。

.2 创建车削加工

车削加工流程的创建与其他数控铣削加工流程类似，也需要定义刀具、加工几何体、指定切削区域、设置切削参数等。因此，具体操作工程参阅前面章节，在此不做赘述。

下面的章节主要介绍车削中不同于铣削加工的参数选项和具体相关知识。

7.3　车削加工几何体

在进行该项操作时，通常先定义加工坐标系，确定车削的主轴，之后通过主轴来定义车削横向截面，得到旋转体的截面边界结构，再根据得到的边界定义零件与毛坯。

单击"创建几何体"图标，如图 7-4（a），系统弹出如图 7-4（b）所示的"创建几何体"对话框。

图 7-4 (a)

单击"创建几何体"图标

图 7-4 (b)

车削加工几何体

7.3.1　车削加工坐标系

在车削加工中，加工几何体只需要在二维截面内定义。加工坐标系需要确定车削的主轴方向以及车削工作平面，因此车削加工坐标系的英文标记为"MSC_SPINDLE"。在加工创建对话框中单击"确定"按钮来创建加工几何体，如图 7-5 所示。通常只需要设定加工坐标系的原点，再选择车削工作平面即可。可以根据 CAD 模型的坐标系，选择 XM-YM 平面或 ZM-XM 平面作为车削工作平面。

图 7-5

车削加工坐标系

7.3.2 车削横向截面

对旋转体结构进行车削加工时，需要指定车削加工的截面，选择"工具"→"车加工横截面"命令，打开车削横向截面的定义对话框，如图 7-6 所示。可以选择生成简单截面，由一个平面进行切割产生，也可以生成复杂截面，使用多个通过轴线的平面进行切割产生。实际上，车削横向截面操作用于生成旋转体过轴线截面，对零件进行横向截面操作，生成车削加工所需的零件边界，对毛坯进行横向截面操作，生成毛坯边界。

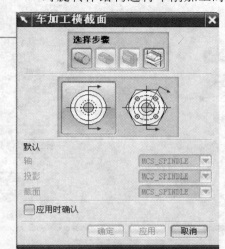

图 7-6
"车加工横截面"对话框

如果已经存在可以用于定义零件边界的曲线，例如零件几何体是通过曲线旋转得到的，则可以直接将相应得曲线作为零件边界，而不必进行车削横断面操作。

7.3.3 零件边界

在如图 7-4 所示的"创建几何体"对话框中单击◎按钮，弹出如图 7-7 所示对话框，单击"指定部件边界"图标后可出现如图 7-8 所示的"部件边界"对话框，在零件上依次选取边界线后，单击"确定"按钮创建车削加工零件边界。

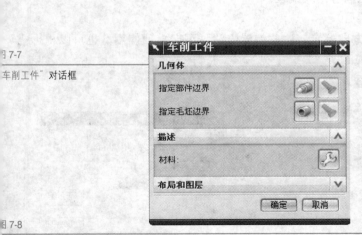

图 7-7
"车削工件"对话框

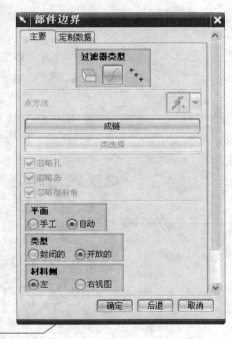

图 7-8
"部件边界"对话框

设定好零件边界后在图 7-9（a）中单击"显示"按钮观察边界（①），零件边界有材料的一侧有一系列短线作为标记。单击"编辑"按钮（②）进行修改，编辑对话框如图 7-9（b）所示。

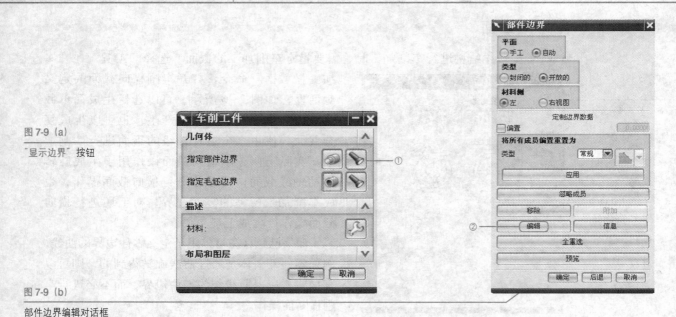

图 7-9（a）

"显示边界" 按钮

图 7-9（b）

部件边界编辑对话框

——— 7.3.4 毛坯边界与加工区域 ———

在图 7-7 中单击 "毛坯几何体" 按钮 ，进入 "选择毛坯" 对话框，如图 7-10 所示。可以使用棒料、管料来定义毛坯，指定一个装配点，根据此点来确定毛坯起始的轴向位置，指定直径、长度（或长度、内直径与外直径）来定义毛坯的几何尺寸。

◆ 在主轴箱处：表示毛坯轴线与主轴方向相同。

◆ 离开主轴箱：表示毛坯轴线与主轴方向相反。

与零件几何体的定义类似，毛坯几何体也可以通过指定曲线边界来定义，单击 ▷ 按钮，通过选取面 、线 或点 等方式定义边界曲线。

◆ 等距：沿所选曲线的法向等距离偏置。

◆ 面：沿主轴方向两侧偏置。

◆ 径向：沿旋转体半径方向偏置。这些偏置方法既可以单独使用，也可以根据需要组合使用（见图 7-11）。

图 7-10

选择毛坯对话框

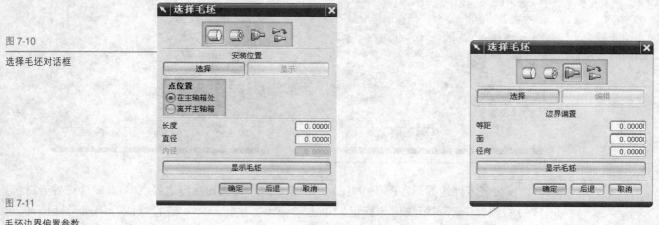

图 7-11

毛坯边界偏置参数

——— 7.3.5 空间范围 ———

在如图 7-12（a）所示的 "创建几何体" 对话框中单击 ▷ 按钮（①），进入 "空间范围"对话框, 如图 7-12 (b) 所示。定义包容几何体的方式有两种, 即修剪平面和修剪点, 下面分别对其进行介绍。

图 7-12 (a)

创建几何体"对话框

图 7-12 (b)

空间范围"对话框

◆ 修剪平面: 通过定义裁剪平面来限制加工区域。图 7-13 所示为裁剪平面在车削加工截面内表示为直线的形式。

◆ 修剪点: 通过指定裁剪点来截取加工区域, 如图 7-14 所示。在一个包容几何体中最多可以使用两个修剪点, 修剪点可以在边界曲线上, 也可以不在边界曲线上。

图 7-13

修剪平面

图 7-14

修剪点

7.3.6 车削加工几何体的创建练习

通过前面的介绍, 相信读者已经对车削加工的几何体操作有了基本的认识, 本小节将通过一个实例对加工几何体的创建过程进行介绍。

Step 1 启动 UG NX 6.0, 打开模型文件 "SHILI\T7-1.prt", 进入加工模块, 选择 "turning", 单击 "初始化" 按钮进入车削加工环境。

Step 2 在加工操作导航器中右击, 在弹出的快捷菜单中选择 "几何体视图" 命令, 可以看到系统提供的默认几何体选项, 如图 7-15 所示。

Step 3 在操作导航器中双击 "MSC_SPINDLE" (①) 弹出坐标系设置对话框, 在 "Turn Orient" 对话框中选择 ZM-XM 作为工作平面 (②), 如图 7-16 所示。

图 7-15

操作导航器

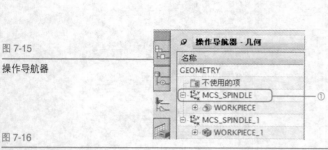

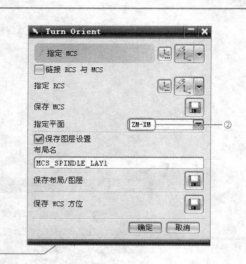

图 7-16

"Turn Orient"对话框

Step 4 在确定了加工坐标系与工作平面后，需要提取车削加工横截面曲线（旋转体母线），选择"工具"→"车加工横截面"命令，弹出"车加工横截面"对话框，如图 7-17所示，单击⊕按钮（①）选择简单剖，单击▨按钮（②）选择车削零件，选择默认的截面设置（MCS_SPINDLE），单击"确定"按钮生成界面曲面。

Step 5 在如图 7-15所示的操作导航器中双击"WORKPIECE"，弹出边界几何体创建对话框，单击"部件边界"按钮（③）定义零件边界，如图 7-18所示，由外侧左边起，向右再向内依次选取曲线作为零件边界，边界曲线上的短线位于内侧（有材料一侧），完成零件边界的定义。

图 7-17

"车加工横截面"对话框

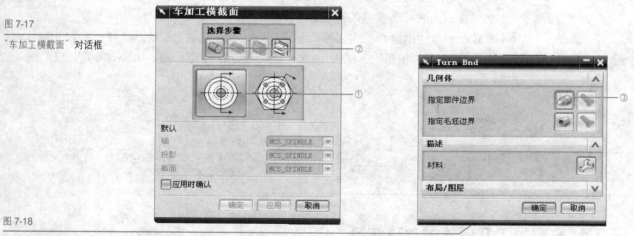

图 7-18

车削工件对话框

单击"显示"按钮（④）查看零件边界是否定义正确，如图 7-19（a）、图 7-19（b）所示。

图 7-19（a）

单击"显示"按钮

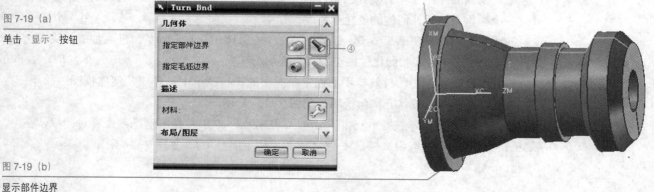

图 7-19（b）

显示部件边界

Step 6 在"边界几何体"创建对话框中单击 按钮定义毛坯边界，弹出如图 7-20 所示的对话框，单击 按钮（①）来指定棒料作为加工毛坯，在图 7-20 所示对话框内单击"选择"按钮，系统弹出如图 7-21 所示的"点"对话框，单击"确定"按钮，指定安装位置为坐标原点。

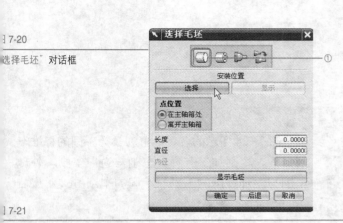

7-20

选择毛坯"对话框

7-21

点"对话框

在图 7-22（a）所示对话框中设置长度为 50mm，直径为 40mm（②），单击"确定"按钮完成毛坯边界的定义，如图 7-22（b）所示。

7-22（a）

设置毛坯参数

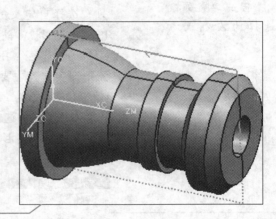

7-22（b）

显示安装位置

7.4 车削刀具选择

不同的车削加工类型对应着不同的刀具，标准车刀以菱形等多边形为主，车槽刀多为长梯形，用于探入槽内加工。中心孔的加工需要使用钻头，而螺纹车削则需要专门的螺纹车刀。车削加工中的"创建工具"对话框如图 7-23 所示。加工中需要根据不同的加工操作，选择不同类型的刀具。

图 7-23

创建刀具对话框

7.4.1 标准车削刀具

图 7-24

标准车削刀具

相关知识

OD 代表加工外部表面，80 代表刀具的方向角度，L 代表左侧（Left）。由于车床主轴的旋转方向不同，因此安装部位需要选择为左侧或右侧。

图 7-24 所示的各种菱形刀具为不同的标准车削刀具，车削加工有正向车削与逆向车削，外部车削与内部镗削的区别，不同的车削方式对应着不同的刀具。

1."刀具"选项卡

◆ 刀尖角度（Nose Angle）：菱形刀具的两条边所成的角度（①），系统根据所选刀具 ISO 插入形状取值，图 7-26 所示的"C（菱形 80）"对应的前端角即为 80。只有选择自定义的刀具插入形状时，才可以指定前端角的数值，而其他各种 ISO 插入形状，前端角均不可单独指定。

◆（R）刀尖半径：用于定义圆弧形刀尖的尺寸，标准车刀以前端半径所定义的圆弧形刀尖作为主要切削部位（②），如图 7-25 所示。

◆（OA）方向角度：刀具刃口与加工面之间的夹角（②）。

◆ ISO 刀片形状：选择标准车削刀具嵌入刀片的形状（③），系统提供的标准刀片形状包括平行四边形、菱形、六角形、八边形、五边形、矩形、圆形以及三角形等，如图 7-26 所示。

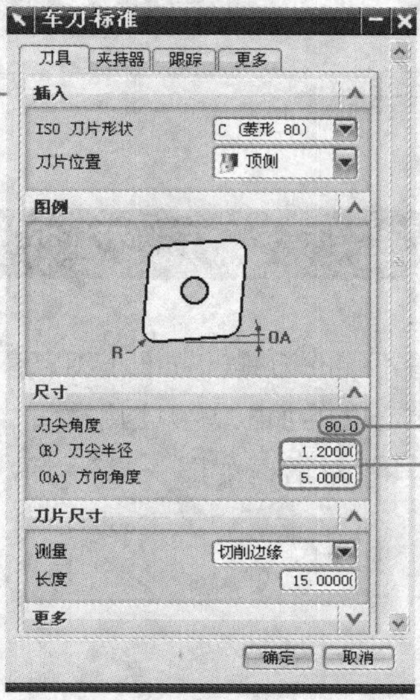

图 7-25

标准车削刀具

相关知识

"C（菱形 80）"对应的前端角即为 80。只有选择自定义的刀具插入形状时，才可以指定前端角的数值，而其他各种 ISO 插入形状，前端角均不可单独指定。

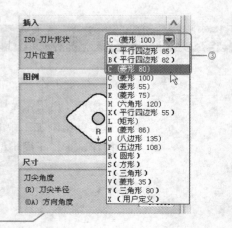

图 7-26

ISO 插入形状选项

◆ 刀片位置：刀片需要固定在刀柄上，这一插入位置与车床主轴旋转方向有关，不同的旋转方向要求刀片安装在刀柄的不同侧面（④），如图 7-27 所示。

◆ 测量：用于定义标准嵌入刀片的尺寸，可以通过"切削边缘"、"内切圆（IC）"以及"ANSI（IC）"等 3 种方式指定刀片的尺寸（⑤）。选择"切削边缘"选项即定义菱形刀片的边长，选择"内切圆（IC）"选项即通过定义菱形的内切圆来定义菱形刀片的尺寸，如图 7-28 所示。

图 7-27

刀片位置

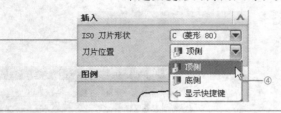

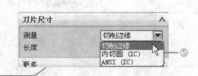

图 7-28

测量选项

◆ 退刀槽角：刀刃斜面与刀具切削刃口之间的夹角（⑥），其设置如图 7-29 所示。

◆ 厚度：嵌入式刀片的厚度。选择不同的代号，其后的文本框中对应着相应的厚度数据。如图 7-29 所示。

2. "夹持器"选项卡（见图 7-30）

◆ 样式：选择刀柄的样式（①），系统提供了多种刀柄供选择，当指定了刀柄样式后，对话框中的显示区内将显示出相应的刀柄图案（②）。

◆ 手：选择刀片的安装方向为左侧 或右侧 （③），左车刀用于在刀具沿主轴前进的过程中进行切削，而右车刀用于在沿主轴后退的过程中进行切削。

◆ 夹持器角度（HA）：刀柄侧面与水平面的偏角（④）。

图 7-29

退刀槽角与厚度

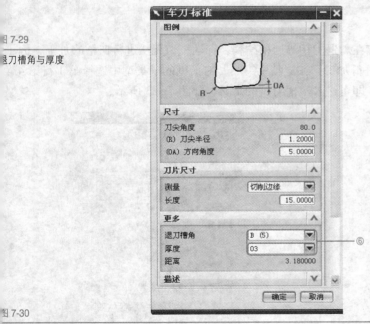

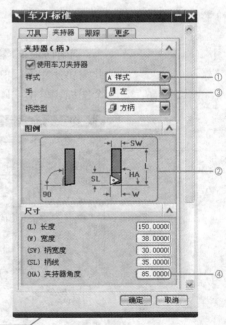

图 7-30

刀柄设置参数

3. "跟踪"、"更多"选项卡

◆ 跟踪点：定义刀具的刀轨输出位置。系统始终视刀具为一个点，在计算刀轨时同样根据此点来得到刀轨，根据刀具几何体的形状来选择跟踪点的位置。在跟踪点的下拉列表中，系统提供了多种设置跟踪点位置的方法，通过图标可以很直观地了解跟踪点的位置，如图 7-31 所示。

◆ 跟踪点的 X/Y 偏置：刀具控制点与跟踪点间在 X/Y 坐标方向上偏置的距离（①）。

◆ 补偿寄存器：指定刀具位置在控制存储器中的偏置量（②）。

◆ 刀具补偿寄存器：调整刀具轨迹以满足刀具尺寸的变化（②）。

◆ 最小镗孔直径：镗孔加工的最小镗孔直径（③），如图 7-32 所示。

◆ 最大刀具范围：刀具和刀柄能够进入工件的最大距离，取决于零件与刀柄的几何形状（④），如图 7-32 所示。

图 7-31

刀具跟踪

图 7-32

"更多"选项卡

7.4.2 车槽刀具

车削加工的零件中往往存在着退刀槽等凹槽结构，标准车刀无法进行凹槽的加工，因此需要使用专门的车槽刀具进行加工，在"创建刀具"对话框的子类型中选择第 1 行第 4 个图标，单击"确定"按钮，即可进入车槽刀具的定义，如图 7-33 所示。

图 7-33（a）

车槽刀具

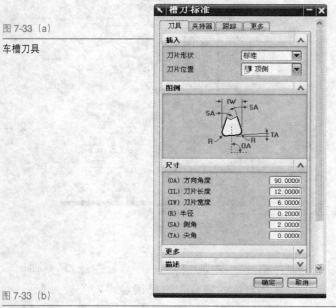

图 7-33（b）

车槽夹持器

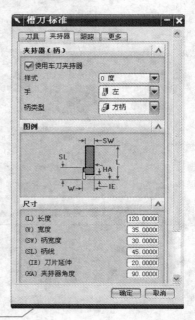

车槽刀具的许多参数与标准车刀类似，但由于加工凹槽结构的需要，车槽刀具的形状以梯形结构为主。

◆ 刀片形状：车槽刀具可以使用的刀片形状，包括标准、整个刀尖半径、环形运动副以及用户定义等，刀片形状及参数代号如图 7-34 所示。

图 7-34

刀片形状

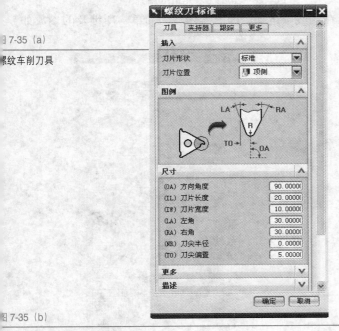

◆ 刀片长度 IL（Insert Length）：嵌入式刀片的总长度。
◆ 刀片宽度 IW（Insert Width）：刀具的宽度，即刀具直接切入材料后所开凹槽的宽度。
◆ 侧面角度 SA（Side Angle）：是刀具两侧的后掠角，用于标准车槽刀与圆头车槽刀的定义。
◆ 尖角 TA（Tip Angle）：刀具底面与车床旋转轴间的角度。

7.4.3 螺纹车削刀具

UG CAM 为螺纹车削提供了两种形状的刀具，即标准螺纹车刀（Standard Threading Tool）和梯形螺纹车刀（Trapezoidal Threading），螺纹车刀的"方向角度"、"刀片长度"、"刀片宽度"、"左角"等参数的含义与其他刀具的相同。图 7-35 所示即为螺纹车削刀具对话框。

图 7-35（a）

螺纹车削刀具

图 7-35（b）

螺纹刀"跟踪"选项卡

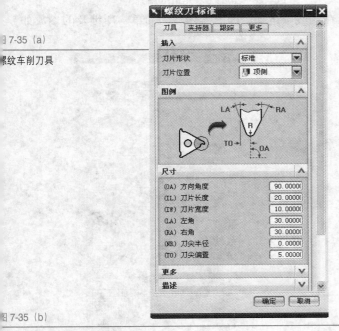

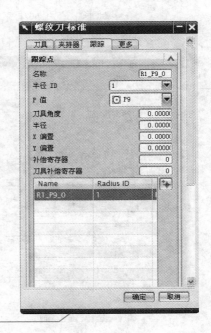

7.4.4 中心孔钻削刀具

中心孔加工属于车削加工，但使用的刀具为钻削刀具。创建钻削刀具的对话框如图 7-36 所示，其基本参数设置如图 7-37 所示。

图 7-36

钻刀 "刀具" 选项卡

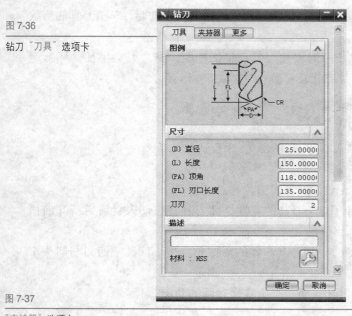

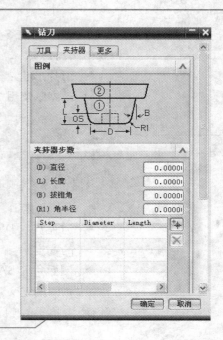

图 7-37

"夹持器" 选项卡

7.5 中心孔加工操作

UG CAM 提供的中心孔操作包括中心孔钻削、锪孔、啄孔、断屑钻、铰孔以及攻丝等。选择不同的孔加工操作，其参数也会相应地发生变化，在创建操作（见图 7-38）中选择啄钻与选择中心孔钻削并在 "切屑去除" 中选择啄钻的效果是相同的。

对于中心孔加工来说，刀具只在轴线上运动，因此操作较为简单，所涉及的参数如图 7-39 所示。

图 7-38

"创建操作" 对话框

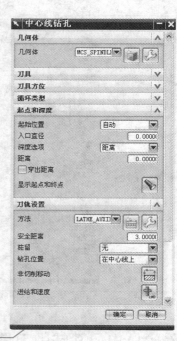

图 7-39

"中心线钻孔" 操作对话框

（1）起始位置：与铣加工中避让几何的起始点类似，刀具加工以此作为起始。

（2）入口直径：毛坯存在中心孔时，在自动计算的起始位置处切削不到材料时，刀具处于半空状态，给定入口直径，系统则根据刀具尺寸及毛坯孔径重新计算起始点。

（3）深度选项：用于指定中心孔加工的深度。系统提供了以下 6 种方式用于指定加工深度（①），如图 7-40 所示。

◆ 距离：采用指定的加工深度。

◆ 端点：指定中心孔加工的终点。

◆ 横孔尺寸：当存在与中心孔相交的交叉孔时，刀具加工至交叉位置处停止，加工深度与交叉孔参数相关，这些参数主要包括交叉孔直径、轴线以及轴线角度等。

◆ 横孔：通过选取已存在的交叉孔，定义加工深度。

◆ 刀肩深度：通过指定刀肩深度来定义加工总深度。系统在用户输入的深度数值基础上增加刀尖的长度，得到加工总深度（刀肩深度）。

◆ 埋头孔直径：指定埋头孔直径进行埋头孔加工，系统根据所选刀具的尺寸以及指定的埋头孔直径数据，计算出轴向加工深度。

在循环类型下可进行循环参数的设置，该下拉菜单中共包括 6 种循环类型（②），如图 7-41 所示，设置完成循环类型后可进行排屑参数的设定，如图 7-42 所示。对其中各项含义介绍如下：

◆ 增量设置：在钻削加工中用于指定清理或截断加工屑的方法（③）。选择"恒定"选项，则当刀具进刀量达到指定的增量时进行退刀，然后进行断屑或啄钻；如果选择"可变"选项，则需为不同切削数（第几次进刀切削）指定不同的进刀增量，如图 7-43 所示。

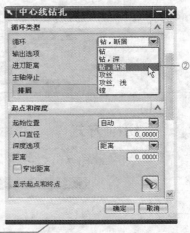

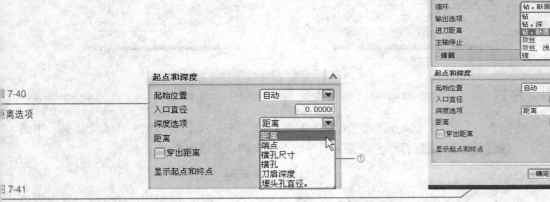

图 7-40
距离选项

图 7-41
选择循环类型

图 7-42
排屑参数设置

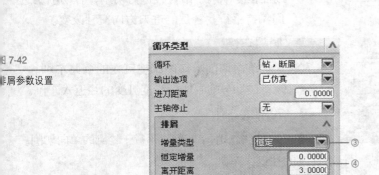

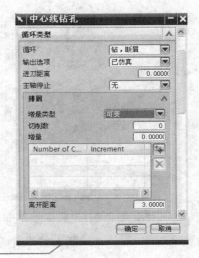

图 7-43
选择"可变"选项

◆ 离开距离：断屑钻时需要指定（④）。该参数用于定义每次断屑退刀时刀具移动的距离。对于啄钻来说，需要指定的参数为安全距离。

7.6 粗车加工及参数设置

粗车加工的目的在于迅速切除大量的材料，UG CAM 系统提供了大量的粗车切削策略供选择，选取适当的加工方法，并采用合理的进刀/退刀运动，高速的粗车加工也可以得到较好的加工精度。图 7-44 所示为粗车加工的创建操作对话框。

图 7-44 (a)

创建操作

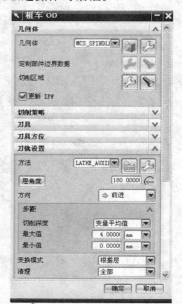

图 7-44 (b)

粗车加工

7.6.1 切削方式

图 7-45 所示为切削策略的 10 种基本类型，可将该 10 种类型划分为 4 大类别，下面将分别对各自的含义做出介绍：

图 7-45

"切削策略"选项

1. 线性车削

◆ 单向线性车削：沿直线进刀切削，各切削层之间保持平行且方向相同，即加工过程中进刀方向不变。

◆ 线性往复车削：沿直线进刀切削，各切削层之间保持平行，各层的进刀方向交替改变。

2. 倾斜车削

◆ 倾斜单向切削：切削深度可变的单向车削。

◆ 倾斜往复车削：切削深度可变的往返式车削。

3. 轮廓式车削

◆ 单向轮廓车削：切削层平行于轮廓的单向切削。

◆ 轮廓往复车削：切削层平行于轮廓的往返式车削。

4. 插入式车削

◆ 单向插削：加工过程中，向轴线处插入刀具，加工完一段后向远离轴线方向退刀，步进方向不变（保持单向）。

◆ 往复插削：刀具垂直于轴线插入式进刀，逐步加工到指定的切削层，往复式走刀。

◆ 交替插削：插入式进刀，加工过程中步进方向左右交替。

◆ 交替插削（余留塔台）：插入式进刀，加工过程中步进时跳跃一个步距留下塔形的材料残留，刀具到达加工终点后步进方向折返，重新跳跃式加工，切除原先跳跃加工留下的材料。

7.6.2 基本参数设置

1. 切削区域

切削区域用于控制粗车加工的切削区域。单击"编辑"按钮 （①），如图 7-46 所示。进入切削区域设置对话框，如图 7-47 所示，通过限制径向、轴向或点的相关参数，人为指定切削区域的范围，系统则会根据指定的切削区域，综合其他操作参数，通过进一步分析给出材料去除区域（详细内容见 7.3.5 节，此处不做赘述）。

7-46
击"编辑"按钮

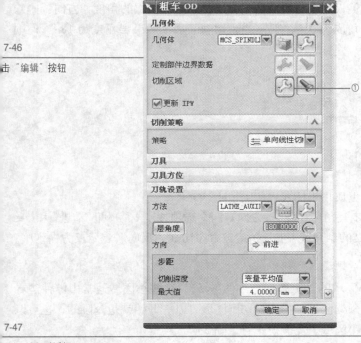

7-47
削区域"对话框

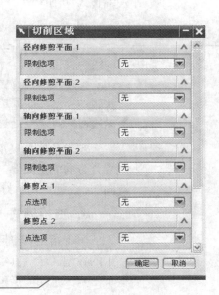

"自动检测"用于定义系统自动检测控制的参数，其中又包括"最小面积"和"延伸模式"的设置，如图 7-48 所示。

◆ 最小面积：用于控制系统识别的最小面积（车削横截面内），在小于指定面积的小区域内，系统将不产生切削运动。只有在选择最小面积为"指定"选项时，才需要进行最小面积参数的进一步设置（①）。

◆ 起始偏置 / 终止偏置：当零件边界延伸模式选择为"指定"选项时，才会出现该参数设置文本框（②）。系统将通过零件边界的起始偏置和最终偏置量，偏置产生与切削方向平行或垂直的延长线，延长线将与工件几何体和零件边界共同围成加工区域。

◆ 起始角 / 终止角：系统在定义切削区域时要求零件边界与工件间存在连接线，如果不希望切削区域的连接线与切削方向垂直或平行，可以使用起始角与终止角来重新定义（③），由默认的连接线位置开始算起，增大切削区域方向上的角度为正的，反之为负的，如图 7-49 所示。

图 7-48

自动检测设置

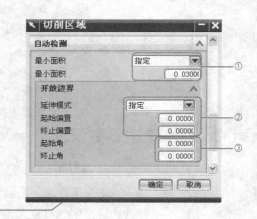

图 7-49

开放边界的参数设置

2．层角度、步距与方向

设置层角度时，既可以直接输入角度值，也可以直接单击"层角度"按钮指定角度矢量。为便于使用，在输入区右侧设置了一个箭头指示器，用来标识层的角度和方向（④）。如图 7-50 所示。如果切削层角度为 0°，则左侧为切削区域；如果层角度为 180°，则右侧为切削区域。

图 7-50

层角度与方向的设置

步长角度与层角度类似，但仅用于插入式切削策略。

方向的定义要与层角度 / 步长角度相配合，方向有两个选项按钮（⑤），即"前进"和"反向"，"前进"表示刀具沿所定义的层角度 / 步长角度正方向切削，"反向"表示反方向切削。

3．变换模式

用于指定切削区域内各小区域的加工顺序，如图 7-51，这些小区域通常由零件边界上的谷型区域（真实零件中的颈缩区域）构成，切削区域可以一开始就是分段的，也可以加工到一定深度后再分为几个小区域。变换模式有下列 5 个选项（①）：

◆ 根据层：根据定义的层角度方向来定义加工顺序。

◆ 反置：与层方向反向的模式，同样使用 180°的层角度，使用反置模式，则切削顺序刚好相反。

◆ 最接近：顾名思义，就是哪片切削区域离刀具近，其编号顺序就在前，当使用往返式切削策略时尤为有效，系统选择最近的区域进行切削，可以明显缩短刀具移动的行程，减少加工时间，从而提高效率。

◆ 以后切削：只针对直线型切削策略，刀具先对一个谷型（颈缩）切削小区域进行加工至全部深度，然后再进行其他区域的加工，对其他区域来说存在切削滞后现象。

◆ 省略：除了对第一个谷型（颈缩）区域进行加工外，忽略对其他所有谷型（颈缩）区域的加工。

4．清理

"清理"可用来清除前面切削的残余材料（②），如图 7-52 所示，其功能选项含义如下：

图7-51

换模式

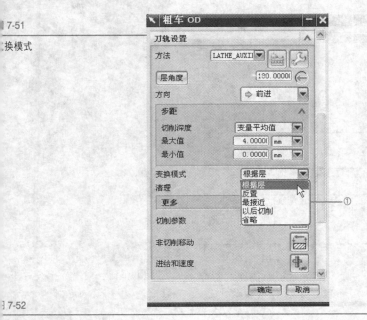

图7-52

清理"选项

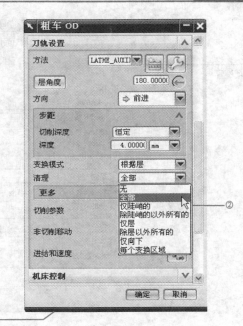

◆ 全部：对所有零件轮廓线进行清理。

◆ 仅陡峭的：仅对陡峭面进行清理。

◆ 除陡峭的以外所有的：仅对非陡峭面外的部位进行清理。

◆ 仅层：仅对层进行清理，这里是指一定角度范围内的轮廓线。

◆ 除层以外所有的：仅对不属于层的部分进行清理。

◆ 仅向下：仅对向下切削方向上的面进行清理。

◆ 每个交变区域：在每个反向模式所对应的轮廓处生成轮廓刀路。

5．进刀与退刀

进刀与退刀用于定义刀具进入和离开工件的方式。单击"非切削移动"按钮，系统弹出如图7-53所示的对话框。展开其他选项可以设置相关参数，如图3-54所示。其主要参数介绍如下：

小知识

粗车加工逐层切削会造成阶梯状材料残留，清理设置用于清除这些材料残留，该复选框可以用于所有的切削策略

图7-53

进刀参数设置

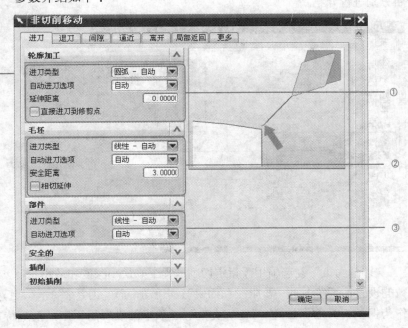

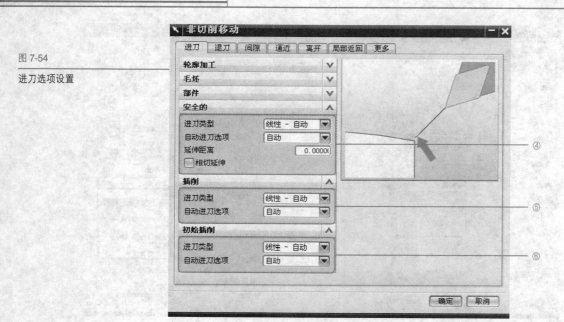

图 7-54

进刀选项设置

进刀相关参数设置如下：

◆ 轮廓加工：针对轮廓刀路的进刀与退刀设置（①）。

◆ 毛坯：用于直线型车削，设置每一切削层中刀具进入／离开毛坯的运动方式（②）。

◆ 部件：定义刀具开始／结束沿零件几何体边界走刀的运动方式（③）。

◆ 安全的：防止刀具与靠近切削区域的零件底面发生碰撞，作为粗车加工的最后一次进刀切削，退刀设置无此项（④）。

◆ 插削：设置插入式车削的进刀与退刀形式（⑤）。

◆ 初始插削：设置第一步插入式车削的进刀与退刀形式（⑥）。

6. 切削参数设置

切削参数设置用于控制操作中与切削相关的大多数参数，其对话框如图 7-55 所示，和其他加工形式相比较，主要增加了"轮廓加工"和"轮廓类型"两个选项卡。下面我们将分别进行介绍。

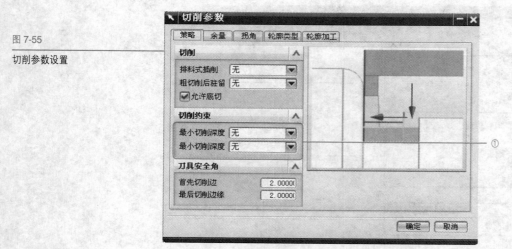

图 7-55

切削参数设置

"切削约束"复选项用于指定切削过程中的最小深度和最小长度（①），通过这两个参数的设置，系统会进一步限制和约束刀具运动；而"刀具安全角"复选项的参数设置则是作为保护刀具的保护角。"轮廓类型"选项卡的设置用于定义系统特定处理的轮廓元素，它通过指定最小角度和最大角度来实现，如图 7-56 所示。

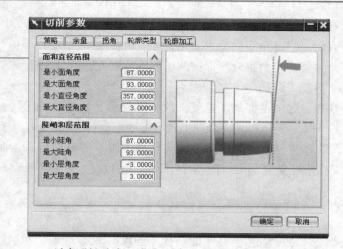

选择"轮廓加工"选项卡，如图 7-57 所示。轮廓加工用于粗车加工后对轮廓进行清理，为粗车加工提供了足够的加工精度，可以用于零件的半精加工。

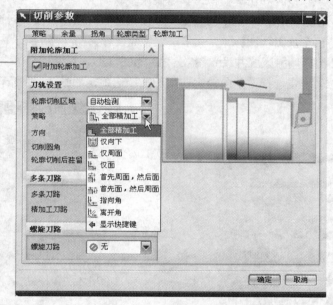

◆ 轮廓切削区域：详细介绍如表 7-1 所示，其中直径加工和表面加工等由切削设置中的轮廓设置来定义。

表7-1 轮廓加工策略表

轮廓加工策略	说　　　　明	
全部精加工	对所有轮廓进行精加工	
仅向下	仅向下进行加工	
仅周面	仅对零件边界进行加工	
仅面	只对零件表面进行加工	
首选周面,然后面	先加工直径后加工表面	
首先面,然后周面	先加工表面后加工直径	
指向角	指表面与直径相交之处，沿表面/直径边界指向交角方向进行切削	
离开角	沿表面或直径边界远离夹具的方向进行切削	

◆ 切削圆角：不同轮廓间存在夹角，可通过此选项设置圆角处的加工方式，系统提供了以下 4 种方法供选择：

◇ 带有直径：将圆角等同于直径来处理。

◇ 带有面：将圆角等同于表面来处理。

◇ 拆分：将圆角曲线分割，按照所属的轮廓元素来处理。

◇ 无：不加工圆角。

◆ 螺旋刀路：定义轮廓加工重复次数，设置为非负整数。"0"表示只进行一次轮廓加工，"1"表示折返一次进行加工，加工路径为往返式，类似于弹簧振动的轨迹。选择"变换切削方向"选项是指当重复进行轮廓加工时，按照第一次轮廓加工的路径重复加工，而不采用往返式的方法。

7.6.3 粗车加工实例

本节将在 7.3 节加工几何体练习的基础上创建粗车加工操作，完成对零件的粗加工。打开文件"SHILI\T7-1.prt"，该文件中已经包括了刀具和加工几何体，这里只需进行粗车操作的创建、设置和仿真模拟，具体操作步骤如下：

Step 1 创建操作：单击"创建操作"按钮进入"创建操作"对话框，在"操作子类型"中单击"粗车加工"图标，父节点组参数设置如图 7-58 所示。

Step 2 选择切除区域并设置参数：在"粗车 OD"对话框中单击"策略"下拉按钮，在弹出的下拉列表中选择"单向轮廓切削加工"选项，如图 7-59 所示。

图 7-58

创建操作

图 7-59

"粗车 OD"对话框

单击"切削参数"按钮，弹出"切削参数"对话框，按照图 7-60 所示的参数进行设置。完成后单击"确定"按钮，返回"粗车 OD"对话框。

Step 3 生成刀轨并检验：单击"生成刀轨"按钮生成刀路轨迹，通过旋转、平移、缩放等操作对刀轨进行检验。单击"刀轨确认"按钮进行切削仿真，完成对零件的粗车加工，所生成的刀轨如图 7-61 所示。

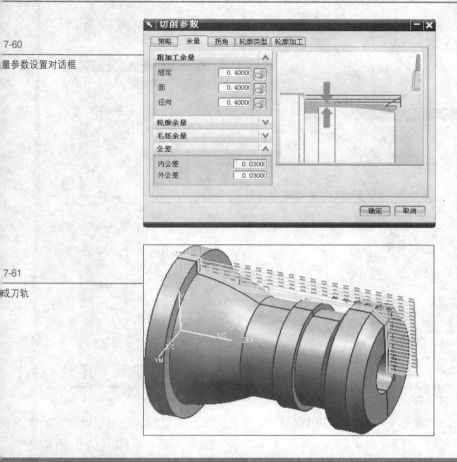

7-60
量参数设置对话框

7-61
成刀轨

.7 精车加工实例

与粗车加工相比，精车加工操作要更为简单，因为 UG 的粗加工提供了较好的轮廓加工功能，且能够达到半精加工的程度。

精车加工操作的参数与粗车加工相同，这里不再重复介绍，下面通过一个例子对精车加工进行讲解。具体操作步骤如下：

Step 1 打开文件并进行 CAM 设置：打开实例文件 "SHILI\T7-1.prt"，如图 7-62 （a）所示。进入如图 7-62（b）所示的 CAM 设置，选择车削加工环境（①）。

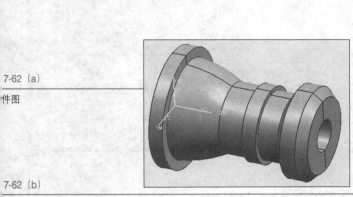

7-62（a）
件图

7-62（b）
入车削加工环境

单击加工创建工具条中的"创建刀具"按钮，弹出"创建刀具"对话框，如图 7-63 所示，刀具参数设置如图 7-64 所示。

图 7-63

创建刀具

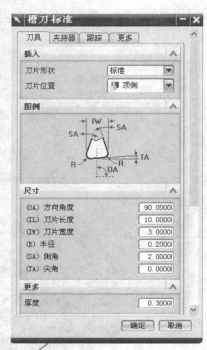

图 7-64

刀具参数

Step 2 创建精车操作：单击"创建操作"按钮进入"创建操作"对话框，在操作子类型中选择精车加工（①），父节点组参数设置如图 7-65 所示。在"精车 OD"对话框中设置加工策略为"全部精加工"（②），如图 7-66 所示。

图 7-65

创建操作

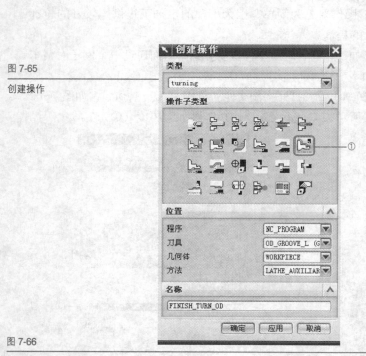

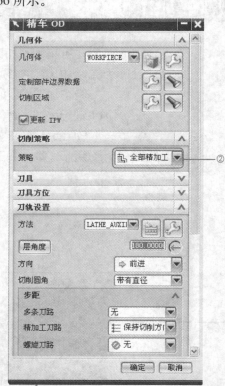

图 7-66

"精车 OD"对话框

Step 3 生成刀轨：单击"生成刀轨"按钮生成刀轨，单击"确认"按钮接受刀具路径，完成对零件的精车加工，生成的刀轨如图 7-67 所示。调整加工策略及其他参数，观察其对刀轨的影响。刀轨可视化效果如图 7-68 所示。

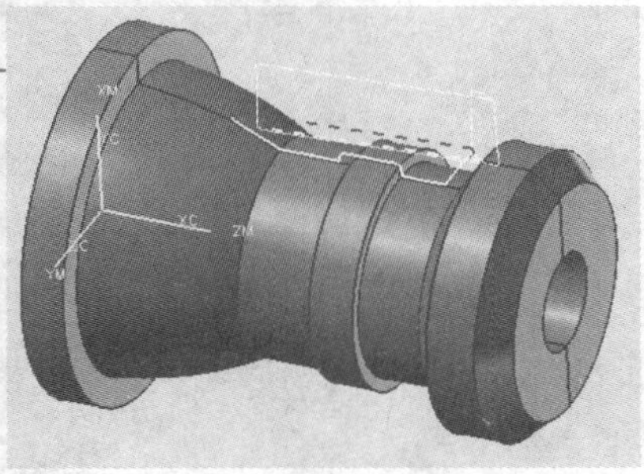

图 7-67

生成刀轨

图 7-68

刀轨可视化

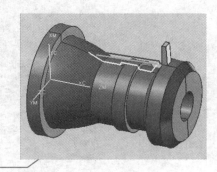

7.8 指示模式的车削加工

除了上文所述的精加工操作外，UG CAM 还提供了另一种精加工操作——指示模式的车削加工，这是一种手工指定刀具行为的加工方法，通过创建快速走刀、直线进给走刀、进刀与退刀方式以及连续切削运动来创建刀轨。

指示模式操作的创建流程如下：

· 创建指示模式车削操作。
· 单击"避让"按钮设置运动。
· 创建快速走刀和直线进给走刀子操作。
· 设置进刀与退刀参数。
· 创建跟随曲线运动。
· 重复上述设置，定义不同的走刀运动。
· 生成刀轨进行车削仿真，输出刀轨文件。

下面通过一个具体的实例介绍指示模式的加工方法。本节采用上一节精车加工所使用的模型，在这里对所有轮廓线进行一次精加工，具体操作步骤如下：

Step 1 打开零件模型：打开文件"SHILI\T7-2.prt"，进入车削加工环境，模型中已经存在了两个粗车操作，如图 7-69 所示。

图 7-69

程序视图

Step 2 创建操作：单击"创建操作"按钮进入"创建操作"对话框，在操作子类型中选择"Teachmode"操作子类型，节点组参数设置如图 7-70 所示，这里选择车槽刀具作为加工刀具。单击"确定"按钮进入如图 7-71 所示对话框。

Step 3 创建快速走刀："TEACH_MODE"对话框如图 7-71 所示，通过选择不同的走刀方式来定义刀轨。首先在图 7-71 中单击 按钮创建快速走刀运动（①），弹出如图 7-72（a）所示的"快速运动"对话框，选择一个点或一个曲线作为快速走刀的起点位置，系统将在图形区内显示出该位置，如图 7-72（b）所示。

图 7-70

选择操作子类型

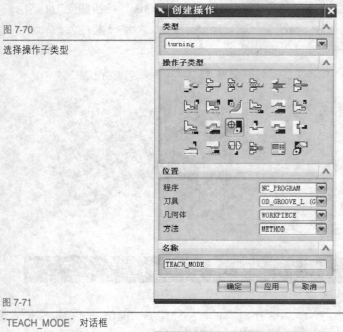

图 7-71

"TEACH_MODE" 对话框

图 7-72（a）

"快速运动" 对话框

图 7-72（b）

选择的走刀起点

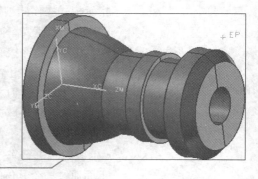

Step 4 创建进刀 / 退刀运动：在图 7-71 中单击 ☒ 按钮，弹出 "进刀设置" 对话框如图 7-73 所示。进刀设置选项与前文所述的进刀设置类似。这里选择默认参数。在 "TEACH_MODE" 对话框中单击 ☒ 按钮创建退刀运动，弹出的对话框如图 7-74 所示，相关选项与前文所述的退刀设置类似。这里选择默认参数。

图 7-73

进刀设置

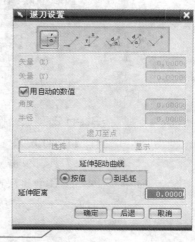

图 7-74

退刀设置

Step 5 创建跟随曲线运动：在"TEACH_MODE"对话框中单击"跟随曲线运动"图标，弹出的对话框如图 7-75 所示。跟随曲线运动是"Teach_mode"的主要设置，用于定义加工表面。创建完上述操作后，在"TEACH_MODE"对话框中可以查看到已经创建的走刀运动，如图 7-76 所示。

图 7-75

沿着曲线"对话框

图 7-76

已经创建的走刀运动

Step 6 生成刀轨并检验：单击"生成刀轨"按钮生成刀轨，如图 7-77 所示。通过旋转、缩放等进行刀轨的检验。单击"确认刀轨"按钮后可进行进行 3D 切削仿真，完成对中心孔的车削加工，如图 7-78 所示。

图 7-77

刀轨

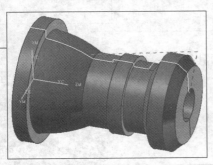

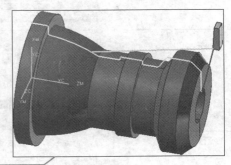

图 7-78

刀轨可视化

7.9 内表面的镗加工

图 7-79

零件模型

在 UG CAM 中，内表面的车削加工又称为镗削加工，也属于车削加工的一部分，因此在操作上没有明显的区别。下面通过一个例子对镗削加工进行介绍。

Step 1 打开零件：打开模型文件"SHILI\T7-3.prt"，该模型已经进行了车削加工环境的初始化设置，零件如图 7-79 所示。

Step 2 设置加工几何体：在图 7-80 所示的几何体视图中双击"WORKPIECE"，弹出如图 7-81 所示对话框。单击"指定毛坯边界"按钮（①），系统弹出图 7-82 (a) 所示的"选择毛坯"对话框。

图 7-80

几何体视图

图 7-81

加工几何体设置

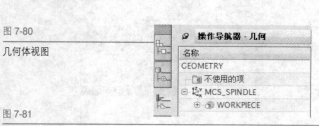

在"选择毛坯"对话框中单击 按钮（②），选择安装位置为零件左端面，内外直径及长度设置如图 7-82 (b) 所示。

图 7-82 (a)

"选择毛坯"对话框

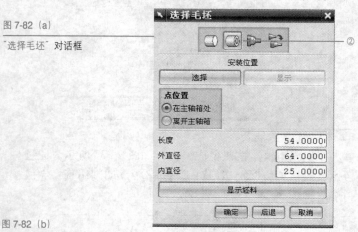

图 7-82 (b)

指定毛坯

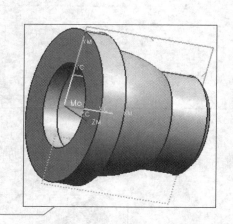

Step 3 创建刀具并设置刀具参数：单击"创建刀具"按钮，弹出如图 7-83 所示的对话框。单击"确定"按钮进行下一步刀具参数的设置，弹出的对话框如图 7-84 所示。

图 7-83

创建刀具

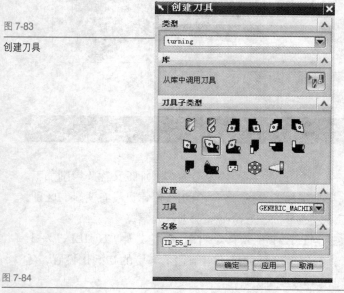

图 7-84

刀具参数设置

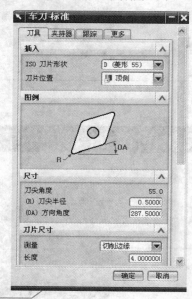

创建车削刀具"ID_55_L",刀柄参数与刀具参数如图 7-85、图 7-86 所示。

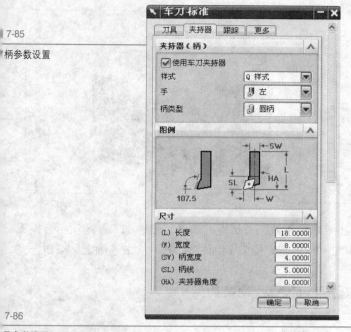

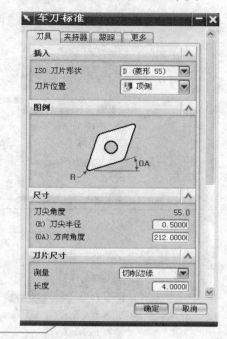

再创建车削刀具"BACK BORE_55_L",参数设置如图 7-86 所示。单击"创建操作"按钮,进入"创建操作"对话框,单击"镗削操作"图标(①),加工几何体、刀具及方法的设置如图 7-87 所示。在"粗镗 ID"对话框中定义需要的参数如图 7-88 所示。

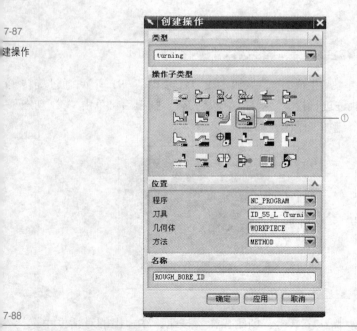

单击"切削区域"旁的"编辑"按钮,选择内表面的最左端点与最右端点作为修剪点,定义好包容几何体后单击"确定"按钮。单击"显示"按钮,查看切削区域,切削区域参数的设置及效果如图 7-89 (a)、图 7-89 (b) 所示。

图 7-89（a）

切削区域的设置

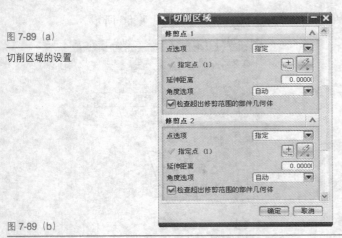

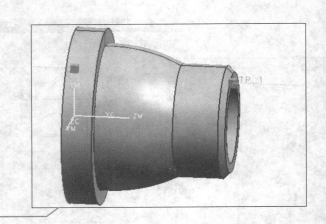

图 7-89（b）

效果图

单击"切削参数"按钮，弹出"切削参数"对话框，选择"轮廓加工"选项卡，设置"策略"为"仅周面"（①），"切削圆角"设置为"带有面"（②），单击"确定"按钮，完成设置。

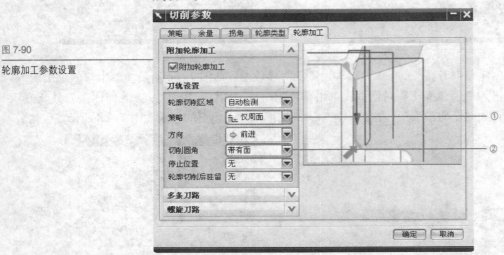

图 7-90

轮廓加工参数设置

Step 4 生成刀轨并检验：单击"生成刀轨"按钮生成刀轨，如图 7-91 所示，通过旋转、平移等操作从各个角度对刀路轨迹进行检验。单击"确认刀轨"按钮后可单击"3D 动态"按钮进行切削仿真，完成第一个镗加工操作，如图 7-92 所示。

图 7-91

生成刀轨

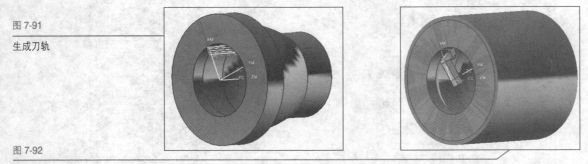

图 7-92

动态切削模拟

Step 5 创建第二个镗加工操作：单击"创建操作"按钮，在弹出的对话框中选择镗加工操作 （①），加工几何体、刀具及方法的设置如图 7-93 所示，然后单击"确定"按钮进入操作对话框。

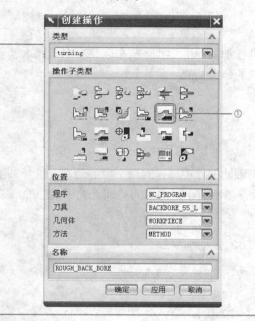

Step 6 定义操作参数：设置切削深度的最大值为 1mm（②），其余参数设置不变，如图 7-94 所示。

图 7-93

创建操作

图 7-94

退刀粗镗

单击"切削参数"按钮，在弹出的对话框中选择"轮廓加工"选项卡，激活"附加轮廓加工"选项（①），如图 7-95 所示。

图 7-95

轮廓加工参数设置

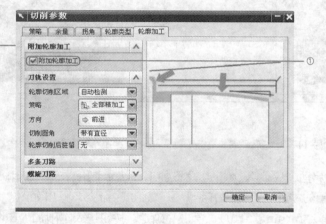

Step 7 生成刀轨并检验：单击"生成刀轨"按钮生成刀轨，如图 7-96 所示，通过旋转、缩放、平移等操作从各个角度对生成的刀路轨迹进行审视。单击"确认刀轨"按钮接受刀轨，如图 7-97（a）所示，并可通过"3D 动态"按钮进行切削仿真，效果如图 7-98（b）所示。

图 7-96

生成刀轨

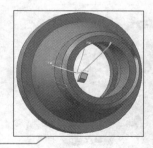

图 7-97（a）

刀轨可视化

图 7-97（b）动态切削模拟

7.10 综合实例：某模具的车削加工

实例分析

本零件模型共需要分三步进行加工，中心孔、粗车以及精车，要求读者在巩固本节知识的基础上同时了解并掌握车削的强大功能。

实例难度

★★★★☆

制作方法和思路

首先选用钻刀刀具并指定正确的部件边界，对模型中心处圆孔进行钻削；而后采用车刀对模具整体进行粗加工，最后选择槽刀在粗加工的基础上进行精加工，以达到最终要求。

参考教学视频

光盘目录 \ 视频教学 \ 第 7 章 零件车削加工 .avi

实例文件

原始文件 光盘目录 \prt\T7.prt

最终文件 光盘目录 \SHILI\T7.prt

实例效果（见图 7-98 (a)、7-98 (b)）

图 7-98 (a)

实例效果图 1

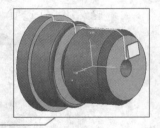

图 7-98 (b)

实例效果图 2

═══ 7.10.1 加工中心孔操作 ═══

Step 1 启动 UG NX 6.0 并设置加工环境：打开文件 "SHILI\T7-4.prt"，得到如图 7-99 所示的零件，选择 "开始" → "加工" 命令，弹出如图 7-100 所示的对话框，CAM 设置选择 "turning"（①），单击 "确定" 按钮进入车削加工环境。

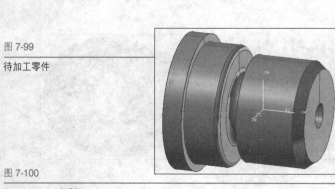

图 7-99

待加工零件

图 7-100

"加工环境" 对话框

Step 2 创建刀具：单击"创建刀具"按钮，弹出"创建刀具"对话框，如图 7-101(a)所示，选择点钻刀具 ，刀具参数必须与所加工的孔尺寸匹配，设刀具直径为 5mm，顶角为 120°，如图 7-101（b）所示。

7-101（a）
建刀具

7-101（b）
具参数

Step 3 创建加工几何体：单击"创建几何体"按钮，进入如图 7-102 的对话框。单击"车削几何体"按钮（①），再单击"确定"按钮，弹出如图 7-103 所示对话框。

7-102
建几何体

7-103
削工件"对话框

单击"指定部件边界"按钮（②）进行零件边界的设定，系统弹出如图 7-104（a）所示对话框，在选取边界时要注意零件材料是位于边界的左侧还是右侧，选择结果如图 7-104（b）所示。

7-104（a）
部件边界"对话框

7-104（b）
择部件边界

在图 7-103 所示对话框中单击"指定毛坯边界"按钮（③），进入如图 7-105（a）所示对话框，单击"棒料毛坯"按钮（④），然后单击"选择"按钮（⑤），选择毛坯的轴向起点，设置长度为 28mm，直径为 40mm（⑥），创建圆柱形毛坯，如图 7-105（b）所示。

图 7-105（a）

"选择毛坯"对话框

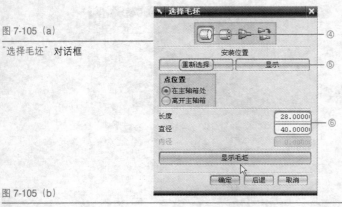

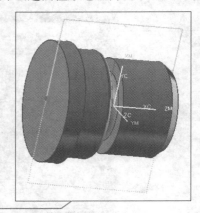

图 7-105（b）

选择安装位置

Step 4 创建中心线车削操作：单击"创建操作"按钮，进入如图 7-106 所示的对话框。单击"中心线车削操作"按钮（①），加工几何体、刀具及方法的设置如图 7-106 所示。然后单击"确定"按钮进入操作对话框，如图 7-107 所示。

图 7-106

创建操作

图 7-107

"中心线钻孔"对话框

在"深度选项"下拉列表中选择"端点"选项（①），单击"指定点"按钮（②），选择中心孔的顶点，系统可以自动计算出刀具进入的深度，并给出刀具起点与终点的位置，如图 7-108（a）、图 7-108（b）所示。

图 7-108（a）

深度选项设置

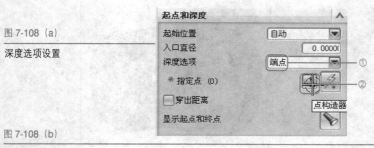

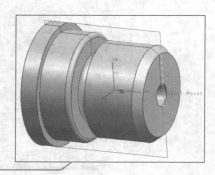

图 7-108（b）

设置端点位置

Step 5 生成刀轨并检验：单击"生成刀轨"按钮生成刀轨，如图 7-109 所示。在绘图区旋转、缩放，从各个角度观察刀路轨迹。确定无误后，单击"确认刀轨"按钮接受刀轨，如图 7-110 所示。还可以在"刀轨可视化"对话框内单击"3D 动态"按钮进行切削仿真，效果如图 7-111 所示。

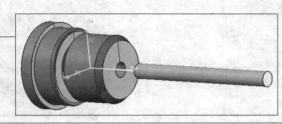
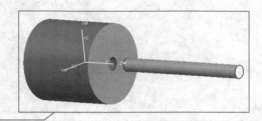

7.10.2 零件粗车加工操作

Step 1 创建车削刀具：单击"创建刀具"按钮，弹出如图 7-112 所示的对话框，选择车削刀具◪，该刀具的编号为"OD_80_L"，按图 7-113 所示填写刀具尺寸，完成车削刀具的创建。

Step 2 创建粗车加工几何体：单击"创建几何体"按钮，进入"创建几何体"对话框，如图 7-114 所示。单击▩按钮（①）进入空间范围选项卡，按照如图 7-115 所示进行设置。

图 7-114

创建几何体

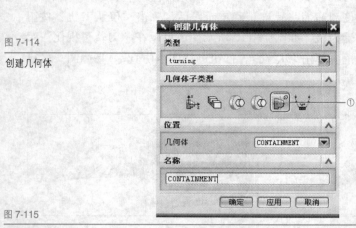

图 7-115

空间范围选项卡

Step 3 创建操作：单击"创建操作"按钮进入"创建操作"对话框，参数设置如图 7-116 所示。

Step 4 基本参数设置：在"粗车 OD"对话框中系统提供了多种切削方式供选择，设置"策略"为"单向线性切削"（①），如图 7-117 所示。

图 7-116

创建操作

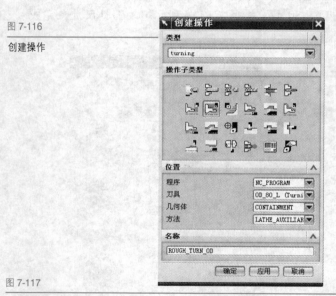

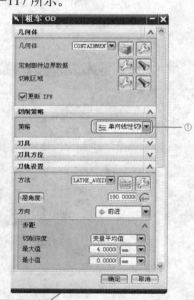

图 7-117

"粗车 OD"对话框

单击"切削参数"按钮，进入如图 7-118 所示对话框，按照图示数值进行设置。

图 7-118

"余量"选项卡

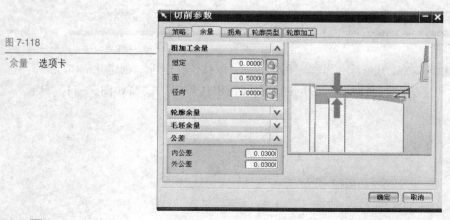

完成参数设置后单击"确定"按钮，返回"粗车 OD"对话框，将切削深度的最大值更改为 0.5（①），如图 7-119 所示。

由于在前面已经定义了切削区域，因此不需要重复设定参数。单击"显示"按钮可以观察需要加工切除的材料区域，如图 7-120 所示。

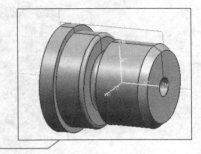

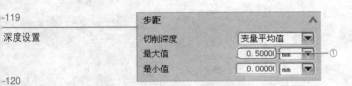

Step 5 生成刀轨并检验：单击"生成刀轨"按钮生成刀轨，如图 7-121 所示。单击"确认刀轨"按钮接受刀路轨迹，如图 7-122 所示，还可通过"3D 动态"按钮进行切削仿真，完成对零件表面的粗车加工，如图 7-123 所示。

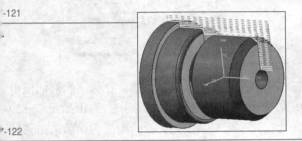
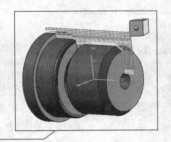
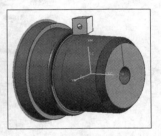

图 7-123 动态模拟切削

7.10.3 零件的精车加工

在精加工中，需要完成对端面及退刀槽等部位的加工。

Step 1 创建精车加工刀具：单击"创建刀具"按钮，弹出如图 7-124 所示对话框，选择刀具，该刀具的编号为"OD_GROOVE_L"，按图 7-125 所示填写刀具参数，完成车削刀具的创建。

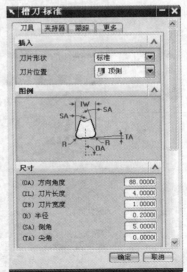

Step 2 创建精车加工操作：单击"创建操作"按钮进入"创建操作"对话框，在操作子类型中选择"精车加工"（①），其中几何体父组选择精加工中定义的包容几何体，如图 7-126，单击"确定"按钮进入如图 7-127 所示对话框，选择"全部精加工"（②）选项。

图 7-126

创建操作

图 7-127

"精车 OD" 操作对话框

Step 3 设置参数：在精车操作对话框中单击"切削参数"按钮，在弹出的对话框中对参数进行设置，如图 7-128 所示。单击"切削区域"内的"编辑"按钮（③），弹出如图 7-129 所示对话框，由于之前已经设置过参数，故在此不用重新设定，检验数值无误后单击"确定"按钮。效果如图 7-129（b）所示。

图 7-128

切削参数设置

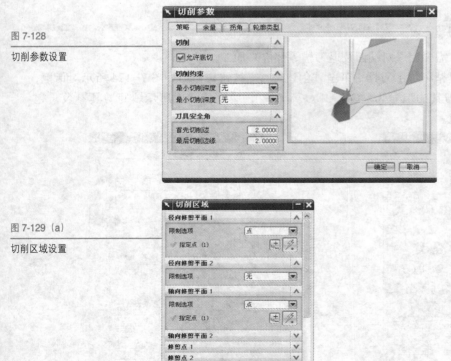

图 7-129（a）

切削区域设置

图 7-129（b）

设置效果

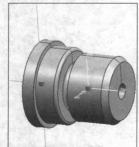

Step 4 生成刀轨：单击"生成刀轨"按钮生成刀轨，系统将通过计算产生刀路轨迹，如图 7-130 所示。

7-130

成刀轨

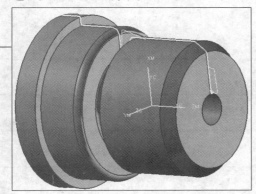

通过旋转、缩放从各个角度检验刀路轨迹，单击"确认刀轨"按钮接受刀路轨迹，如图 7-131 所示。通过"3D 动态"按钮进行切削仿真，完成对零件表面的精车加工，最终效果如图 7-132 所示。

7-131

轨可视化

7-132

态模拟仿真

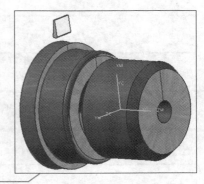

Chapter 8

线切割加工

本章内容及学习地图：

　　UG CAM 系统提供了完备的线切割加工功能，可以进行双轴和四轴的线切割加工操作。本章将对 UG 线切割加工的基本知识进行讲解，同时通过简单的实例来讲述双轴和四轴线切割加工的操作流程。

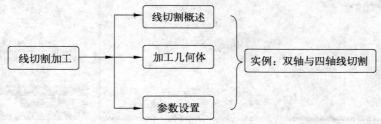

本章重点知识：

- 线切割技术概述
- 线切割几何体的选择
- 几何体的编辑
- 加工参数的设置
- 双轴线切割的具体应用
- 四轴线切割加工的应用

本章视频：

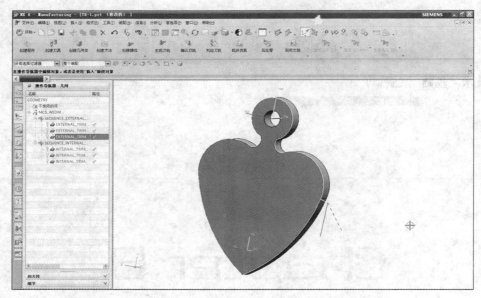

双轴线切割加工

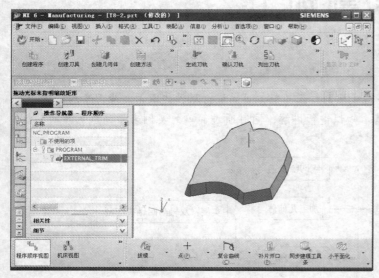

四轴线切割加工

视频教学——多轴线切割加工

本章实例：

相对于铣削与车削加工来说，线切割加工较为简单，本节将通过两个实例对 UG CAM 的线切割加工功能进行讲解，其中第一个实例为双轴加工，包括内部轮廓加工和外部轮廓加工两个部分；第二个实例为四轴加工，只进行外部轮廓加工。实例效果如下图所示：

8.1 线切割加工概述

线切割的工件通常为板状的，加工过程中电极的上、下两端通过滑轮固定，滑轮可以使电极循环工作。线切割加工包括双轴加工和四轴加工两种形式。

（1）双轴加工：电极上、下两端同步运动，加工所得零件的侧壁与上、下表面垂直，电极在平面内运动。

（2）四轴加工：电极上、下两端各自独立运动，零件侧壁与表面不垂直。

在创建工具条上单击"创建操作"按钮，如图 8-1（a）所示，弹出线切割加工的"创建操作"对话框，如图 8-1（b）所示，UG CAM 系统提供了 4 种操作子类型供选择。

相关知识

线切割加工下共有4种子类型可供用户选择，分别为无型芯加工、内部剪裁操作、外部剪裁操作和开放边界操作。

图 8-1（a）
创建工具条

创建程序　创建刀具　创建几何体　创建方法　创建操作

图 8-1（b）
"创建操作"对话框

小技巧

也可在操作导航器中右击，在弹出的快捷菜单中选择"插入"→"操作"命令来打开"创建操作"对话框。

（1）无型芯加工（NOCORE）。无型芯加工可以熔掉内部材料而不留下多余材料的未熔物。这些未熔物是线切割过程中产生的金属片，这些金属片容易损坏机床，也容易引起电极直线运动的偏离，造成工件加工超差。无型芯加工取代了原先切除多余材料的方法，而是在需要移出材料的区域内形成密排的刀轨，由用户定义的起点开始做螺旋形切割运动，当碰到内部的孔或无材料区域时，可以通过快速进给运动通过这些区域，以节约加工时间。无型芯加工仅用于双轴加工，如图 8-2 所示。

（2）内部剪裁操作（INTERNAL_TRIM）。内部剪裁操作适用于内轮廓或内部边界的连续切割。它可以用于双轴加工和四轴加工，如图 8-3 所示。

图 8-2
无型芯加工操作对话框

图 8-3
内部剪裁对话框

（3）⚒外部剪裁操作（EXTERNAL_TRIM）。外部剪裁操作适用于外轮廓或外部边界的连续切割。外部剪裁操作可以用于双轴加工和四轴加工，如图8-4所示。

（4）⚒开放边界操作（OPEN_PROFILE）。开放边界操作指沿边界进行的线切割加工，该操作不依赖于系统去决定材料的分布，而是需要用户指定相对于边界的哪些材料需要被移除。开放边界操作可以用于双轴加工或四轴加工，如图8-5所示。

图 8-4

外部剪裁对话框

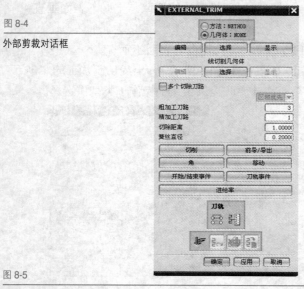

图 8-5

开放边界对话框

8.2 线切割加工几何体

进入线切割加工环境，在操作导航器中右击选择几何体视图，在系统默认几何体MCS_WEDM处右击，在弹出的快捷菜单中选择"插入"→"几何体"命令，如图8-6所示，进入"创建几何体"对话框。

图8-7所示即为"创建几何体"对话框，进行加工几何体的设定，单击"确定"按钮，在弹出的对话框中进行部分切削参数的设置，如图8-8所示。单击"确定"按钮即生成3个相互联系的子操作，分别为粗加工子操作、切断子操作和精加工子操作，如图8-9所示，部分切削参数需要进入各子操作对话框中进行设置。具体的加工参数设置将在下一节详细介绍。

图 8-6

几何体视图

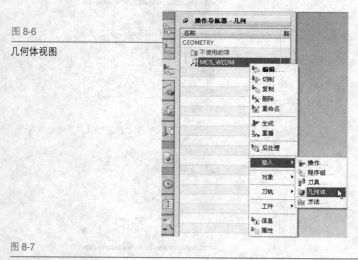

图 8-7

"创建几何体"对话框

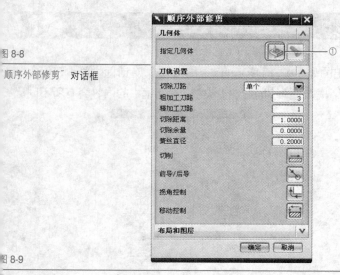

图 8-8

顺序外部修剪”对话框

图 8-9

操作导航器

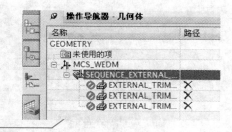

在图 8-8 所示对话框单击"指定几何体"按钮（①），进入图 8-10 所示的"线切割几何体"对话框，线切割的加工几何体分为双轴和四轴两种类型，其中[图]用于定义双轴加工几何体（②），可以选择面、曲线或点来定义，支持成链曲线和类选择功能。在双轴加工中，电极始终垂直于工件上、下表面，因此只需选择上、下表面（或边界、点）中的任意一个即可。[图]用于定义四轴加工几何体（③），可以选择上表面、下表面、侧面或线框作为加工几何体，其中线框形式是指通过选择相对应的上、下表面边界来定义加工侧面，所选择的上、下边界需首尾对应。

选择好线切割几何体之后，单击"确定"按钮，回到图 8-8 所示对话框，继续单击[图]按钮，即可在弹出的如图 8-11 所示的对话框中编辑几何体。下面简单介绍一下部分选项的定义：

图 8-10

线切割几何体”对话框

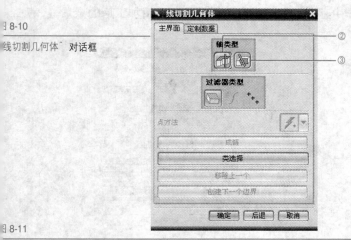

图 8-11

编辑几何体”对话框

◆ 类型：用于定义边界的类型是封闭的还是打开的，若为开放边界，则在进行外部剪裁、内部剪裁或内部无型芯加工时，将由系统自动首尾连接成封闭边界。

◆ 割线位置：用于定义生成刀轨时电极相对于边界的位置。"对中"指定刀轨位于边界线上。"相切"定义的刀轨位置由边界、余量、步进参数和角参数等共同控制。

◆ 余量：用于定义所属操作加工完成后的材料余量，不受"开"模式丝杆位置的影响。在如图 8-3 所示的对话框中单击[图]可以创建顺序内部剪裁几何体，其相关内容与顺序外部剪裁几何体相同，顺序内部剪裁操作也同时创建 3 个子操作。

8.3 线切割加工参数设置

单击"创建操作"按钮，在弹出的如图 8-12 所示的"创建操作"对话框中单击"确定"按钮，进入如图 8-13 所示的操作对话框，选择不同的加工类型，对话框中的内容会有所不同。

图 8-12

"创建操作"对话框

图 8-13

外部剪裁对话框

1. 线切割基本参数

◆ 粗加工刀路：定义粗加工的走刀次数，用于外部剪裁操作、内部剪裁操作以及开放型轮廓加工，输入值为 0 表示不进行粗加工走刀。

◆ 精加工刀路：定义精加工的走刀次数，通常需要根据情况选择适当的精加工走刀次数来得到满意的加工精度，输入值为 0 表示不进行精加工走刀。

◆ 多个切除刀路：用于定义切除刀路的形式，该项在外部剪裁操作中存在，选择该项后系统均为每个剪裁刀路生成一个切除走刀运动，否则只在最后一个粗加工走刀路设置切除运动。切除刀路的顺序有两种（①），如图 8-14（a）所示。

◆ 无芯余量：在无型芯操作中存在，用于指定无型芯加工和精加工后的余量（②）。如图 8-14（b）。

图 8-14（a）

线切割参数

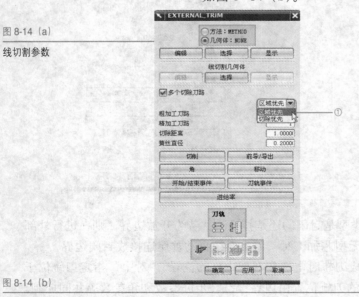

图 8-14（b）

无型芯加工余量

◆ 切除距离：在外部剪裁操作中，用于定义剪裁操作后留下来的连接区域的长度，这一区域将在后续的切除操作中被切除。

◆ 簧丝直径：线切割采用电极放电来对材料进行切削，因此放电电极也可以被认为是刀具，丝径参数用于定义放电电极的直径。

2．切削参数

切削参数主要在"切削参数"对话框中设置，如图 8-15 所示。

◆ 上部平面／下部平面：是指电极导向手柄的两个移动平面，上、下表面共同定义了电极的加工界限，也决定了电极三维显示的长度。上、下平面的位置和方向与加工坐标系有关，平面的法向为加工坐标系的 ZM 轴向，平面位置参数由加工坐标系原点算起。

◆ 方向：该参数的设置用于指定加工过程中的切削方向（①），如图 8-15 所示。

◆ 停止点：在零件与材料分离之前，用于在指定距离处暂时中止加工过程。停止点的类型分为"可选停止"和"停止"（②），如图 8-16 所示。"可选停止"创建的是一个有条件激活的停止点，由机床操作人员根据需要设定激活的条件，选择是否激活这个停止点；选择"停止"类型则总是应用所规定的停止点，机床操作人员不能设置任何条件。

图 8-15
"切削参数"对话框

图 8-16
停止点选项

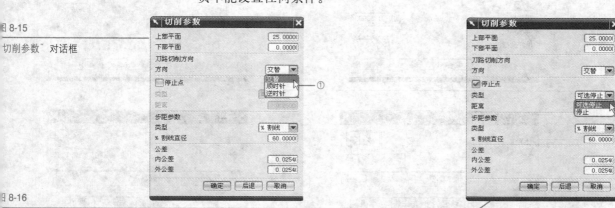

◆ 步距参数：步距参数有以下几种设置（③），如图 8-17 所示。

 ◇ 距离：定义一个步进常量。

 ◇ 可变：为不同的刀路定义不同的步进值，得到一系列变化的步进值。

 ◇ ％割线：定义步进数值为丝径的百分之几。

 ◇ 绝对余量：用绝对余量的方式定义步进距离。可用余量的个数取决于粗加工与精加工的刀路数。

3．前导和后导

前导和后导用于指定切削边界处的加工方法，如图 8-18 所示。

图 8-17
步进参数类型

图 8-18
"前导和后导"对话框

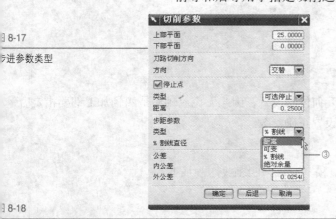

4．拐角控制

用于定义凸角处的加工方法，"拐角控制"对话框如图 8-19（a）所示，选中"圆角"复选框后可以在凸角处生成指定形式的圆角，而不是直角。

5．移动

用于定义避让几何以及输入或导出点，"移动控制"对话框如图 8-19（b）所示。

在图 8-19（b）中分别单击"从"的"指定"按钮（①）和"回零点"的"指定"按钮（②），定义所需要的点，弹出如图 8-20（a）、图 8-20（b）所示对话框。

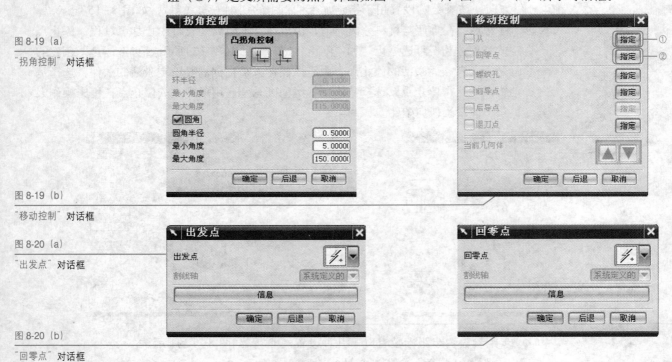

图 8-19（a）
"拐角控制"对话框

图 8-19（b）
"移动控制"对话框

图 8-20（a）
"出发点"对话框

图 8-20（b）
"回零点"对话框

8.4 综合实例：模具的双轴与四轴线切割

实例分析

本节将通过两个实例对 UG CAM 的线切割加工功能进行讲解，其中第一个实例为双轴加工，包括内部轮廓加工和外部轮廓加工两个部分；第二个实例为四轴加工，只进行外部轮廓加工。

实例难度

★★★☆

制作方法和思路

线切割加工的关键在于线切割几何体的设置，因此无论双轴还是四轴加工都要指定合适的几何体类型，并根据具体条件设置正确参数。

参考教学视频

光盘目录＼视频教学＼第 8 章 模具双轴与四轴线切割加工 .avi

实例文件

原始文件：光盘目录＼prt＼T8.prt

最终文件：光盘目录 \SHILI\T8.prt

实例效果（见图 8-21（a）、图 8-21（b））

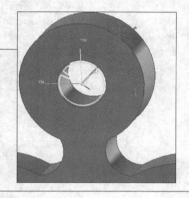

8-21（a）

例效果1

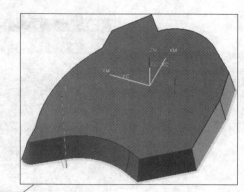

8-21（b）

例效果2

8.4.1 双轴线切割加工实例

在本小节中需要完成如图 8-22 所示的饰品加工，具体操作步骤如下：

8-22

件模型

Step 1 打开零件图：启动 UG NX 6.0，打开模型文件 "T8-1.prt"，进入加工模块，模型中已经进行了线切割加工环境的配置。

Step 2 移动 MCS 坐标系：在操作导航器中右击，在弹出的快捷菜单中选择几何体视图，系统提供了默认的加工几何体 MCS_WEDM，双击该几何体，进入 "MCS 线切割" 对话框，如图 8-23 所示，单击 "指定 MCS" 按钮（①），将坐标原点移至圆孔中心，如图 8-24 所示。

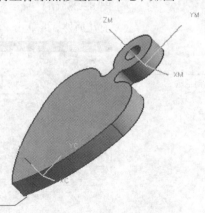

8-23

MCS 线切割" 对话框

8-24

动坐标系

Step 3 创建外部剪裁几何体：在操作导航器中的 "MCS_WEDM" 上右击，在弹出的快捷菜单选择 "插入" → "几何体" 命令，弹出 "创建操作" 对话框，如图 8-25 所示，单击 "确定" 按钮，系统弹出外部剪裁对话框，设置粗加工刀路数为 1（①），如图 8-26 所示。

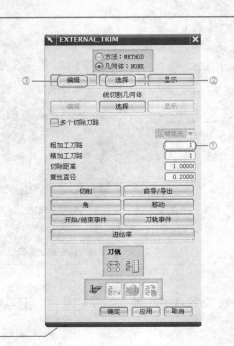

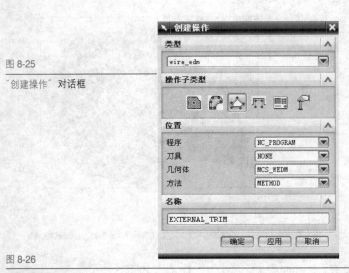

图 8-25

"创建操作"对话框

图 8-26

EXTERNAL_TRIM 对话框

单击"选择"按钮（②），弹出如图 8-27（a）所示对话框，选择零件的一个底面，如图 8-27（b）所示。

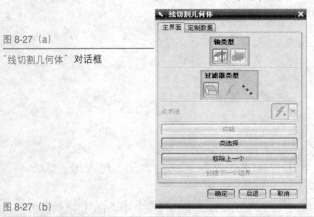

图 8-27（a）

"线切割几何体"对话框

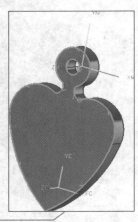

图 8-27（b）

选择零件底面

单击"确定"按钮后在外部剪裁几何体对话框中单击"编辑"按钮（③），系统弹出 8-28（a）所示对话框，设置"割线位置"为"相切"（④）。单击▲按钮使内孔边界为当前几何体，再单击"移除"按钮（⑤）删除该边界，只留下外轮廓边界，如图 8-28（b）所示。

图 8-28（a）

"编辑几何体"对话框

图 8-28（b）

裁剪几何体

Step 4 设置移动控制点：在外部剪裁几何体对话框中单击"移动"按钮，在弹出的对话框中指定输入点、自点和回零点的位置，如图 8-29（a）、图 8-29（b）所示。

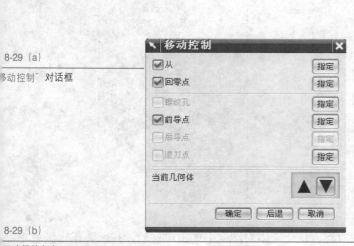

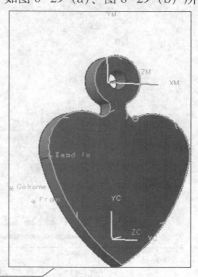

Step 5 生成刀轨并检验：在建立外部剪裁几何体的同时，系统生成了顺序外部剪裁操作的 3 个子操作，双击相应的子操作，单击"生成刀轨"按钮生成刀轨，如图 8-30 所示。通过旋转、平移观察刀路轨迹，单击"确认"按钮后，接受刀轨，如图 8-31 所示。至此外部剪裁操作创建完成。

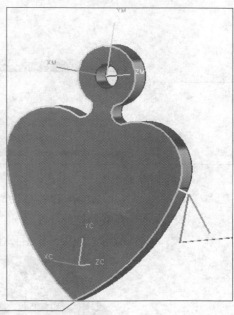

Step 6 创建内部剪裁操作：内部剪裁操作的创建方法与外部剪裁操作相同（此处不做赘述），创建内部剪裁几何体，如图 8-32（a）所示，设置"割线位置"为"相切"，并在内部剪裁几何体对话框中模式，设置"精加工刀路"为 1,选择加工几何体为内孔边界，如图 8-32（b）所示。

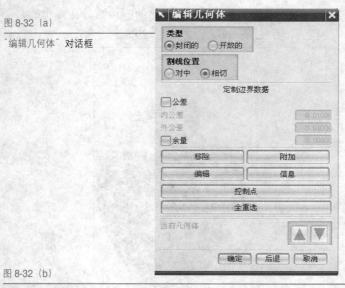

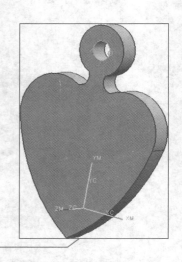

Step 7 设置移动控制：在内部剪裁几何体对话框中单击"移动"按钮，指定圆孔中心为螺纹孔位置，系统弹出如图 8-33（a）所示对话框。对内部边界进行加工时，首先需要在毛坯上钻孔，将电极丝穿过方可进行加工，如图 8-33（b）所示。

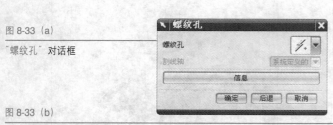

Step 8 生成刀轨并检验：在建立内部剪裁几何体的同时，系统同样生成了顺序内部剪裁操作的 3 个子操作，双击相应的子操作，单击"生成刀轨"按钮生成刀轨，如图 8-34 所示。确认无误后单击"确认"按钮，接受刀轨，如图 8-35 所示。

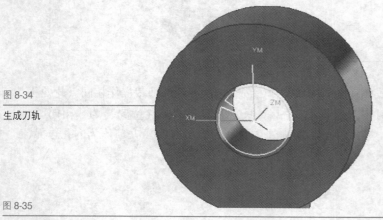

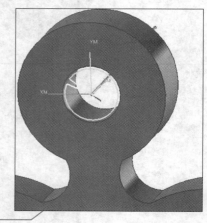

8.4.2 四轴线切割加工实例

四轴加工的方法与双轴加工类似，本小节将介绍一个简单的四轴加工实例，实例模型见光盘文件"SHILI\T8-2"，具体操作步骤如下：

Step 1 在操作导航器中右击，在弹出的快捷菜单中选择"插入"→"操作"命令，在如图8-36所示的"创建操作"对话框中选择外部剪裁操作（①），单击"确定"按钮后打开外部剪裁对话框，如图8-37所示。

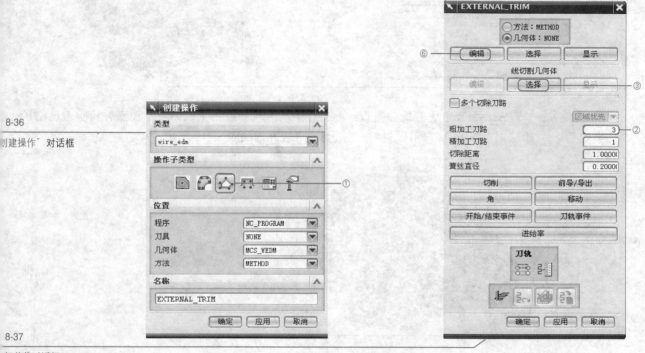

8-36
创建操作"对话框

8-37
部剪裁对话框

Step 2 创建外部剪裁几何体：在图8-37所示对话框中设置"粗加工刀路"为3（②），单击"选择"按钮（③），进入图8-38（a）所示的"线切割几何体"对话框，单击▓按钮（④）选择创建四轴几何体，单击▓按钮（⑤）选择上表面或下表面，完成几何体的创建，如图8-38（b）所示。

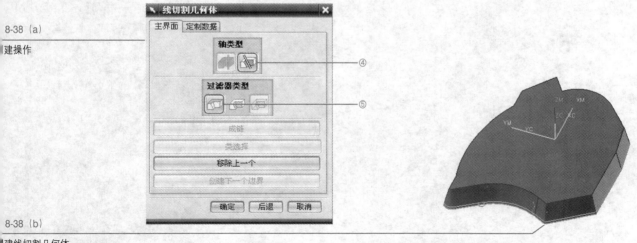

8-38（a）
建操作

8-38（b）
建线切割几何体

在图8-37所示对话框中单击"编辑"按钮（⑥），进入图8-39（a）所示对话框，设置"割线位置"为"相切"模式（⑦），图8-39（b）即为选择的几何体。

图 8-39（a）

编辑几何体

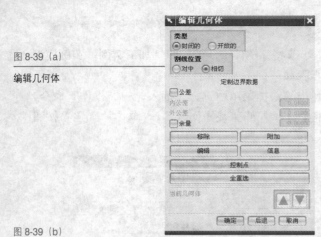

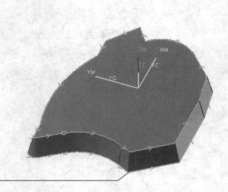

图 8-39（b）

显示选择的几何体

Step 3 生成刀轨并检验：单击"生成刀轨"按钮生成刀轨，观察并检验刀轨路径，确认正确后单击"确认"按钮，接受刀路轨迹，如图 8-40 所示。

图 8-40

刀路轨迹

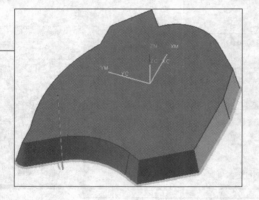

Chapter 9

某平面腔体模具的铣加工实例

本章内容及学习地图：

本例加工一个腔体类零件，在加工编程时，可以采用平面铣加工与钻孔加工结合的方式。该加工实例较为简单，目的是使读者熟悉 UG NX 加工模块的基本应用以及平面铣和钻孔加工的具体应用。

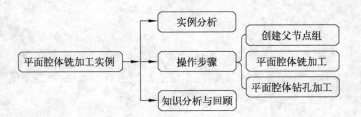

本章重点知识：

· 加工程序与方法的创建
· 刀具的设置
· 几何体的选择
· 平面铣操作的创建
· 点位加工的创建流程
· 具体参数设置
· 操作导航器的应用

本章视频：

下面列举的分别为整体铣加工与下部凹槽铣加工的视频截图，其余视频参见光盘内容。

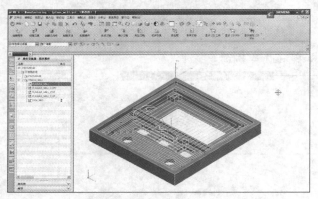

双轴线切割加工

四轴线切割加工

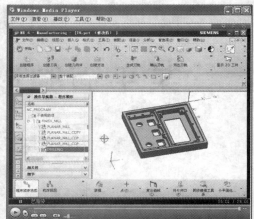

视频教学——复杂轴线的切割加工

本章实例：

本章安排了某平面模具的铣加工实例，使读者通过具体操作熟练运用平面铣加工步骤。整个加工过程大致分为两部分，首先对模具腔体进行整体铣加工，随后对模具孔位置分别进行加工，加工过程选择 D6 的平底铣刀即可达到要求。实例效果如下图所示。

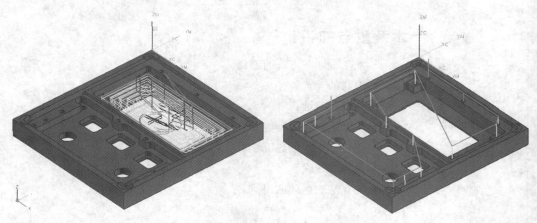

9.1 实例操作

实例分析

图 9-1 所示为需要加工的零件模具，该模具外形尺寸为长 × 宽 × 高 = 81mm×88mm×11mm。该零件材料为铝合金 LY12CZ，其内部型腔的所有圆角均为 $R3$，两个较大的圆孔为 $\phi 8$mm，其余小孔均为 $\phi 2.5$mm，各型腔和孔的深度都有所不同。

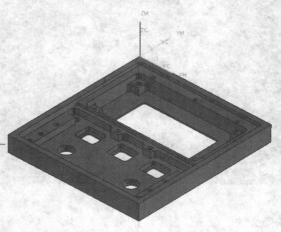

图 9-1
待加工零件模型

实例难度

★★★☆

制作方法和思路

本例零件模型为平面腔体零件中的典型例子。该零件毛坯需要经过一系列步骤加工达到最终要求的尺寸外形，具体过程为备料→粗铣加工→铣加工→钳工去毛刺。整个过程中需要利用普通铣床完成零件毛坯的外形尺寸加工，再由三轴联动方式完成各型腔的铣加工及钻孔加工。

◆ 装夹方式：在数控加工过程中，采用平口钳，将工件固定安装在机床工作台上。
◆ 刀具加工方式：利用 6mm 的平底铣刀完成型腔内两个 8 孔的铣削；利用 2.5mm 的钻头来完成其余钻孔的加工。
◆ 坐标原点设置：坐标原点设置在零件平面左上角端点处。

参考教学视频

光盘目录 \ 视频教学 \ 第 9 章 平面腔体模具铣加工 .avi

实例文件

原始文件：光盘目录 \prt\T9.prt
最终文件：光盘目录 \SHILI\T9.prt

9.2 操作步骤

9.2.1 进入 UG 软件并打开欲加工零件

Step 1 打开 UG NX 6.0 软件：选择"开始"→"程序"→"UGS NX6.0"→"NX6.0"命令，进入 NX6.0 的启动界面，如图 9-2 所示。

图 9-2

UG 界面

Step 2 打开模型文件：单击"打开"按钮，在弹出的文件列表中选择正确的路径和文件类型，选择文件名为"SHILI\T9.prt"的文件（①），单击"OK"按钮（②），打开零件模型，如图 9-3 所示。

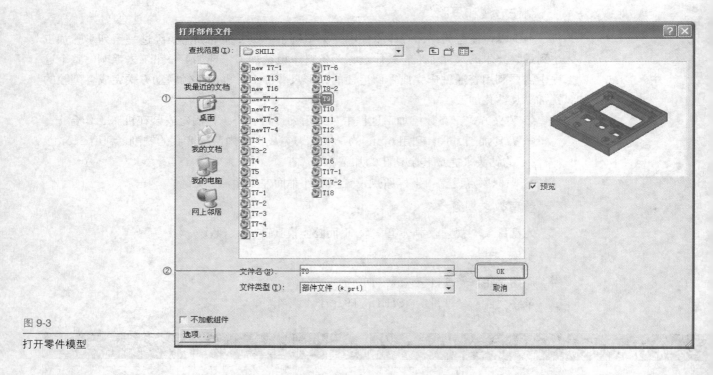

图 9-3

打开零件模型

Step 3 检视视图：打开的图形文件如图 9-4 所示，通过平移、旋转和缩放从不同角度检视图形，以确认没有非正常的突起和凹陷等错误。

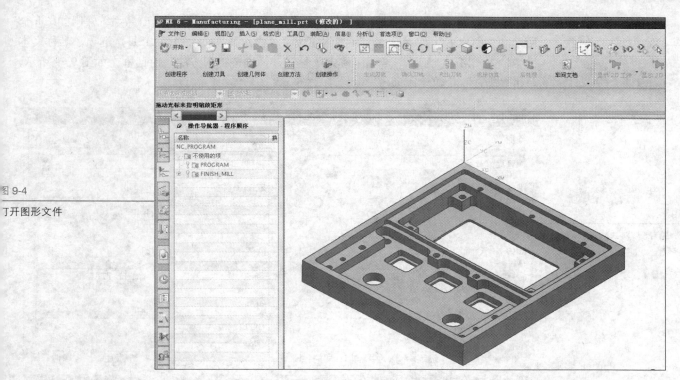

图 9-4

打开图形文件

Step 4 选择加工环境：选择"开始"→"加工"命令（①），如图 9-5 所示，进入加工环境。系统会自动弹出如图 9-6 所示的"加工环境"对话框。指定 CAM 配置为"mill_planar"（②）。单击"确定"按钮完成初始化设置。

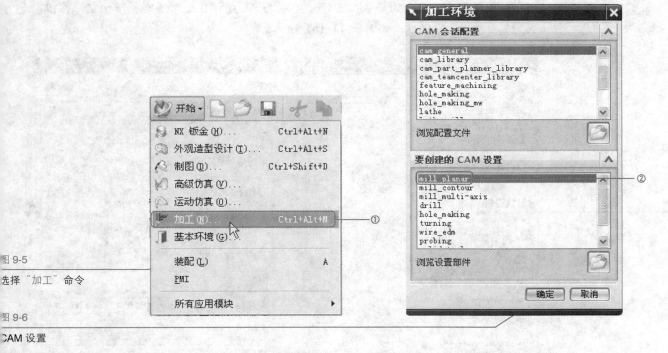

图 9-5

选择"加工"命令

图 9-6

CAM 设置

9.2.2 零件加工前的创建操作

Step 1 创建程序：在创建工具条上单击"创建程序"按钮 ，系统弹出如图 9-7 所示的"创建程序"对话框，在程序下拉菜单中选择"NC_PROGRAM"，名称文本框中输入"FINISH_MILL"，单击"确定"按钮，完成程序创建。

Step 2 创建加工方法：在创建工具条上单击"创建方法"按钮，系统弹出如图9-8所示的"创建方法"对话框，在方法下拉菜单中选择"MILL_FINISH"选项，名称文本框中输入"MILL_XQ"，单击"确定"按钮，弹出"铣削方法"对话框，如图9-9所示，单击"确定"按钮完成创建。

图 9-7

"创建程序"对话框

图 9-8

"创建方法"对话框

Step 3 创建刀具：单击"创建刀具"按钮，弹出"创建刀具"对话框，如图9-10所示。设置刀具子类型为"平底铣刀"，名称设置为"MILL_6"，单击"确定"按钮，进入刀具参数设置对话框，如图9-11（a）所示。

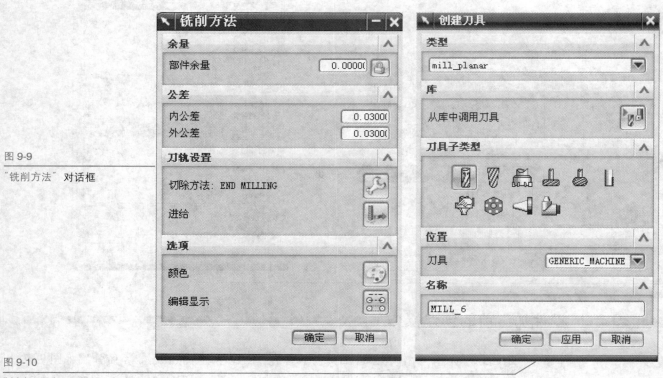

图 9-9

"铣削方法"对话框

图 9-10

"创建刀具"对话框

采用同样方法创建刀具 DRILL_2.5。单击"创建刀具"按钮，在"创建刀具"对话框中设置类型为"drill"，子类型选择"DRILLING_TOOL"（①），名称输入"DRILL_2.5"，如图 9-11（b）所示。

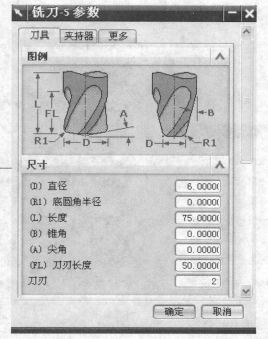

图 9-11（a）
刀削方法对话框

图 9-11（b）
"创建刀具"对话框

单击"确定"按钮，系统弹出刀具设置对话框，按照图 9-12、图 9-13 所示进行参数设置。

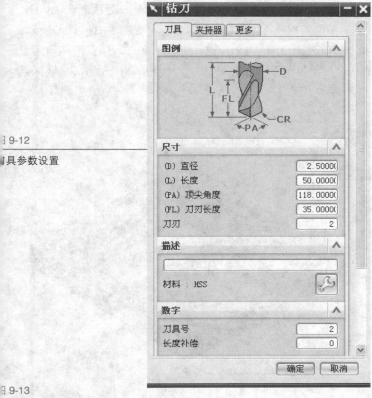

图 9-12
刀具参数设置

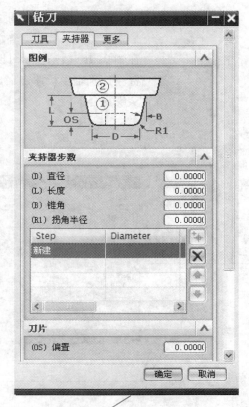

图 9-13
"夹持器"选项卡

Step 4 创建几何体：单击"创建几何体"按钮，系统弹出"创建几何体"对话框，在类型中选择"mill_planer"，几何体选择"MCS_MILL"，如图 9-14 所示。选择"MCS"图标（①），单击"确定"按钮，进入图 9-15 所示的 MCS 对话框。

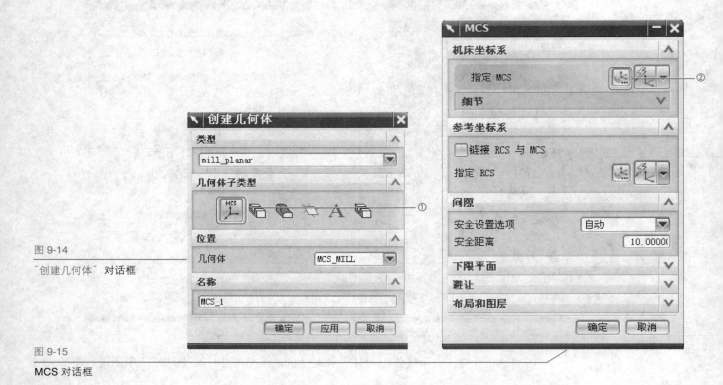

图 9-14

"创建几何体"对话框

图 9-15

MCS 对话框

单击机床坐标系内按钮（②），系统弹出 9-16（a）所示的 CSYS 对话框，确认 X、Y、Z 均为 0，单击"确定"按钮，系统返回到 MCS 对话框，坐标系如图 9-16（b）所示。在图 9-16（a）所示对话框内的参考坐标系中单击按钮，进入图 9-17（a）所示参考坐标系，确定坐标原点后，如图 9-17（b）所示，单击"确定"按钮。MCS、RCS 坐标系实现重合。

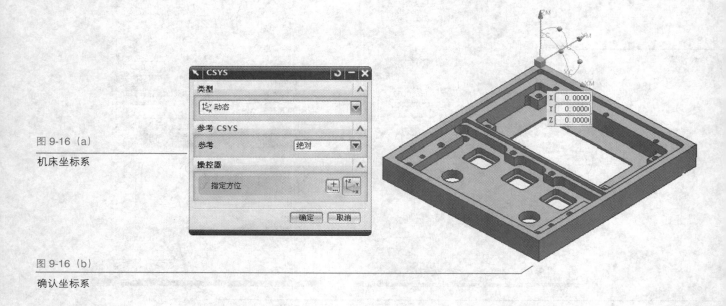

图 9-16（a）

机床坐标系

图 9-16（b）

确认坐标系

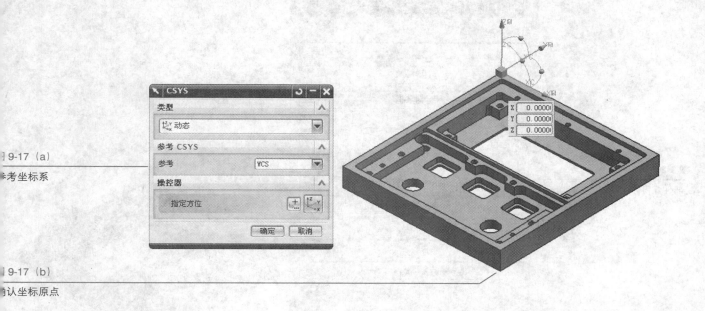

在"创建几何体"对话框中单击 按钮，系统进入如图9-18所示的"工件"对话框，单击"指定部件"按钮 （①），系统弹出"部件几何体"对话框，如图9-19所示。

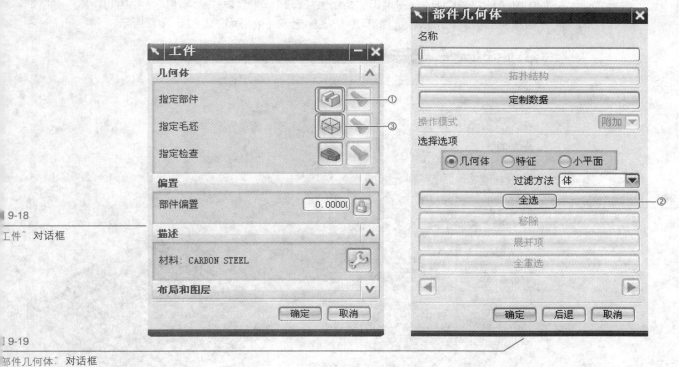

单击"全选"按钮（②），选择整个零件模型，选择结果如图9-20（a）、图9-20（b）所示，单击"确定"按钮，返回"工件"对话框。

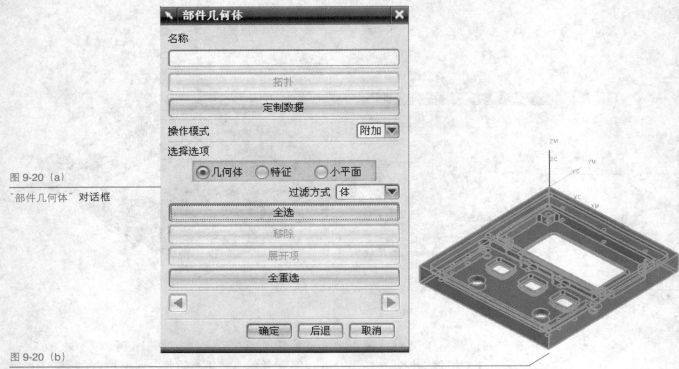

图 9-20（a）

"部件几何体"对话框

图 9-20（b）

选择的部件几何体

　　选择"格式"→"图层设置"命令，在弹出的对话框中将第10层设置为"可选"层。在图 9-18 所示对话框内单击"指定毛坯"按钮📦（③），系统弹出"毛坯几何体"对话框，如图 9-21（a）所示，选择第10层工件毛坯，效果如图 9-21（b）所示。

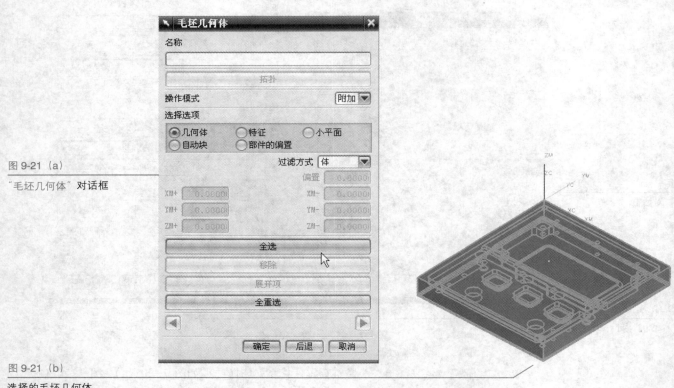

图 9-21（a）

"毛坯几何体"对话框

图 9-21（b）

选择的毛坯几何体

　　继续单击"指定检查"按钮📦，系统弹出"检查几何体"对话框，如图 9-22（a）所示，选择工件模型作为检查体，单击"确定"按钮完成设置，效果如图 9-22（b）所示。

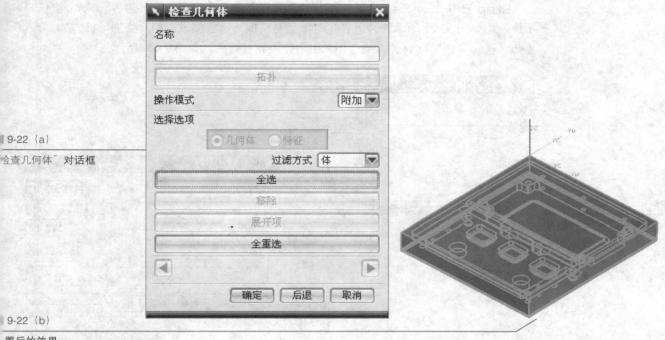

9-22（a）

"检查几何体"对话框

9-22（b）

设置后的效果

9.2.3 平面腔体的铣加工

Step 1 创建操作：单击创建工具条上的"创建操作"图标 ，开始进入新操作的建立，弹出的对话框如图 9-23 所示，程序设置为"FINISH_MILL"，刀具设置为"MILL_6"，几何体设置为"WORKPIECE_1"，方法设置为"MILL_XQ"。单击"确定"按钮，进入如图 9-24 所示对话框。

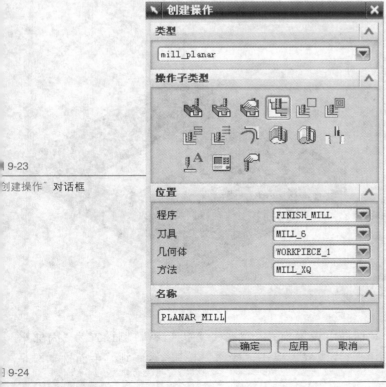

9-23

"创建操作"对话框

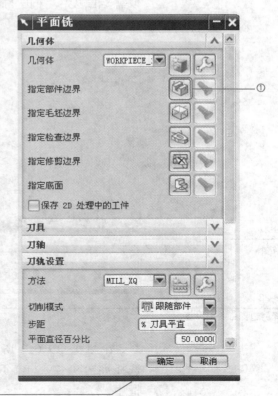

9-24

"平面铣"对话框

Step 2 指定部件边界：在"平面铣"对话框内单击"指定部件边界"按钮 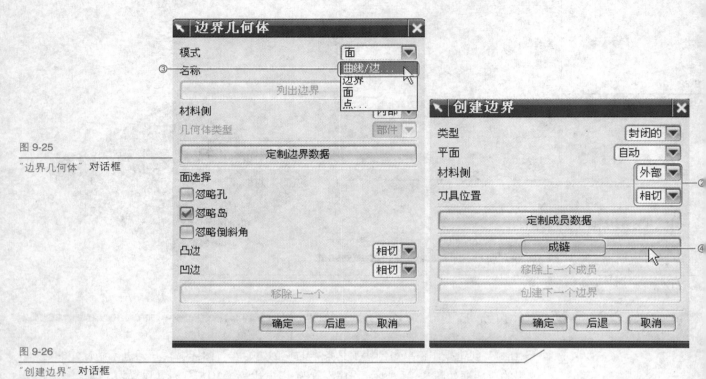（①），系统弹出如图 9-25 所示的"边界几何体"对话框，材料侧设置为"外部"（②），模式设置为"曲线／边"（③），系统自动弹出创建边界对话框，如图 9-26 所示。

图 9-25

"边界几何体"对话框

图 9-26

"创建边界"对话框

单击"成链"按钮（④），系统弹出如图 9-27 所示的"成链"对话框，在模型上拾取需要的边界，单击"确定"按钮完成选择，如图 9-28 所示。

图 9-27

"成链"对话框

图 9-28

选择的边界曲线 1

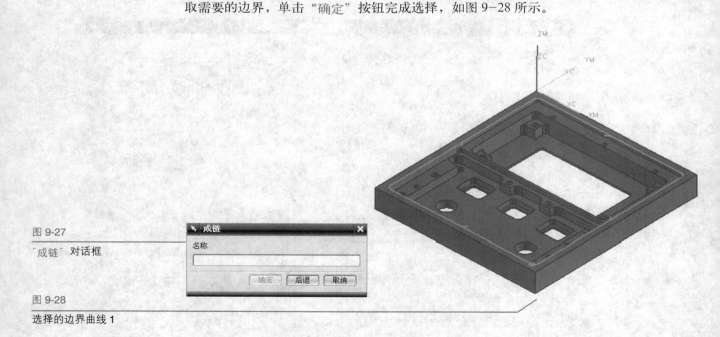

在图 9-29（a）所示对话框中设置模式为"曲线／边"，材料侧设置为"内部"，选择如图 9-29（b）所示的曲线边界。单击"确定"按钮，返回到"平面铣"对话框中。

9-29（a）
界几何体"对话框

9-29（b）
择的边界曲线 2

9-30
面构造器"对话框

9-31
取的模型平面

Step 3 设置平面：在"平面铣"对话框中单击"指定底面"按钮，系统弹出按钮"平面构造器"对话框，如图 9-30 所示，在模型上拾取平面，如图 9-31 所示，单击"确定"按钮完成设置。

Step 4 设置非切削移动参数：单击"非切削移动"按钮，在弹出的对话框中选择"传递／快速"选项卡，"安全设置选项"设置为"平面"，并单击"选择平面"按钮，如图 9-32 所示。

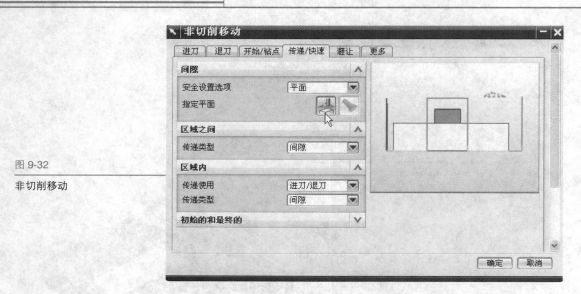

图 9-32

非切削移动

系统弹出如图 9-33 所示的"平面构造器"对话框，将偏置值设置为"10"，则在模型上方出现安全平面，如图 9-34 所示。

图 9-33

平面构造器

图 9-34

设置的安全平面

Step 5 切削层参数设置：在"平面铣"对话框中单击"切削层"图标，弹出如图 9-35 所示的对话框，将类型选择为"用户定义"，最大值设置为"4"，最小设置为"0.1"，初始设置为"2"，最终设置为"0.1"。

图 9-35

切削深度设置

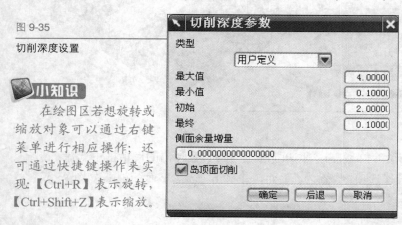

小知识

在绘图区若想旋转或缩放对象可以通过右键菜单进行相应操作；还可通过快捷键操作来实现：【Ctrl+R】表示旋转，【Ctrl+Shift+Z】表示缩放。

Step 6 设置进给和速度：单击"进给和速度"按钮，系统弹出如图 9-36 所示的对话框，设置主轴转速为 3000rpm，切削速度为 4000，快进为 10000，逼近为 1000，进刀为 200，第一刀切削为 400，单步执行为 400，移刀为 400，退刀为 100000，离开为 0，所有进给的单位均为 mm/min。

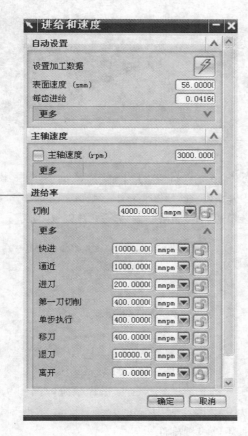

9-36

置的安全平面

Step 7 生成刀轨并检验：单击"生成"按钮，系统通过计算得到刀路运动轨迹，如图 9-37 所示。通过旋转、平移等操作对生成轨迹进行检验，确认无误后单击"确认"按钮，接受刀轨，如图 9-38 所示。用户还可根据需要，通过"3D 动态"按钮，进行模具的切削仿真，效果如图 9-39 所示。

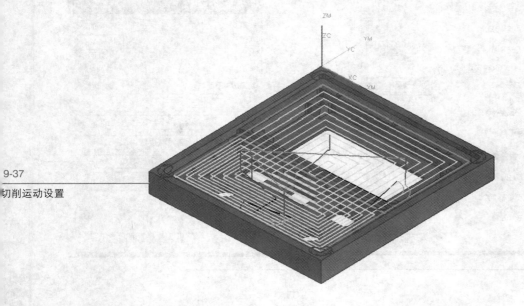

9-37

切削运动设置

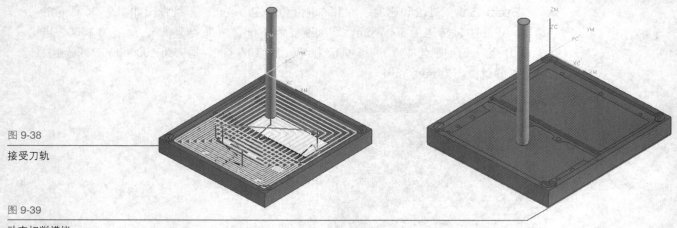

图 9-38

接受刀轨

图 9-39

动态切削模拟

Step 8 完成刀路轨迹生成后，如果打开操作导航器，将出现新的刀路轨迹 PLANAR_MILL，如图 9-40 所示，在 "PLANAR_MILL" 上右击，通过右键菜单对该路径进行复制，再通过右键菜单进行内部粘贴，结果如图 9-41 所示。

图 9-40

操作导航器

图 9-41

复制完成的路径

Step 9 编辑新路径：在复制完成的路径上双击，系统弹出图 9-42 所示的对话框，单击 "指定部件边界" 按钮（①），系统弹出编辑边界对话框，在该对话框上单击 "移除" 按钮（②），如图 9-43 所示，重新设置部件边界。

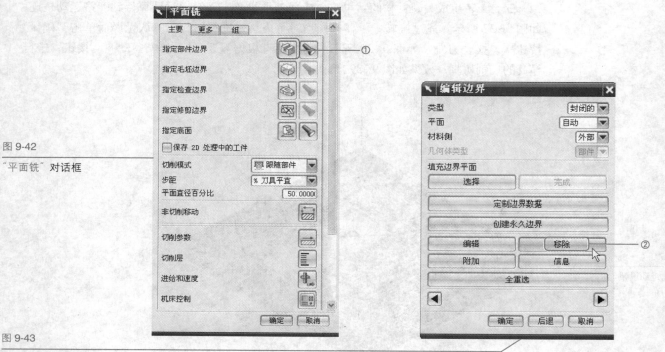

图 9-42

"平面铣" 对话框

图 9-43

"编辑边界" 对话框

在"边界几何体"对话框中选中"忽略孔"复选框，模式设置为"面"（①），材料侧设置为"内部"（②），如图 9-44（a）所示。效果如图 9-44（b）所示。

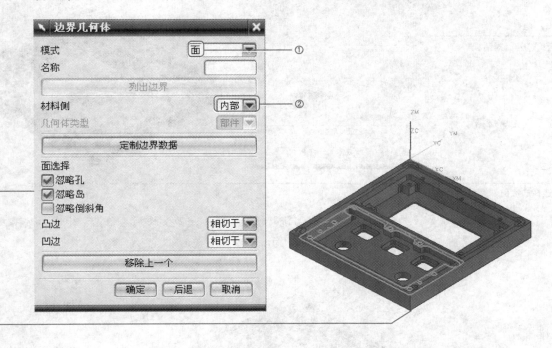

图 9-44（a）
"边界几何体"对话框

图 9-44（b）
重新选择的边界几何体

在"平面铣"对话框中单击"指定底面"按钮，系统弹出"重新选择"对话框，如图 9-45 所示。单击"确定"按钮，系统弹出如图 9-46 所示对话框。

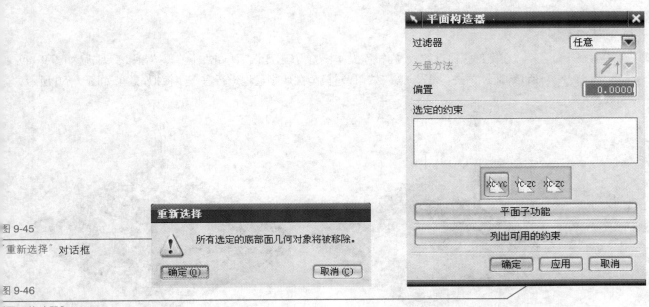

图 9-45
"重新选择"对话框

图 9-46
"平面构造器"对话框

在模型上拾取新的平面作为底面，选择结果如图 9-47（a）所示。效果如图 9-47（b）所示。

图 9-47（a）

"平面构造器"对话框

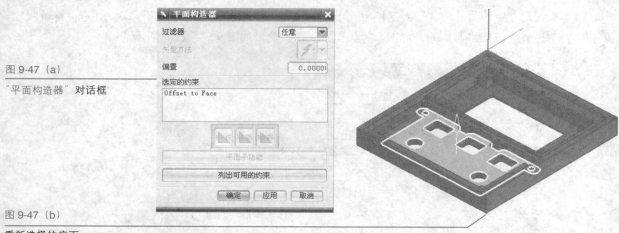

图 9-47（b）

重新选择的底面

　　Step 10 生成刀轨并检验：数据更改完毕后，单击"生成"按钮，系统自动计算出刀路轨迹，如图 9-48 所示。

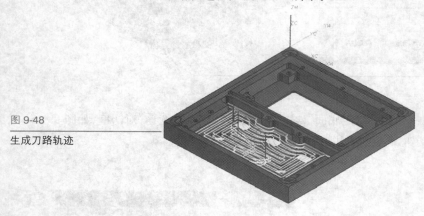

图 9-48

生成刀路轨迹

　　在图形区通过缩放、旋转等操作检验刀轨，无误后单击"确认"按钮接受刀轨，如图 9-49 所示，通过单击"3D 动态"按钮，对模型被切削过程进行进一步模拟，效果如图 9-50 所示。

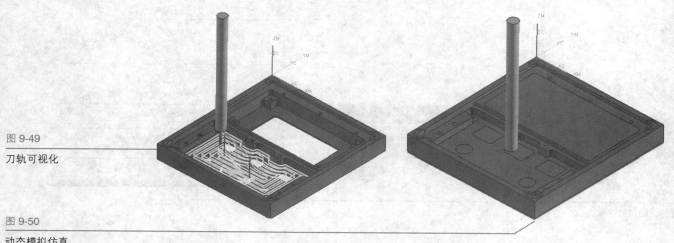

图 9-49

刀轨可视化

图 9-50

动态模拟仿真

　　Step 11 复制刀路路径：上述刀轨完成后，操作导航器内出现如图 9-51 所示路径。用同样方法再复制出另一个刀路路径，然后通过右键菜单进行复制、粘贴操作，如图 9-52 所示。

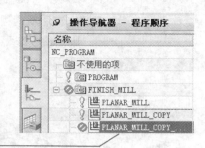

日 9-51

操作导航器

日 9-52

贴后的新路径

Step 12 编辑操作：将新复制的操作进行编辑（详细操作见步骤 9，此处不做赘述）。如图 9-53（a）所示，取消选择"忽略孔"复选框（①），模式选择为"面"（②），材料侧选择"内部"（③），选择适合的平面作为新的边界几何体，如图 9-53（b）所示。

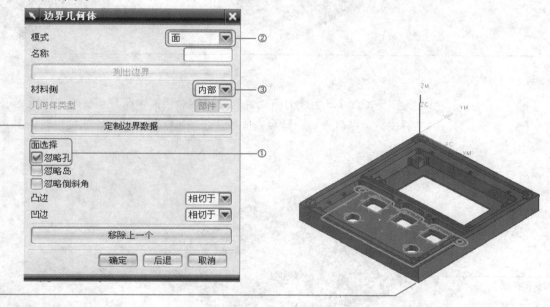

9-53（a）

边界几何体"对话框

9-53（b）

择的边界几何体

再单击"指定部件边界"按钮，系统弹出图 9-54 所示的对话框，单击"附加"按钮，在弹出的如图 9-55 所示的对话框，设置模式为"曲线／边"，材料侧选择"外部"。

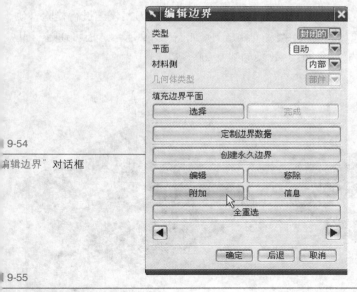

9-54

编辑边界"对话框

9-55

边界几何体"对话框

选择完毕后新的边界几何体如图 9-56 所示。单击"指定底面"按钮，将偏置值更改为 -11，则新的安全平面如图 9-57 所示。

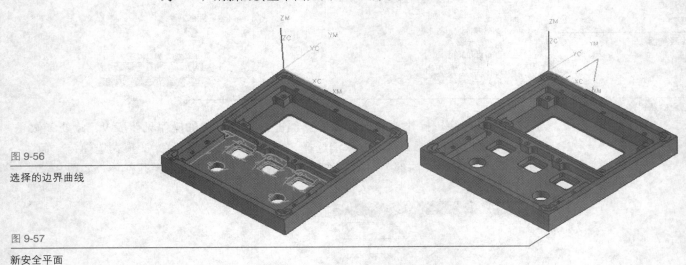

图 9-56

选择的边界曲线

图 9-57

新安全平面

Step 13 生成刀路轨迹：完成该对话框中所有项目的编辑后，单击"生成"按钮计算生成刀路轨迹。在计算完成后，在图形区显示切削区域范围，如图 9-58 所示。

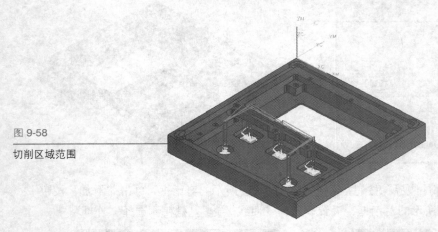

图 9-58

切削区域范围

在图形区进行旋转、平移、放大等操作后，可以从不同角度对刀路轨迹进行检验，确认生成的刀轨合理后，单击"确定"按钮，接受刀路轨迹，如图 9-59 所示。还可通过"3D 动态"按钮进行刀具切削过程的模拟仿真，效果如图 9-60 所示。

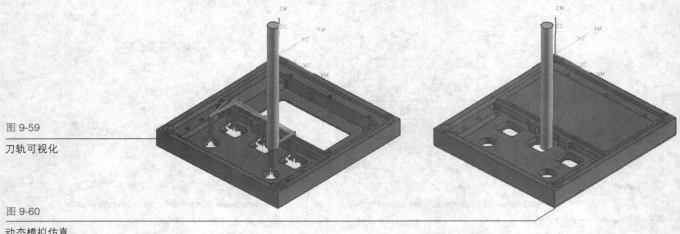

图 9-59

刀轨可视化

图 9-60

动态模拟仿真

Step 14 复制并编辑刀具路径：用同样方法第三次复制刀路路径，然后进行编辑（此处简单介绍不做赘述），在模式下拉菜单中选择"曲线／边"，在图 9-61（a）所示对话框中设置材料侧为"外部"，选取的边界曲线如图 9-61（b）所示。

图 9-61（a）

创建边界

图 9-61（b）

选取的边界曲线

再在模式下选择"面"，材料侧选择"内部"，选择四个凸台；继续选择模式为"面"，材料侧为"内部"，拾取所需平面，最终效果如图 9-62 所示。

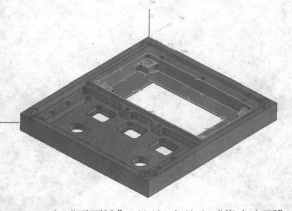

图 9-62

选择的边界

在"平面铣"对话框中单击"指定底面"按钮，将偏置量设置为 -11，如图 9-63 所示，单击"确定"按钮，则新的安全平面如图 9-64 所示。

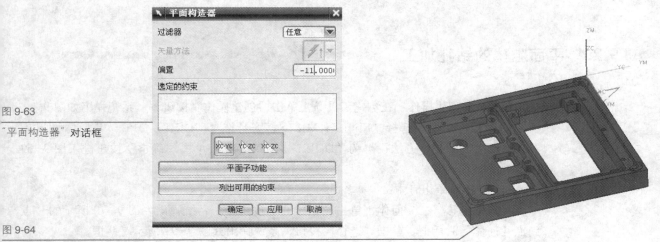

图 9-63

"平面构造器"对话框

图 9-64

新安全平面

Step 15 生成刀轨并检验：单击"生成"按钮，系统根据参数设置自动计算出刀路轨迹，如图 9-65 所示。

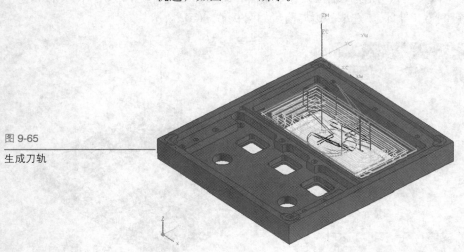

图 9-65
生成刀轨

通过旋转、平移等操作观察刀轨，确认无误后单击"确认"按钮，接受刀路轨迹，如图 9-66 所示。还可以单击"3D 动态"按钮来进行模拟切削，其效果如图 9-67 所示。

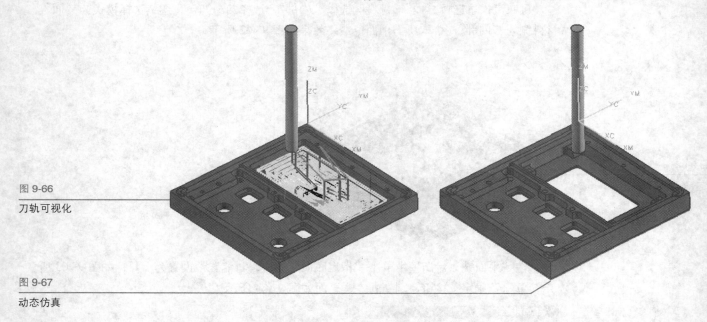

图 9-66
刀轨可视化

图 9-67
动态仿真

9.2.4 平面腔体的钻孔加工

Step 1 创建操作：在创建工具条上单击"创建操作"按钮，系统弹出如图 9-68 所示的对话框，程序选择"FINISH_MILL"，刀具选择"DRILL_2.5"，几何体设置为"WORKPIECE_1"，方法设置为"DRILL_METHOD"，单击"确定"按钮进入图 9-69 所示对话框。

Step 2 选择几何体：

（1）指定孔。在几何体下单击"指定孔"按钮，系统弹出如图 9-70 所示的"点到点几何体"对话框，单击"选择"按钮，系统弹出如图 9-71 所示对话框。

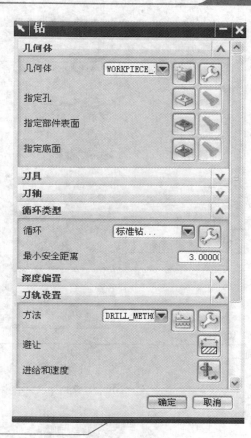

在图 9-71 所示对话框中单击"一般点"按钮，系统弹出"点"对话框，在模型上依次拾取需要加工的孔，完成后单击"确定"按钮，系统自动排列出加工顺序，如图 9-72 (a) 所示，选择加工的孔，如图 9-72 (b) 所示。

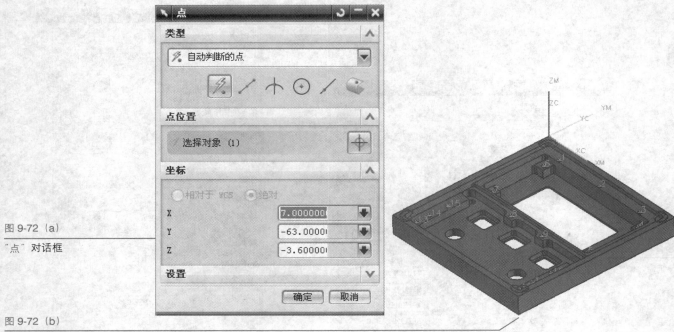

图 9-72（a）
"点"对话框

图 9-72（b）
选择加工的孔

（2）指定部件表面。单击"指定部件表面"按钮，系统弹出"部件表面"对话框，如图 9-73 所示，在该对话框中单击图标，而后在模型上拾取上表面，如图 9-74 所示。

图 9-73
"部件表面"对话框

图 9-74
拾取部件表面

（3）指定底面：单击"指定底面"按钮，系统弹出"底面"对话框，单击"ZC"图标，在 ZC 平面文本框中输入 10，如图 9-75 所示。设置的安全平面如图 9-76 所示。

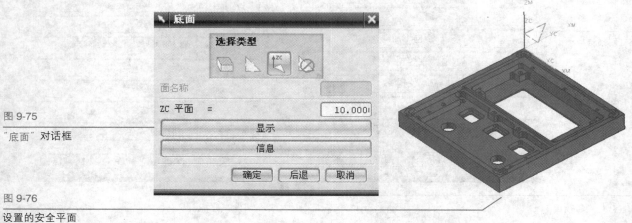

图 9-75
"底面"对话框

图 9-76
设置的安全平面

Step 3 设定进给和速度参数：在图 9-77 所示的"钻"对话框中单击"进给和速度"按钮（①），进入如图 9-78 所示的对话框，按照如图 9-78 所示数值进行参数设置。

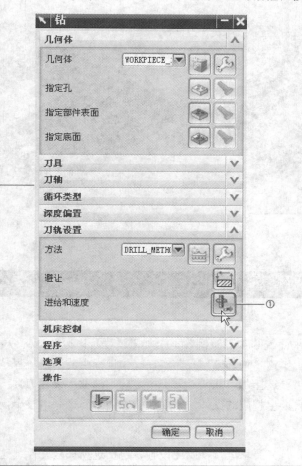

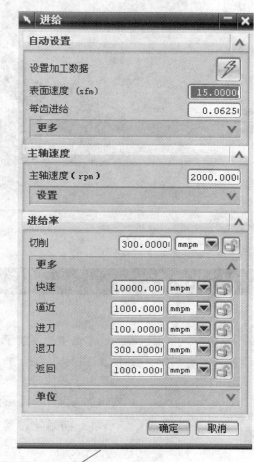

9-77

钻"对话框

9-78

给和速度设置

Step 4 生成刀路轨迹并检验：单击"生成"按钮，系统自动计算出刀路轨迹，如图 9-79 所示，通过旋转、平移等操作可对生成的刀轨进行检验，确认无误后单击"确认"按钮接受刀路轨迹，如图 9-80 所示。用户还可通过"3D 动态"按钮，进行模具的切削模拟，其效果如图 9-81 所示。

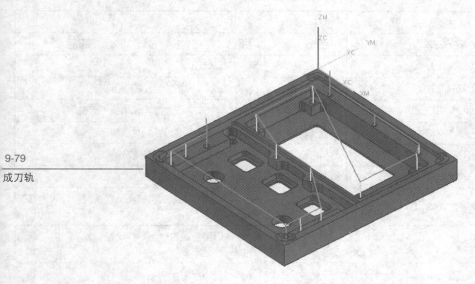

9-79

成刀轨

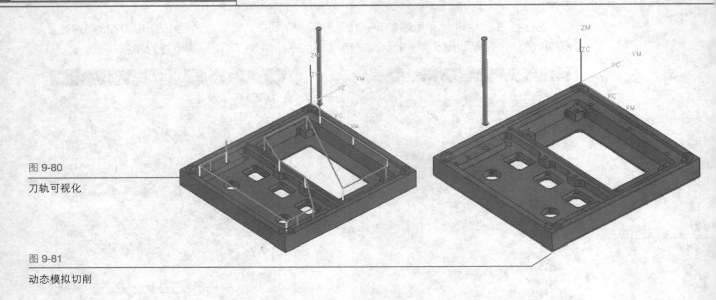

图 9-80

刀轨可视化

图 9-81

动态模拟切削

9.3 精通必备

本章主要讲解了平面铣的加工实例，整个加工过程可以分为 3 部分：创建准备工作，铣加工操作，钻孔加工。这 3 种加工形式其实在操作过程中的基本流程是大致相同的。在定义每个操作时，都需要选择加工几何对象、指定切削部位、设置刀具、定义加工参数和安排加工顺序，最后再产生相应的操作。下面我们来简单回顾一下整个操作过程：

1．初始化设置

进入加工环境后，首先要求进行初始化设置，包括选择模板文件，这是进行后续操作的必要步骤。

2．创建操作

在创建操作时需要指定这个操作的类型、程序、指定几何体、指定刀具和方法，并指定操作的名称。创建操作菜单下有 15 个子类型可供用户选择，如表 9-1 所示。

表9-1 创建操作的子类型

图标	英　　　文	中　文	说　　　　　明
	PLANAR-MILL	平面铣	用平面边界定义切削区域，切削到底平面
	FACE-MILLING	面铣	用于加工表面几何
	FACE-MILLING-MANUAL	表面手动铣	切削方法默认设置为手动的表面铣
	ROUGH-FOLLOW	跟随零件粗铣	默认切削方法为跟随零件切削的平面铣
	ROUGH-ZIGZAG	往复式粗铣	默认切削方法为往复式切削的平面铣
	ROUGH-ZIG	单向粗铣	默认切削方法为单向切削的平面铣
	CLEARNUP-CORNERS	清理拐角	与平面铣基本相同
	FINISH-WALLS	精铣侧壁	默认切削方法为轮廓铣削，默认深度为只有底面的平面铣
	FINISH-FLOOR	精铣底面	默认切削方法为跟随零件铣削，默认深度为只有底面的平面铣

续表

图标	英　文	中　文	说　　　明
	PLANAR-PROFILE	平面轮廓铣	默认切削方法为轮廓铣削的平面铣
	FACE-MILLING-AREA	表面区域铣	以面定义切削区域的表面铣
	THEARD-MILLING	螺纹铣	建立加工螺纹的操作
	PLANAR-TEXT	文本铣削	对文字曲线进行雕刻加工
	MILL-CONTROL	机床控制	建立机床控制操作，添加相关后置处理命令
	MILL-USER	自定义方式	自定义参数建立设置

3．设置操作参数

创建操作时，在操作对话框中设置的每一个参数，都将对刀轨产生影响。首先要对加工几何体进行选择，确认无误后进一步指定切削参数、步进和非切削参数。需要注意的是很多选项需要通过二级对话框进行更进一步的设置，并且不同的加工操作中的基本参数也不尽相同，用户需要根据实际情况进行选择。操作参数的设定是 UG CAM 编程中最主要的工作内容，设置错误或不合理将不能正确生成所需的刀路轨迹。

4．生成刀轨

当设置了所有必需的操作参数并确定正确后，就可以生成刀轨了。在每一个操作对话框的底部，都有"生成"按钮，用来生成刀轨。

5．刀轨检验

对创建的操作和刀轨，用户可以通过对屏幕视角的旋转、平移、缩放等操作来进行调整和检验，以确认刀轨的正确性。对于某些刀轨还可以用 UG 的"3D 动态"按钮进一步检验。

6．后处理和创建车间工艺文件

然后对所有的刀轨进行后处理，生成符合机床标准格式的数控程序，最后建立车间工艺文件，把加工信息送达给需要的使用者。

Chapter 10

"V" 形盒加工实例

本章内容及学习地图：

　　本例加工一个"V"形盒，这个零件是由多个曲面所组成的，需要应用 3 轴铣中的型腔铣进行加工。通过这个加工实例，目的是使大家熟悉 UG NX 加工模块中粗加工最常用的型腔铣的应用及其参数设置。

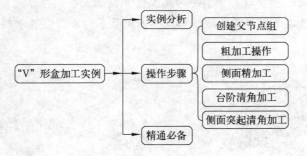

本章重点知识：

- 几何体组的创建
- 刀具的创建
- 型腔铣粗加工的具体应用
- 型腔铣精加工的具体应用
- 裁剪边界的应用与设置
- 型腔铣的切削层定义
- 等高轮廓铣的实际应用

本章视频：

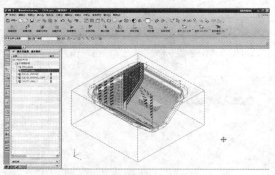

"V"型盒加工 1

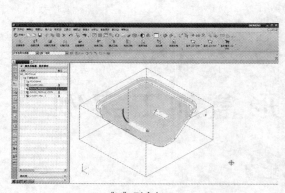

"V"型盒加工 2

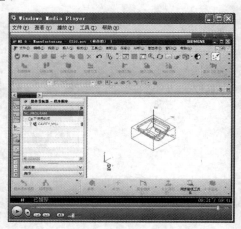

视频教学——"V"型盒加工

本章实例：

　　本章节进行"V"型盒模具的实际加工，整个过程大致分为粗加工和精加工两大部分。其中精加工操作中又包括整体精加工、台阶清角精加工和突起边缘精加工。通过设置不同的刀具和走刀方式对模具进行加工，以达到最终效果。最终刀路轨迹如下所示。

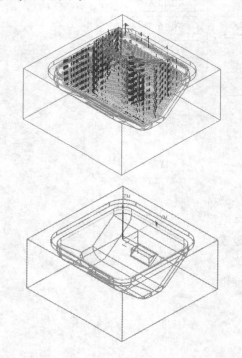

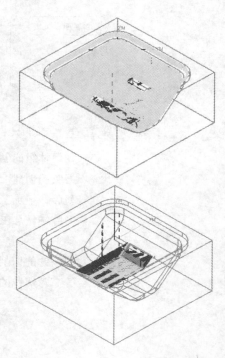

0.1 实例操作

实例分析

本章节要加工的工件是"V"形盒型腔，如图 10-1 所示，该型腔的截面形状为"V"形，两侧壁是垂直的，而顶部有一个台阶，在型腔的中部则有突起。型腔上的垂直面设置拔模角为 1°。该模具材料为 P20 模具钢，属于预硬钢，硬度约为 300HRC，因此无须在加工过程中再做热处理。毛坯已经预加工过，六面平整。

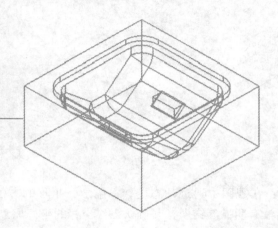

10-1

件模型

实例难度

★★★★

制作方法和思路

首先要进行粗加工，将大部分余量切除。粗加工采用型腔铣方式进行加工，走刀方式选择平行双向走刀，粗加工时选用 R6 的圆鼻刀。通过粗加工以后，留有余量为 0.3mm，为加工达到要求的零件，对凹模进行精加工。零件侧面精加工使用 R5 的圆鼻刀。由于前面精加工使用圆角刀将无法加工到位，因此需要创建一个操作用以清角。清角加工采用 R0.4 的刀具，而在零件右侧壁的突起的两侧边，本身的圆角较小，因而选择一个较小的刀具进行精加工。加工采用 D10 的球头刀，采用等高方式进行加工。

◆ 工件安装：将工件放在垫块上，四角分别用压板压紧。

◆ 加工坐标原点：X——取模型的中心；Y——取模型的中心；Z——模具分型面，即型腔的顶平面。

◆ 工步安排：分析该零件的结构可以看出，主要成形部分的 4 个侧面中，两个是非常陡峭的垂直面，而另外的两个对面则是相对比较平缓的倾斜面。按照"粗→半精→精→清角"的一般加工顺序，对本工件进行整体粗加工，侧面精加工，台阶清角加工，突起清角加工。在粗加工时，选用型腔铣的平行走刀方式进行加工；侧面精加工和台阶精加工以及突起精加工均选用等高轮廓铣方式进行加工。

参考教学视频

光盘目录＼视频教学＼第 10 章"V"形盒模具加工 .avi

实例文件

原始文件：光盘目录＼prt＼T10.prt

最终文件：光盘目录＼SHILI＼T10.prt

10.2 操作步骤

10.2.1 进入加工环境并设置安全平面

Step 1 打开模型文件：打开 UG，单击"打开文件"按钮，在弹出的文件列表中选择正确的路径和文件名，打开零件模型 SHILI/T10.prt，打开的图形如图 10-2 所示。

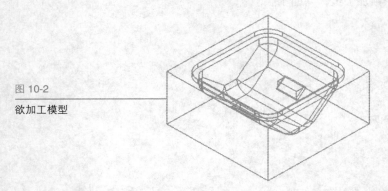

图 10-2

欲加工模型

Step 2 检视模型：在视图中通过动态旋转、缩放、平移的方法从不同角度对模型进行检视，确定模型没有明显的错误，并确认工作坐标的坐标原点在模型最高平面，且在中心位置。

Step 3 进入加工模块并进行初始化设置：选择"起始"→"加工"命令（①），进入加工模块，如图 10-3 所示。之后系统弹出"加工环境"对话框，如图 10-4 所示。指定 CAM 设置为"mill_contour"（②）。单击"确定"按钮进行加工环境的初始化设置。

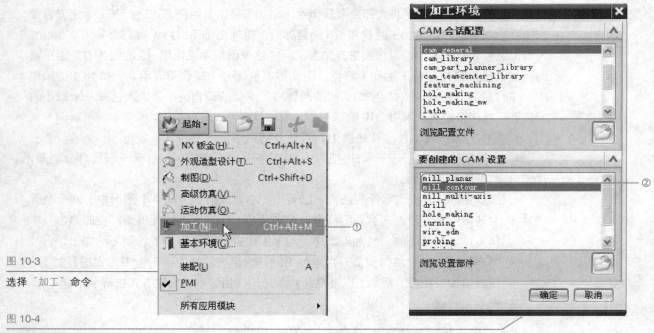

图 10-3

选择"加工"命令

图 10-4

加工环境设置

Step 4 设置安全平面：首先，单击创建工具栏中的"创建几何体"按钮，打开"创建几何体"对话框，如图 10-5 所示。选择子类型为机械坐标系"MCS"，几何体为 GEOMETRY，名称为 MCS，单击"确定"按钮系统将打开 MCS 对话框，如图 10-6 所示。

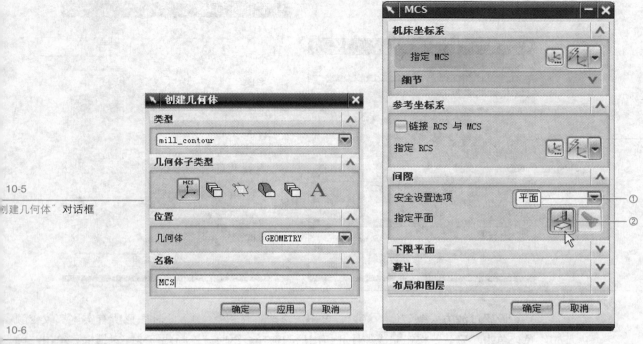

10-5
"创建几何体" 对话框

10-6
MCS 对话框

在对话框中设置 "安全设置选项" 为 "平面" (①), 单击 "指定平面" 图标 (②), 系统将弹出 "平面构造器" 对话框, 设置偏置值为 50, 设定相对于 XC-YC 平面的距离为 50, 单击 "确定" 按钮, 在图形上将显示安全平面所在位置, 如图 10-8 所示。

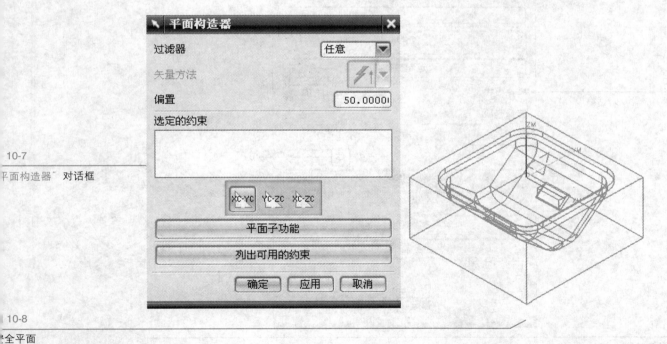

10-7
"平面构造器" 对话框

10-8
安全平面

10.2.2 创建铣削几何体和刀具

Step 1 创建几何体: 单击 "创建几何体" 按钮, 打开 "创建几何体" 对话框, 如图 10-9 所示。选择子类型为 "铣削几何体", 名称为 MILL_GEOM, 单击 "确定" 按钮打开 "铣削几何体" 对话框, 如图 10-10 所示, 在对话框的上方单击 "指定部件" 图标 (①), 进入 "部件几何体" 对话框, 如图 10-11 所示。

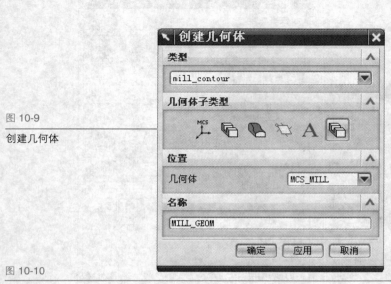

图 10-9

创建几何体

图 10-10

"铣削几何体"对话框

设置过滤方式为"体"（①），单击"全选"按钮（②），此时图形所有实体都改变颜色，单击"确认"按钮完成零件几何图形的选择，返回"铣削几何体"对话框，单击"确定"按钮完成几何体的创建，如图 10-12 所示。

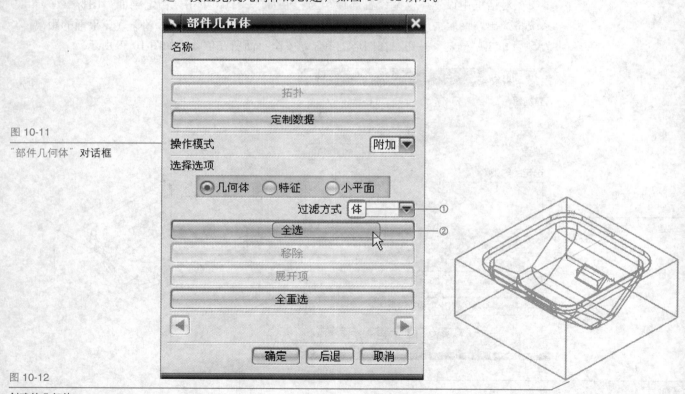

图 10-11

"部件几何体"对话框

图 10-12

创建的几何体

Step 2 创建刀具：（1）创建 D63R6 刀具。单击"创建刀具"按钮，系统弹出"创建刀具"对话框，如图 10-13 所示。设置类型为 mill-contour（①），子类型为铣刀（②）；将刀具名称设为 D63R6（③），单击"确定"按钮进入如图 10-14 的铣刀参数设置对话框。设定直径 D 为 63，底圆角半径为 6；其余选项依照默认值设定。单击"确定"按钮，结束铣刀 D63R6 的创建。

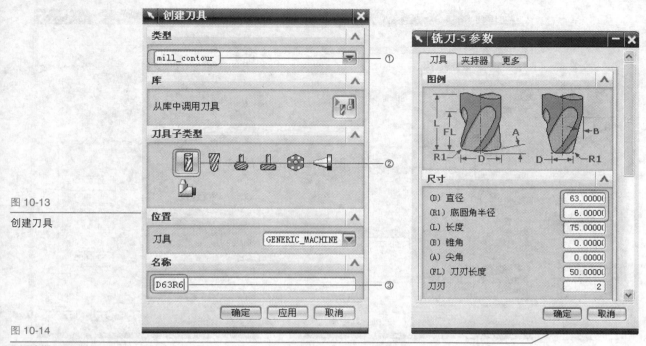

图 10-13
创建刀具

图 10-14
刀具参数设置

（2）创建刀具 D25R5。使用同样方法创建直径为 25，圆角半径为 5 的圆角端铣刀。在"创建刀具"对话框中选择刀具类型为铣刀（①），名称为 D25R5，单击"应用"按钮，如图 10-15 所示。在弹出的刀具参数设置对话框中设定直径 D 为 25，端部圆角 R1 为 5，其余参数按照默认值进行设置（②），如图 10-16 所示。

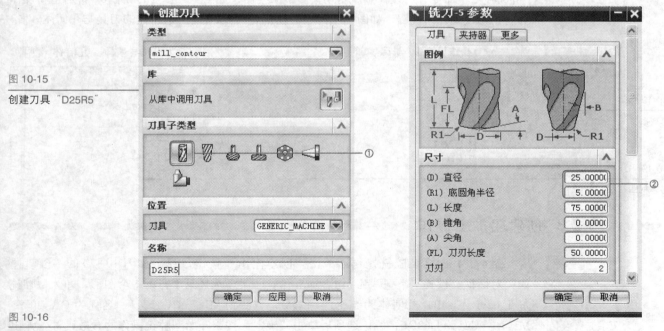

图 10-15
创建刀具"D25R5"

图 10-16
设置参数

（3）创建刀具 D20R04。继续创建直径为 20，圆角半径为 0.4 的清角铣刀。在"创建刀具"对话框中选择刀具类型为铣刀（①），名称为 D20R04，单击"应用"按钮，如图 10-17 所示。在弹出的刀具参数设置对话框中设定直径 D 为 20，底圆角半径为 0.4，其余参数按照默认值进行设置（②），如图 10-18 所示。

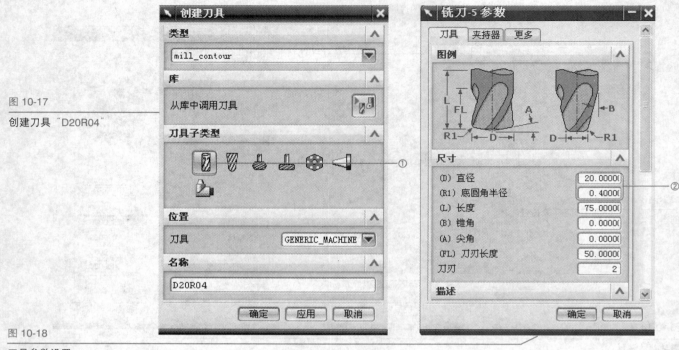

图 10-17

创建刀具 "D20R04"

图 10-18

刀具参数设置

(4) 创建刀具 B10。用同样方法创建 B10 刀具。在"创建刀具"对话框中选择铣刀，名称为 B10，单击"应用"按钮后在弹出的刀具参数设置对话框中设定直径 D 为 10，端部圆角 R1 为 5，刀具号为 4，其余参数按照默认值进行设置。

Step 3 检验创建的刀具与几何体：在操作导航器内右击，在弹出的快捷菜单中选择"机床视图"命令，将操作导航器切换到机床视图，如图 10-19（a）所示。再右击将操作导航器切换到几何视图，如图 10-19（b）所示。可以查看之前创建的刀具与几何体。

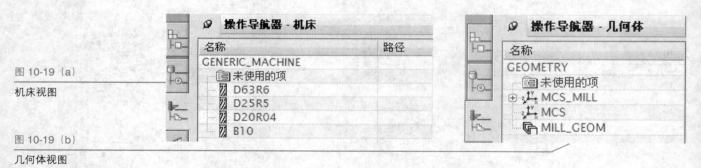

图 10-19（a）

机床视图

图 10-19（b）

几何体视图

10.2.3 创建粗加工操作

Step 1 创建型腔铣操作：单击"创建操作"按钮，弹出如图 10-20 的"创建操作"对话框。设置"类型"为 mill_contour；子类型选择第 1 行第 1 个图形，即为型腔铣加工 cavity_mill；几何体为 MILL_GEOM；方法为 MILL_ROUGH；名称为 CAVITY_MILL；刀具为 D63R6；确认选项后单击"确定"按钮开始型腔铣操作的参数设置，弹出如图 10-21 所示的对话框。

Step 2 操作检验：(1) 确认刀具。在"型腔铣"对话框中进行参数确认，当前的方法（方法：MILL_ROUGH）和几何体（几何体：MILL-GEOM）和刀具（刀具：D63R6）均在创建操作时选择。选中刀具按钮，单击"显示"按钮，则当前刀具将在坐标原点位置上显示，如图 10-22 所示。

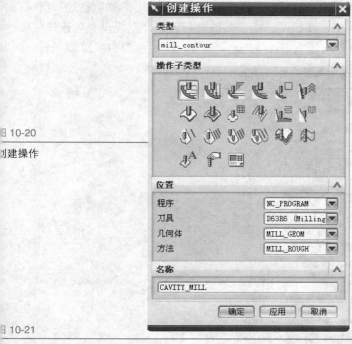

图 10-20

创建操作

图 10-21

型腔铣"对话框

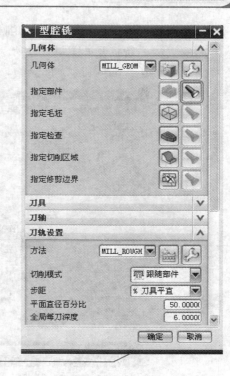

（2）确认几何体。在"型腔铣"操作对话框中单击"指定部件"的显示按钮，在图形上显示部件几何图形，如图 10-23 所示。

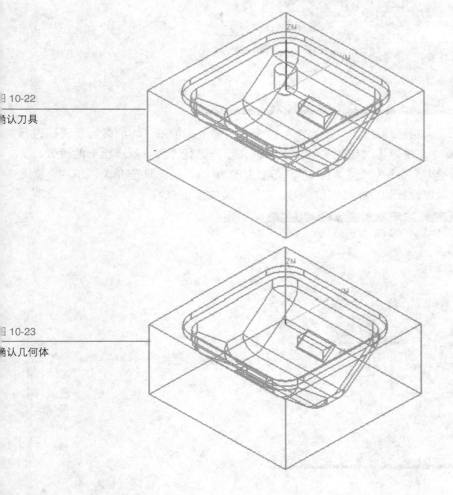

图 10-22

确认刀具

图 10-23

确认几何体

Step 3 设定非切削运动参数：在"型腔铣"操作对话框中单击"非切削移动"图标，系统打开如图 10-24 所示的对话框，按照图示的参数值进行设定，完成设置后选择"传递/快速"选项卡（①），安全设置选项选用"使用继承的"（②），如图 10-25 所示。

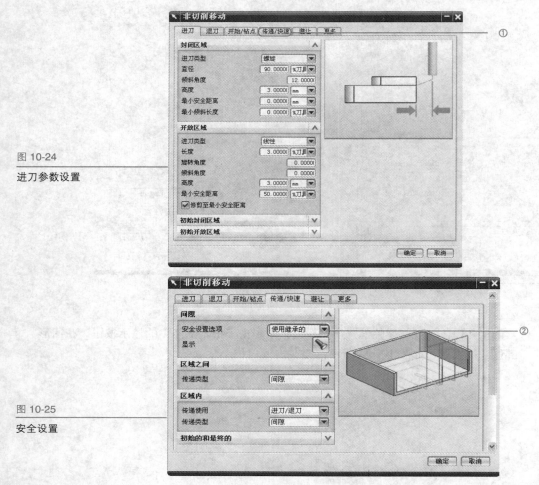

图 10-24

进刀参数设置

图 10-25

安全设置

Step 4 设置切削参数：在"型腔铣"操作对话框中，单击"切削参数"图标进行切削参数的设置，系统弹出"切削参数"对话框，首先进行"策略"选项卡的设置，如图 10-26 所示，切削顺序为"深度优先"，切削方向为"顺铣"，切削角为"用户定义"，角度值为 0；壁清理设置为"在终点"（②）；在边上延伸为 0（③）。

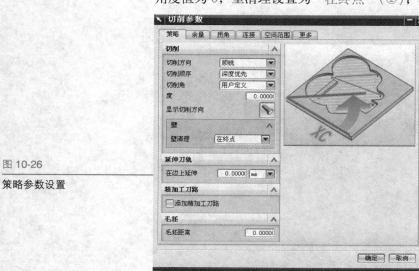

图 10-26

策略参数设置

选择"余量"选项卡进行余量及公差设置，如图 10-27 所示。取消选择"使用底部面和侧壁余量一致"复选框，部件侧面余量为 0.3（①）；作为精加工的切削余量底面余量为 0，毛坯余量、检查余量、裁剪余量均设为 0（②）；设定内公差为 0.03，外公差为 0.1（③）。

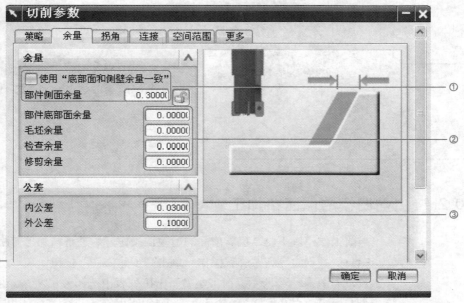

Step 5 设置常用参数：在"型腔铣"对话框中设置必要参数值，如图 10-28 所示。在"切削模式"的下拉列表框中选择"往复"，在"步距"下拉列表框中选择"恒定"（①）；定义切削步距，设定"距离"为 50，设定"全局每刀深度"为 1.5（②）。

Step 6 设置进给率：在"型腔铣"操作对话框中，单击"进给和速度"按钮（③）进行进给和速度设置，在弹出的对话框中设定主轴转速为 800rpm；设置切削单位为"mmpm"；设置进刀速度为 300；设置切削速度为 1000，设置结束后单击"确定"按钮，如图 10-29 所示。

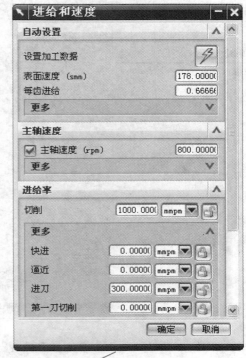

Step 7 生成刀路轨迹：完成了型腔铣所有参数的设置后，单击"生成"按钮生成刀路轨迹，如图 10-30 所示。通过"3D 动态"按钮，可进行模具切削模拟，如图 10-31 所示。

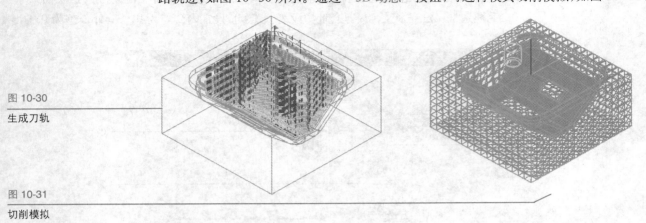

图 10-30

生成刀轨

图 10-31

切削模拟

10.2.4 上盖凹模的侧面精加工

当前工作模块不变，接着前面的型腔铣操作开始进行精加工刀路轨迹的建立。

Step 1 创建等高轮廓铣操作：单击"创建操作"按钮，在"创建操作"对话框中设置参数，如图 10-32 所示。在"类型"下拉列表中选择 mill_contour；子类型选择第 1 行第 5 个图标，使用几何体为 MILL_GEOM；使用刀具 D25R5；使用方法为 METHOD；确认选项后单击"确定"按钮开始等高轮廓铣操作的参数设置，弹出的对话框如图 10-33 所示。

图 10-32

创建操作

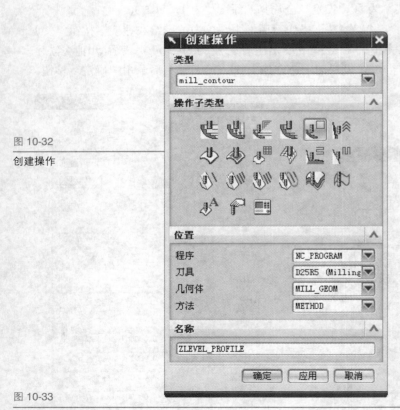

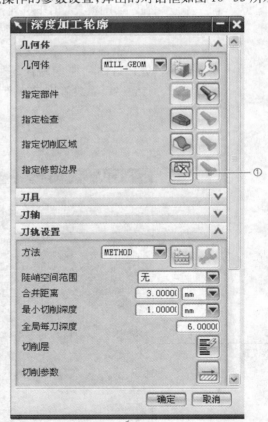

图 10-33

"深度加工轮廓"对话框

Step 2 选择裁剪几何体：在创建操作时，已经选择了刀具和部件几何体，可以直接应用。本例加工中需要限定刀轨范围，所以要选择裁剪几何体。在图 10-33 所示对话框中单击"指定修剪边界"图标（①），系统打开"修剪边界"对话框，如图 10-34（a）所示。将过滤方式设定为"平面"（②），并选中"忽略孔"复选框（③），选择裁剪侧为"外侧"（④）。

在绘图区移动鼠标到模型上表面，当上表面变色时单击拾取该平面，如图 10-34（b）所示，图中带有单边箭头的边界为选中的轮廓。

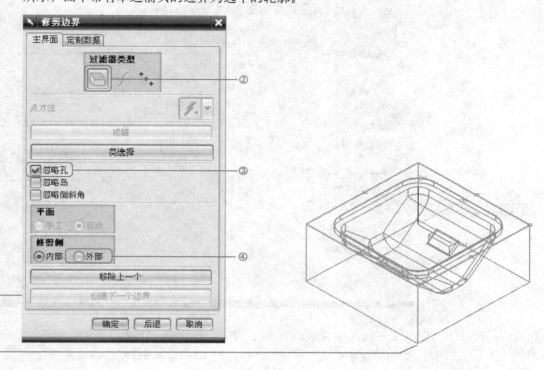

10-34（a）
修剪边界"对话框

10-34（b）
择的修剪边界

Step 3 设定进刀 / 退刀参数：在"深度加工轮廓"对话框中单击"非切削移动"图标，在弹出的对话框中设定水平进刀的自动类型为"圆弧"，其他参数按照图 10-35 所示值进行设置。

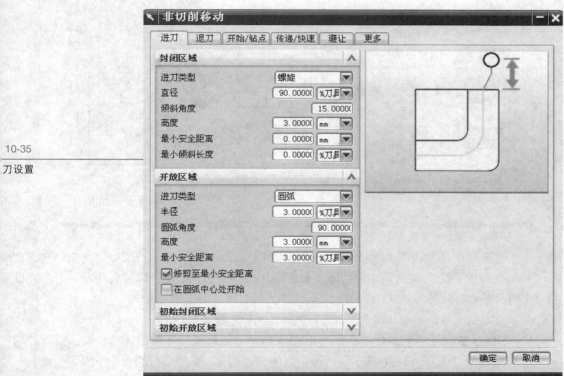

10-35
刀设置

选择"传递/快速"选项卡，系统弹出如图 10-36 所示的对话框。设置"安全设置选项"为"使用继承的"（①），其余参数按照默认值设置。

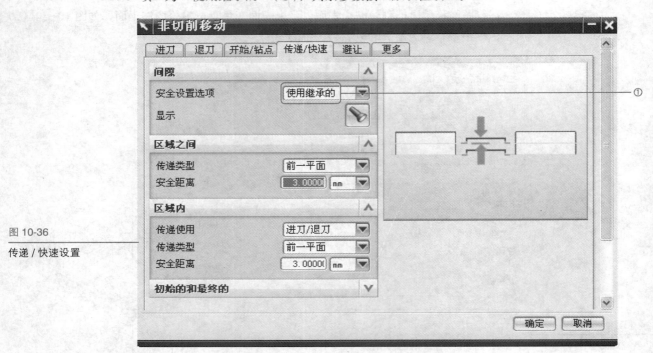

图 10-36

传递/快速设置

Step 4 设置切削参数：在等高轮廓铣操作对话框中，单击"切削参数"按钮，系统弹出"切削参数"对话框，按照图 10-37 所示进行相应参数的设置。

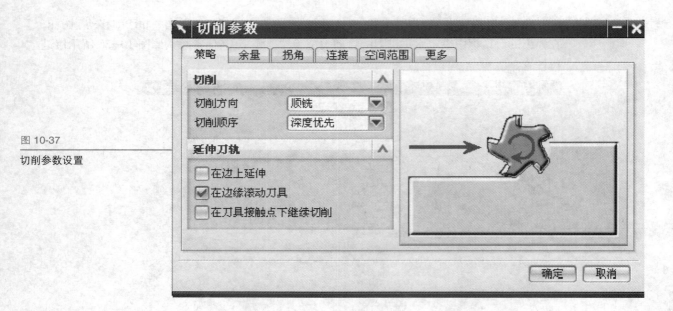

图 10-37

切削参数设置

选择"余量"选项卡进行余量和公差设置，如图 10-38 所示。选中"使用'底部面和侧壁余量一致'"复选框，部件侧面余量为 0（①）；检查余量、修剪余量为 0（②）；设定内公差和外公差为 0.03（③）。

设置完成后，单击"确定"按钮，返回等高轮廓铣操作对话框。

Step 5 设置常用参数：在如图 10-39 所示对话框进行参数确认和设置。设置陡峭空间范围为"无"，合并距离为 3，最小切削深度为 1，全局每刀深度为 0.3（①）。

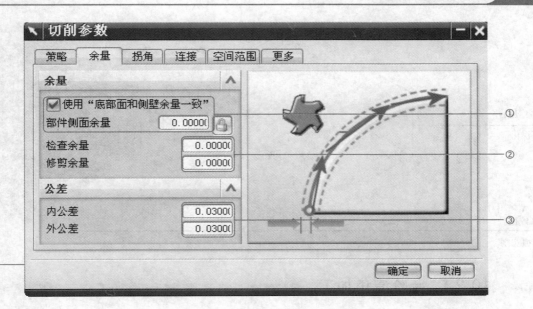

10-38

量设置

Step 6 设置进给量：在"深度加工轮廓"对话框中，单击"进给和速度"按钮（②），在弹出的对话框中进行进给和速度的设置，设置主轴转速为 2200rpm；设置进刀速度为 500；切削速度为 1200；其他参数按照默认值设置。单击"确定"按钮完成进给的设置，返回操作对话框，如图 10-40 所示。

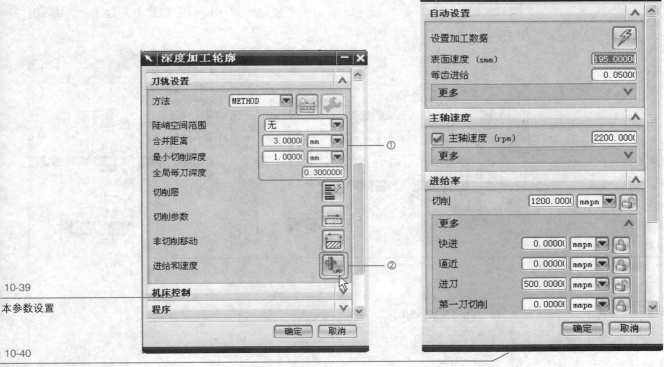

10-39

本参数设置

10-40

给和速度设置

Step 7 生成刀路轨迹：完成了所有项目的设置后，单击"生成"按钮计算生成刀路轨迹。在计算完成后，在图形区显示第一层的切削范围，如图 10-41 (a) 所示。

Step 8 动态仿真：用户可根据需要采用"3D 动态"按钮操作，对刀具运动情况进行模拟仿真，如图 10-41 (b) 所示。完成后单击"确定"按钮。

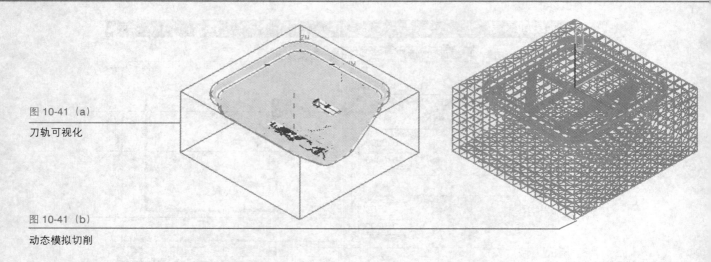

图 10-41 （a）

刀轨可视化

图 10-41 （b）

动态模拟切削

10.2.5 台阶清角加工

Step 1 复制操作：单击屏幕左边的操作导航器按钮，显示操作导航器并切换到机床视图。当前在刀具 D63R6 下有粗加工程序 CAVITY_MILL，在刀具 D25R5 下有精加工程序 ZLEVEL_PROFILE。选择刀具 D25R5 下的精加工操作 ZLEVEL_PROFILE 并右击，在弹出的快捷菜单中选择"复制"命令，如图 10-42 所示。

Step 2 粘贴操作：移动鼠标到刀具 D20R04 上并右击，在弹出的快捷菜单中选择"内部粘贴"命令，如图 10-43 所示。将复制的操作粘贴在当前刀具之下，如图 10-44 所示。

图 10-42

复制操作

图 10-43

内部粘贴操作

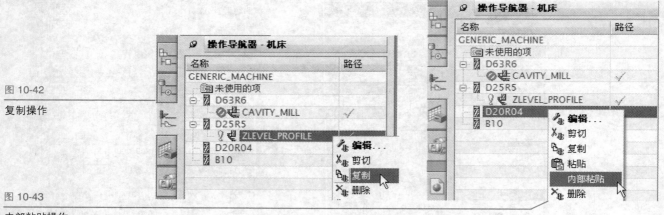

相关知识

可直接在相应操作上双击进行参数修改，也可切换至"程序顺序视图"中再进行双击修改，两种方法的效果是相同的。

图 10-44

操作导航器

Step 3 修改参数：双击操作 ZLEVEL_PROFILE_COPY，打开对话框。单击"切削层"按钮进行切削范围设置。单击⊠按钮删除范围，删除后剩余 1 个范围。单击"向上"按钮，设置"已测量从"为"顶层"，"范围深度"为"10"；再单击"向下"按钮，设置"已测量从"为"顶层"，"范围深度"为"16"。设置每一刀局部深度为 0。单击"确定"按钮确认切削层设置。

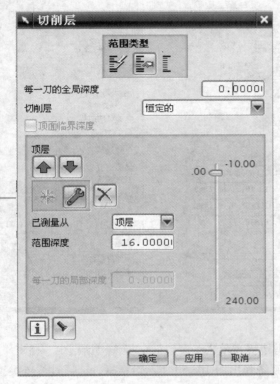

图 10-45
切削层设置

Step 4 生成刀路轨迹并检视：对话框中的其他参数按照默认值不变。单击"生成"按钮计算生成刀路轨迹。在计算完成后，在图形区显示第一层的切削范围，如图 10-46 所示。

Step 5 动态切削仿真：在刀轨可视化对话框中单击"3D 动态"按钮，并单击"播放"按钮，系统会对刀具运动过程进行动态模拟，如图 10-47 所示。

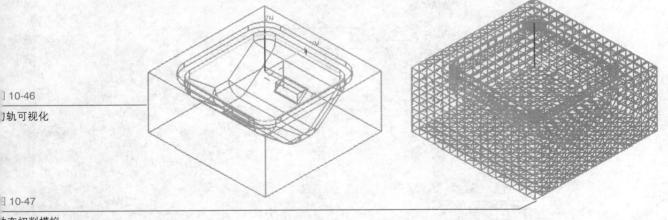

图 10-46
刀轨可视化

图 10-47
动态切削模拟

10.2.6 侧壁突起清角操作

Step 1 创建型腔铣操作：单击"创建操作"按钮，在"创建操作"对话框中设置参数，如图 10-48 所示。注意子类型选择 CAVITY_MILL，并选择正确的几何体

MILL_GEOM 和刀具 B10，单击"确定"按钮开始型腔铣操作的参数设置，弹出如图 10-49 所示的对话框。

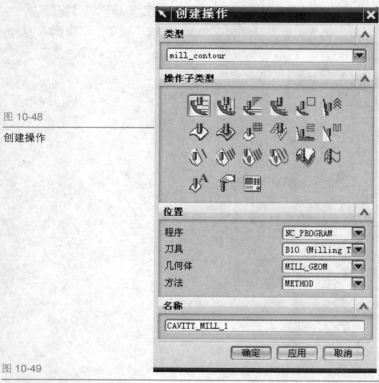

图 10-48

创建操作

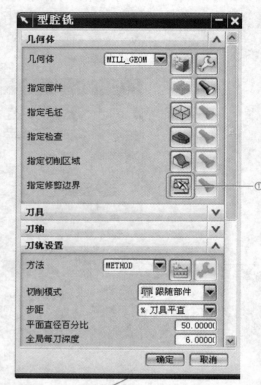

图 10-49

"型腔铣"对话框

Step 2 选择修剪边界：单击"型腔铣"操作对话框中"指定修剪边界"图标（①）进行修剪边界选择，系统弹出图 10-50 所示对话框，选择过滤器类型为"点"（②），选择修剪侧为"外部"（③）。在绘图区的空白位置右击，在弹出的快捷菜单中选择"定向视图"→"俯视图"命令（④），如图 10-51 所示。

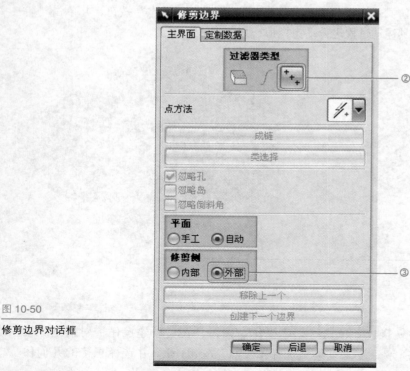

图 10-50

修剪边界对话框

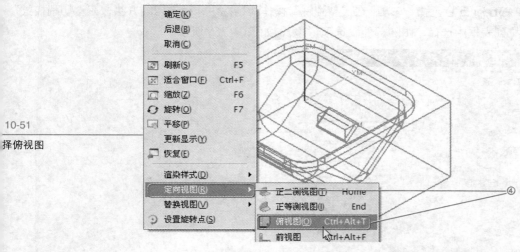

10-51

择俯视图

Step 3 选择边界：移动光标拾取突起部分与侧面的交点，作为第一点，如图 10-52 所示。再依次拾取另外三个交点，单击鼠标中键确认一个裁剪边界。返回到操作对话框，单击"显示"按钮，在图形上显示修剪边界，如图 10-53 所示。

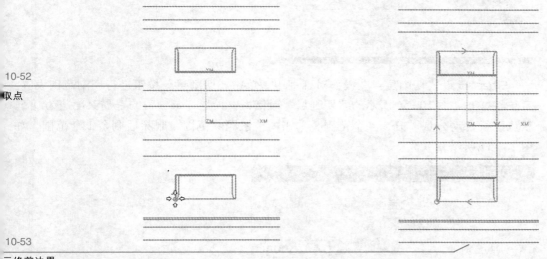

10-52

取点

10-53

示修剪边界

Step 4 编辑参数：在"型腔铣"操作对话框中，单击"编辑"按钮，系统将弹出"修剪边界"对话框，如图 10-54 所示。在"定制边界数据"选项区域中选中"余量"复选框，并输入余量值 -6。

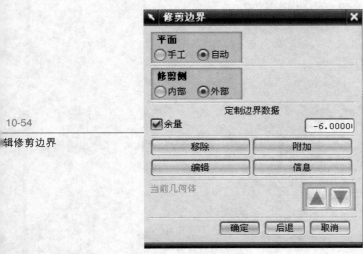

10-54

辑修剪边界

Step 5 设置操作参数：在"型腔铣"操作对话框中，设定切削方法，在"切削模式"下拉列表框中选择"跟随部件"选项（①），如图 10-55 所示。

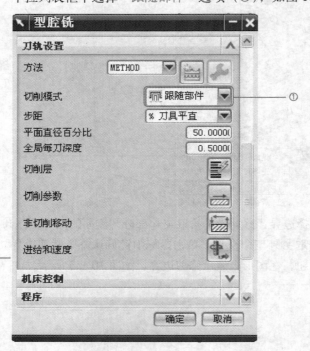

图 10-55

基本参数设置

Step 6 设置切削层：在操作对话框中，单击"切削层"按钮进行切削范围设置。系统将打开如图 10-56 所示的"切削层"对话框，设置"每一刀的全局深度"为 0.5。默认进行自动分层，分为 4 个范围。单击⊠按钮删除范围，删除后剩余 1 个范围，如图 10-57 所示。

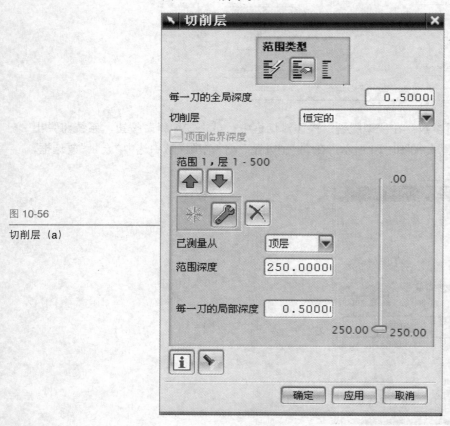

图 10-56

切削层（a）

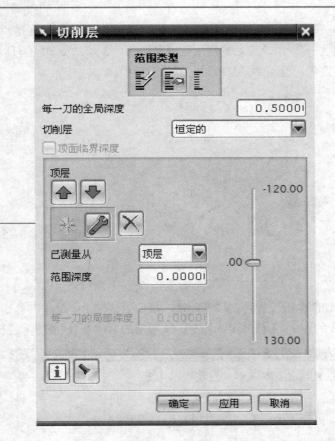

0-57
] 层（b）

　　在绘图区中按【ESC】键，将视图方向设置为正等侧轴视图。单击"向上"按钮，移动光标拾取突起的上平面角落点，如图 10-58 所示。则系统将切削范围的顶层移动到该点高度，拾取另一点如图 10-59 所示。

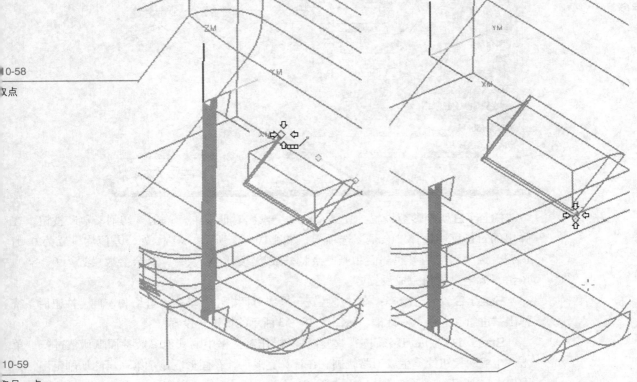

0-58
取点

10-59

取另一点

再单击"向下"按钮，移动光标拾取突起部分与侧面圆角面的角落点，则系统调整切削范围的底面到这一高度，改变后的切削范围及切削层显示如图 10-60 所示。单击"确定"按钮确认切削层设置，返回到"型腔铣"操作对话框。

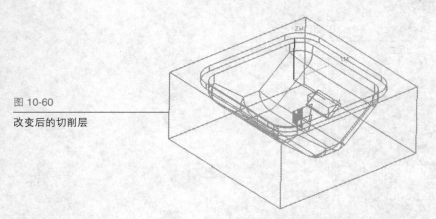

图 10-60

改变后的切削层

Step 7 非切削参数设置：在"型腔铣"操作对话框中，单击"非切削移动"按钮进行进刀/退刀方式的设定，系统弹出如图 10-61 所示的对话框。按照图示进行相关参数设置。

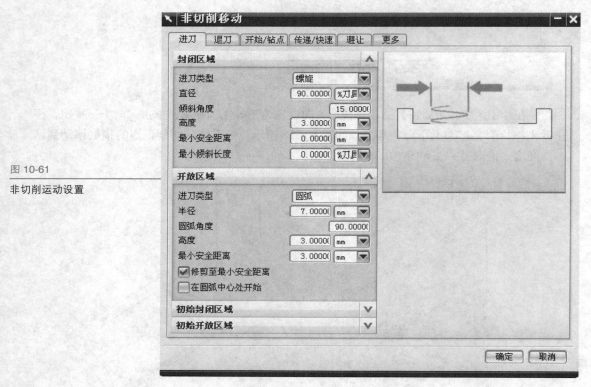

图 10-61

非切削运动设置

Step 8 切削参数设置：在"型腔铣"操作对话框中，单击"切削参数"按钮，在弹出的对话框中选择"余量"选项卡，如图 10-62 所示，将内、外公差值均设置为 0.01（③），选中"使用'底部面和侧壁余量一致'"复选框（①），其余参数设置为 0（②）。单击"确定"按钮完成设置。

Step 9 设置进给率：在"型腔铣"操作对话框中，单击"进给和速度"按钮后系统弹出"进给和速度"对话框，按照图 10-63 所示的值进行设置。

Step 10 生成刀路轨迹："型腔铣"操作对话框中的其他参数按照默认值进行。单击"生成"按钮计算生成刀路轨迹。在计算完成后，在图形区显示第一层的切削范围，如图 10-64 所示。

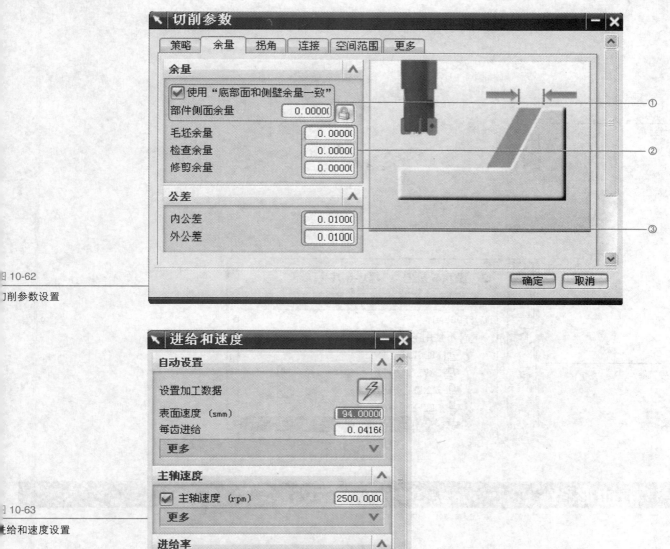

图 10-62
切削参数设置

图 10-63
进给和速度设置

图 10-64
生成刀轨

　　Step 11 检视并接受刀路轨迹：在完成上述各步骤的设定后，系统将产生清角加工的刀路轨迹，在图形区通过旋转、平移、放大视图，再单击"确认"按钮，接受刀路轨迹，如图 10-65 所示。

　　Step 12 操作导航器：完成刀路轨迹生成后，如果打开操作导航器，则出现新的刀路轨迹 CAVITY_MILL_1。以后对该刀路轨迹 的操作可以在操作导航器内进行，如图 10-66 所示。

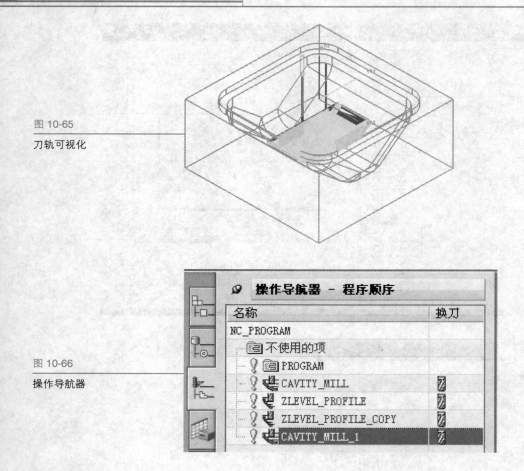

图 10-65

刀轨可视化

图 10-66

操作导航器

10.3　精通必备

本章节主要讲解了具体加工环境下型腔铣是如何进行操作和应用的，通过整个实例相信大家对型腔铣及等高轮廓铣的应用有了一个更深刻的认识。下面我们简单回顾下加工过程。

首先，型腔铣的加工特原理是刀路轨迹在同一高度内完成一层切削，遇到曲面时将绕过，下降一个高度进行下一层的切削。系统按照零件在不同深度的截面形状，计算各层的刀路轨迹。可以理解成在一个由轮廓组成的封闭容器中，由曲面或实体组成在容器中的堆积物，在容器中注入液体，在每一个高度上，液体存在的位置均为切削范围。

了解型腔铣的工作原理后就可以进行接下来的一系列创建操作。

1. 进入建工环境并进行初始化设置。

打开 UG 工作界面进入加工环境，并进行初始化 CAN 设置。在该过程中如果 CAM 设置的选择不正确也不要紧，大家可以通过后续操作中"创建操作"对话框中的"类型"下拉菜单中的相关命令来进行改正。

2. 创建几何体和适合的刀具

根据具体加工部位和实际需要，选择适合于加工的刀具类型，同时包括直径、长度、下半径、顶角等设置，如有需要还应设置刀柄参数。另外还要指定工件的具体加工位置，这部分的创建是最基础的，直接关系到后续操作能否完成。

3．设置基本参数

在创建的型腔铣对话框中设置具体的刀具运动参数，要注意型腔铣下有很多不同的操作子类型（见表 10-2），因此参数的设置也不尽相同，有一些基本参数是多种子类型共有的，而有的只存在于个别类型中，因此设定时要特别注意。

表10-2 型腔铣的子选项

图　　　标	英　　　文	中　　　文
	CAVITY_MILL	型腔铣
	CORNER_ROUGH	角落粗加工
	ZLEVEL_PROFILE	等高轮廓铣
	ZLEVEL_CORNER	角落等高轮廓铣
	PLUNGE_MILLING	插销式型腔铣

必要的参数一般包括切削方式、每一刀深度、切削参数、非切削参数、进给和速度等。而切削参数、非切削参数下又包括很多子选项，用户要根据实际情况进行一一设置，所有设置的数值均会对刀路轨迹的效果产生一定影响，若设置数值有误或不符合要求，用户可以在操作导航器下双击刚刚建立的操作，以便及时更正和修改设置的数据。

4．刀路轨迹的生成和检验

上述操作完成并确认后，就可以进行刀路轨迹的生成了，对于生成的轨迹，需要运用缩放、旋转、平移等操作对整个工件进行检验，确认刀路轨迹正确后，就可以进行刀路轨迹的接受，并进行可视化演示。

笔记栏

Chapter 11

衣架型芯加工实例

本章内容及学习地图：

　　本例加工一个西服衣架模具的型芯，使用线切割的方法切割一块方料，将上下部分分别当做型腔和型芯的毛坯，这样可以节省大量的材料。通过本例的学习，读者可以熟练应用等高铣和曲面铣的加工方法，同时巩固前面所学的基础知识。

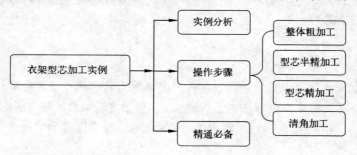

本章重点知识：

- · 父节点组的创建
- · 非规则毛皮料的加工
- · 毛坯几何体的创建
- · 型腔铣的粗加工过程
- · 等高轮廓铣开放轮廓双向加工的实现
- · 固定轴曲面轮廓铣区域加工的应用
- · 固定轴轮廓铣的清根加工应用

本章视频：

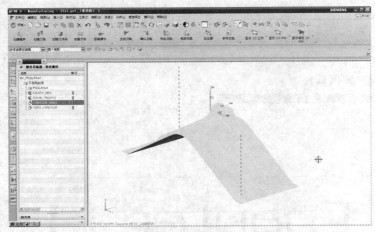

衣架型芯加工 1

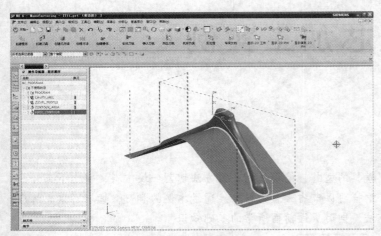

衣架型芯加工 2

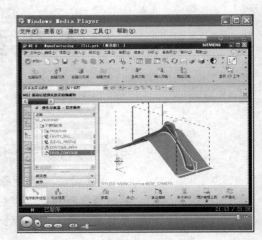

视频教学——型芯加工

本章实例：

　　本章节安排了衣架型芯的加工实例，使读者通过具体应用熟练等高轮廓铣和曲面轮廓铣的加工操作。该实例首先采用型腔铣进行粗加工，再使用等高轮廓铣进行半精加工，以固定轴曲面区域铣削平行走刀进行精加工，最后进行沿着交线的清角加工。实际效果如下：（半精加工、精加工以及清角加工的刀轨效果在此省略，请读者参照实例正文）

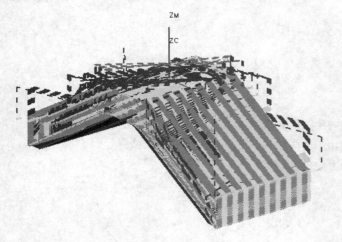

1.1 实例操作

实例分析

图 11-1 所示为要加工的西服衣架型芯，衣架的成型面是数个曲面，大体上是以平缓为主，而分型面则是一个曲面，成型部分与分型面之间是清角的，实际上该清角没有办法通过铣床直接加工到位，因此在这里要求加工到尽可能留小的余量。部件模型以 UG NX 6.0 软件完成造型，文件名为 T11.prt，模型中已经按实际毛坯形状创建了毛坯实体特征。

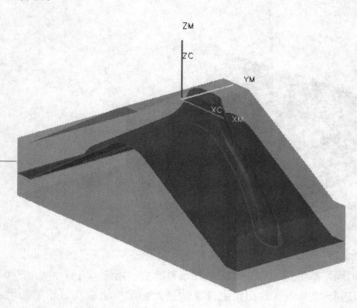

11-1
零件模型

实例难度

★★★☆

制作方法和思路

按照"粗→半精→精→清角"的一般加工顺序，首先要进行粗加工，将大部分余量切除，采用型腔铣方式进行加工，走刀方式选择平行双向走刀，粗加工时选用 D50R6 的圆鼻刀；半精加工使用 D16R4 的二刃可转位刀具进行加工；最后的精加工，部件加工采用 D10 的球头刀。采用区域铣削驱动方式的固定轴曲面轮廓铣，并使用平行走刀方式；成型部分与分型之间再使用一个直径 D6 的球头刀对这一部位进行清角加工。

◆ 工件安装：将工件固定在工艺板上，再将工艺板压紧在工作台上。
◆ 加工坐标原点：X——取模型的中心；Y——取模型的中心；Z——模型的最高点，即模具坯料的上表面。

参考教学视频

光盘目录 \ 视频教学 \ 第 11 章 衣架型芯加工 .avi

实例文件

原始文件：光盘目录 \prt\T11.prt

最终文件：光盘目录 \SHILI\T11.prt

11.2 操作步骤

11.2.1 工件的整体粗加工

Step 1 打开模型文件并检视零件：打开 UG，单击"打开文件"按钮，打开零件模型 SHILI\T11.prt，如图 11-2 所示。在视图中通过动态旋转、缩放、平移的方法从不同角度对模型进行检视，确定模型没有明显的错误，并确认工作坐标的坐标原点在模型最高平面，且在中心位置。

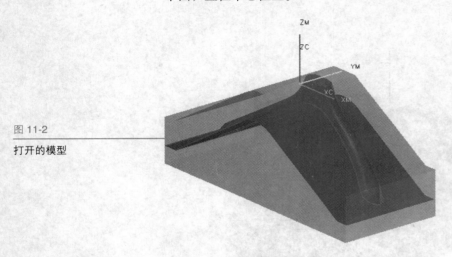

图 11-2

打开的模型

Step 2 进入加工模块：选择"开始"→"加工"命令（①），进入加工模块，如图 11-3 所示，系统弹出如图 11-4 所示对话框。指定 CAM 为 mill_contour(②)。单击"确定"按钮进行加工环境的初始化设置，进入加工模块后将显示工具栏。

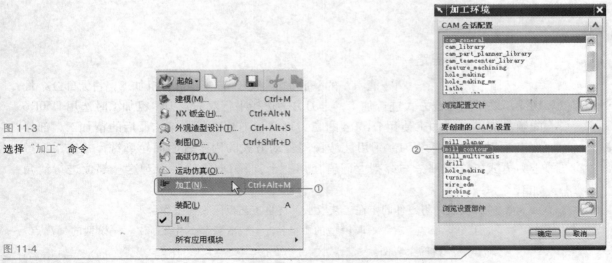

图 11-3

选择"加工"命令

图 11-4

加工环境设置

Step 3 设置安全平面并创建刀具：单击"创建操作"按钮，弹出如图 11-5 所示对话框。在"类型"下拉列表中选择 mill_contour；子类型选择第 1 行第 1 个图形，设定为型腔铣加工；使用几何体为 MCS_MILL；设置方法为 METHOD；设置名称为 CAVITY_MILL；刀具为 NONE；其他参数取默认值。确认选项后单击"确定"按钮开始型腔铣操作的参数设置。

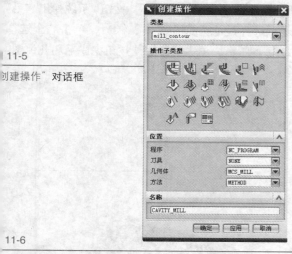

11-5

创建操作" 对话框

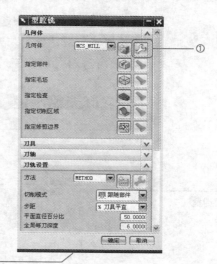

11-6

型腔铣" 对话框

在图 11-6 所示对话框中单击"编辑几何体"按钮（①），系统弹出如图 11-7 所示对话框，在"安全设置选项"下拉列表框中选择"平面"选项（②），单击"选择平面"按钮（③），系统将弹出如图 11-8 所示对话框，设置偏置值为 25，既安全平面相对于 XC-YC 平面的距离为 25。单击"确定"按钮完成编辑几何体的设置。

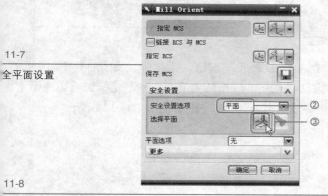

11-7

全平面设置

11-8

面构造器" 对话框

Step 4 创建刀具：单击"创建刀具"按钮，系统弹出"创建刀具"对话框，如图 11-9 所示进行参数设置，单击"确定"按钮进入铣刀建立对话框，如图 11-10 所示。设定直径 D 为 50；底圆角半径为 5，单击"确定"按钮，结束铣刀 D50R5 的创建。

11-9

建刀具

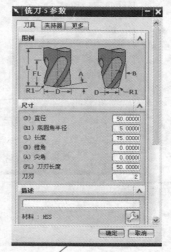

11-10

具参数

Step 5 几何体的选择：（1）选择毛坯几何体。单击"指定毛坯"按钮，系统弹出"毛坯几何体"对话框，如图 11-11 （a） 所示。选择过滤方式为"体"（①），单击"全选"按钮拾取毛坯形状实体（②），如图 11-11 （b） 所示。单击"确定"按钮完成毛坯几何图形的定义。

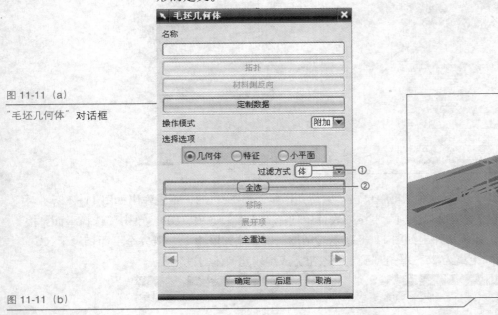

图 11-11 （a）

"毛坯几何体" 对话框

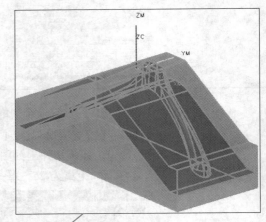

图 11-11 （b）

指定毛坯几何体

（2）选择裁剪几何体：单击"指定修剪边界"按钮，系统弹出如图 11-12 所示的对话框。在绘图区通过动态旋转的方法将毛坯的底面转到前面，移动光标到毛坯底面上。单击拾取该平面。单击"确定"按钮完成裁剪几何体的选择，如图 11-13 所示。

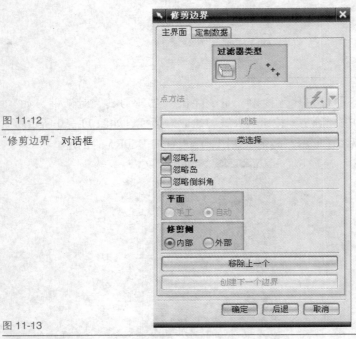

图 11-12

"修剪边界" 对话框

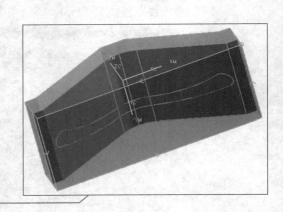

图 11-13

拾取修剪边界

（3）隐藏毛坯实体：在工具栏上单击"隐藏"按钮，弹出"类选择"对话框，如图 11-14（a）所示，单击拾取毛坯形状实体，如图 11-14（b）所示。

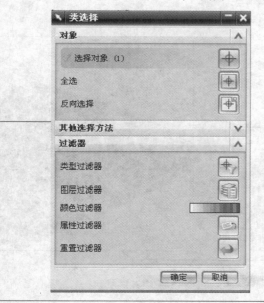

11-14（a）
类选择"对话框

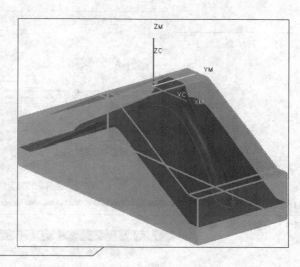

11-14（b）
取毛坯形状实体

单击"确定"按钮，隐藏后的图形效果如图 11-15 所示，只保留部件曲面模型。

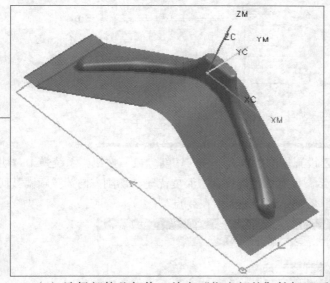

11-15
藏后图形

（4）选择部件几何体：单击"指定部件"按钮，系统打开"部件几何体"对话框，如图 11-16(a)。将过滤方式设置为"体"（①），单击"全选"按钮选择所有的实体几何曲面（②），选择的工件几何体如图 11-16（b）所示。单击"确定"按钮完成部件几何图形的选择。

Step 6 设定进刀／退刀：在"型腔铣"操作对话框中单击"非切削运动"按钮，系统弹出如图 11-17 所示的对话框。

设定水平进刀的自动类型为"线性"（①）；按照图 11-17 所示值进行设置（②）。单击"确认"按钮确认完成设置，返回到"型腔铣"操作对话框。

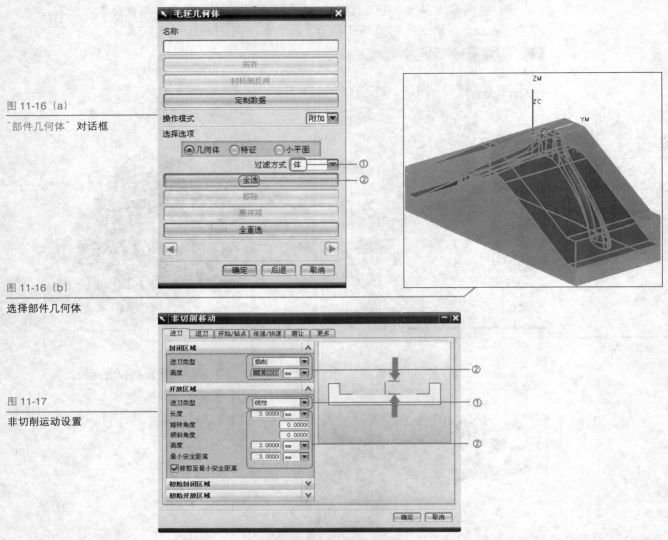

图 11-16（a）

"部件几何体"对话框

图 11-16（b）

选择部件几何体

图 11-17

非切削运动设置

Step 7 设置切削参数：单击"切削参数"按钮，系统弹出"切削参数"对话框，如图 11-18 所示。设置切削顺序为"深度优先"，切削方向为"顺铣"，切削角为"用户定义"，度数为"90"（①）；壁清理为"在终点"（②）。

图 11-18

切削参数设置

在"切削参数"对话框中选择"余量"选项卡，进行余量和公差设置，按照如图11-19所示进行参数设置。

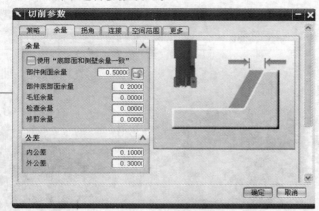

11-19
量设置

单击"确定"按钮完成切削参数的设置，返回"型腔铣"操作对话框。

Step 8 设置常用参数：在"型腔铣"操作对话框中，按照图11-20所示进行参数确认或设置（①）。

Step 9 设置进给量：单击"进给和速度"按钮（②），进行进给和速度的设置。设置主轴转速为1000rpm，设置进刀速度为600，切削速度为1200，单击"确定"按钮完成进给设置，如图11-21所示。

1-20

腔铣"对话框

1-21

给和速度设置

Step 10 生成刀路轨迹并检视：完成了型腔铣操作对话框中所有项目的设置后，单击"生成"按钮计算生成刀路轨迹。在计算完成后，在图形区显示切削范围，如图11-22所示。

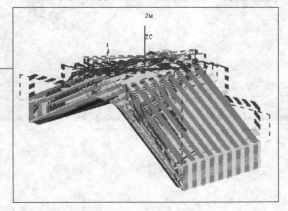

11-22

戌刀轨

在图形区通过旋转、平移、放大视图，可以从不同角度对刀路轨迹进行查看，以判断其路径是否合理，再单击"确认"按钮，接受生成的刀路路径，如图 11-23 所示。

Step 11 动态模拟：单击"3D 动态"按钮，系统会对刀具切削的全过程进行仿真模拟，效果如图 11-24 所示。

图 11-23

刀轨可视化

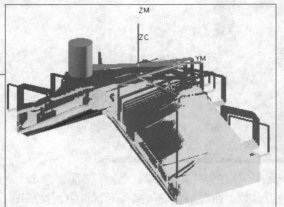

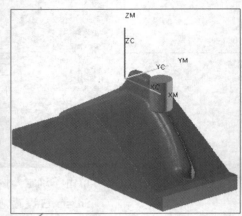

图 11-24

动态切削模拟

■— 11.2.2 衣架型芯半精加工 —■

接续前面的 CAVITY_MILL，当前工作的模型部件文件为 T11.prt.，开始进行半精加工刀路轨迹的建立。

Step 1 创建等高轮廓铣操作：单击"创建操作"按钮，在"创建操作"对话框中设置参数，创建操作 ZLEVEL_PROFILE，如图 11-25 所示。注意子类型选择 ZLEVEL_PROFILE。确认选项后，单击"确定"按钮进入"深度加工轮廓"对话框，如图 11-26。

图 11-25

创建操作

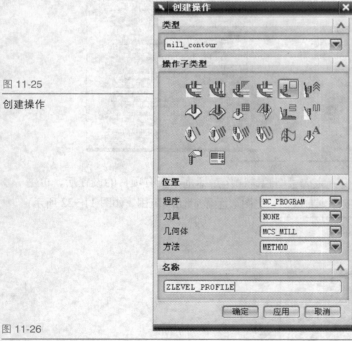

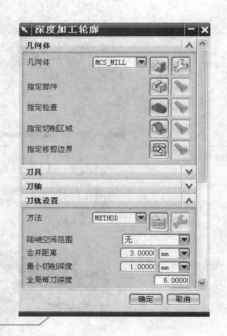

图 11-26

"深度加工轮廓"对话框

Step 2 创建刀具：单击"创建刀具"按钮，系统弹出"创建刀具"对话框，如图 11-27 所示。在刀具类型中选择 mill_contour（①），子类型选择平底铣刀（②）；将刀具名称设为 D16R4（③），单击"确定"按钮进入铣刀建立对话框，如图 11-28 所示，进行刀具参数的设置，设定直径 D 为 16；底圆角半径为 4；其余选项则依照默认值设定。

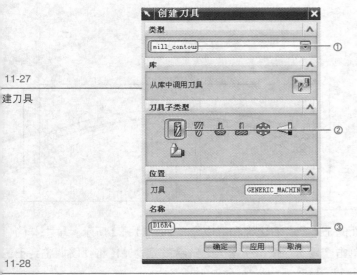

11-27 建刀具

11-28 具参数设置

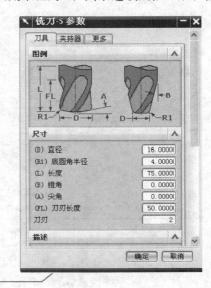

Step 3 选择几何体：（1）选择工件几何体。单击等高轮廓铣操作对话框中的"指定部件"图标，系统打开"部件几何体"对话框，如图 11-29 所示。将过滤方式设置为"体"（①），单击"全选"按钮选择所有的实体和曲面（②），如图 11-30 所示，单击"确定"按钮完成部件几何体的选择。

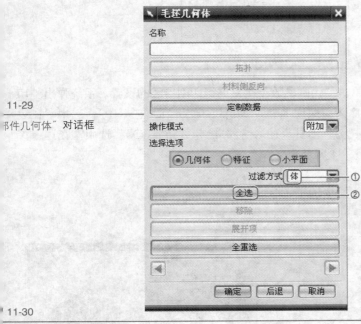

11-29 部件几何体"对话框

11-30 择部件几何体

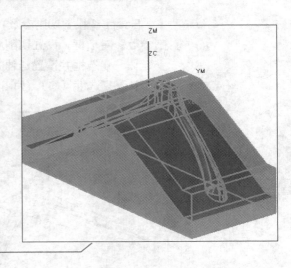

（2）选择裁剪几何体：单击"指定修剪边界"按钮，系统弹出"修剪边界"对话框，如图 11-31（a）所示。选择过滤器类型为"曲线边界"（①），设置平面为"自动"（②），设置修剪侧为"外部"（③）。将视窗调整为俯视图，移动光标拾取左边分型面的垂直边，如图 11-31（b）所示。

相关知识

在绘图区域单击鼠标右键，选择"定向视图"→"俯视图"可进行视图的快速切换。结束此视图模式时仍即可采用该方法进行转换，或利用快捷键【Ctrl+Z】结束操作。

图 11-31（a）

修剪边界对话框

图 11-31（b）

选择边界

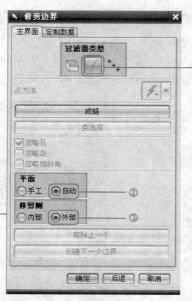

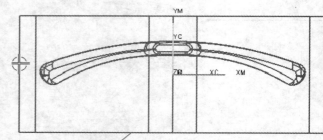

再依次拾取右边水平分型面的上边缘、右边缘和下边缘，如图 11-32 所示。单击"确定"按钮，返回操作对话框，单击"显示"按钮在图形上显示裁剪边界，将视图调整到正等侧视图，显示的裁剪边界如图 11-33 所示。

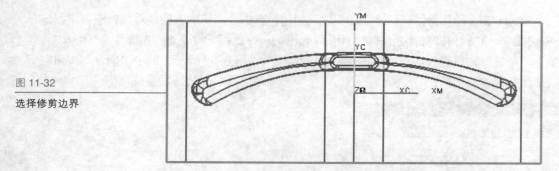

图 11-32

选择修剪边界

Step 4 设置切削参数：单击"切削参数"按钮进行切削参数的设置。系统弹出"切削参数"对话框，设置切削顺序为"深度优先"，切削方向为"混合"（①）；选中"在边上延伸"复选框并设置延伸方式为"刀具直径"，百分比为"55"（②）；选中"在边缘滚动刀具"复选框（③），如图 11-34 所示。

图 11-33

显示裁剪边界

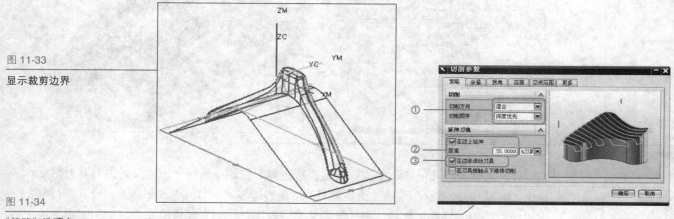

图 11-34

"策略"选项卡

选择"余量"选项卡进行余量和公差设置，如图 11-35 所示。

单击"确定"按钮完成切削参数的设置，返回"型腔铣"操作对话框。

Step 5 设置常用参数：在"深度加工轮廓"对话框中，按照图 11-36 所示进行参数确认或设置（①），设置陡峭空间范围为"无"；设置合并距离为 3；设置最小切削深度为 1；设置全局每刀深度为 6。

Step 6 设置进给量：在"深度加工轮廓"对话框中，单击"进给和速度"按钮（②），系统弹出如图 11-37 所示对话框，按照图示参数进行进给和速度的设置。

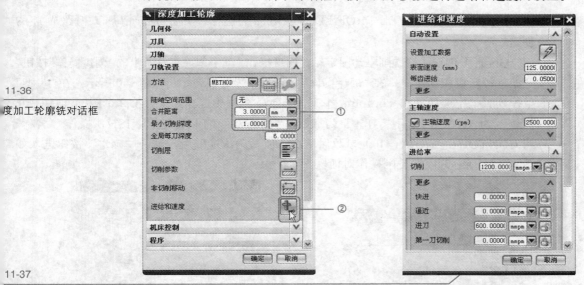

Step 7 生成刀路迹并检视：完成了"深度加工轮廓"对话框中所有项目的设置后，单击"生成"按钮计算生成刀路轨迹，如图 11-38 所示。

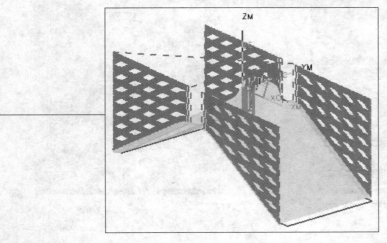

Step 8 切削仿真：当确认生成的刀路轨迹正确合理后，还可单击"3D 动态"按钮，模具整个被切削过程可以进行动态演示，效果如图 11-39 所示。

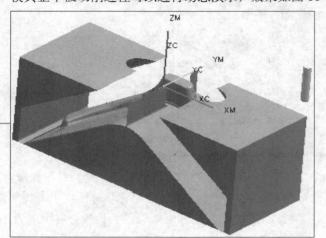

图 11-39

动态仿真

11.2.3 衣架型芯精加工

接续前面的 ZLEVEL_PROFILE 的半精加工操作，开始进行精加工刀路轨迹的创建。

Step 1 创建区域铣削驱动固定轴曲面铣操作。单击创建工具条上的"创建操作"按钮，开始进行新操作的建立。在"创建操作"对话框中设置参数，如图 11-40 所示。在"类型"下拉列表框中选择 mill_contour；"操作子类型"列表中选择第 2 行第 2 个图标，使用"几何体"为 MCS_MILL；"刀具"为 NONE；"方法"为 MILL_FINISH；操作"名称"为 CONTOUR_AREA；其他参数保持默认值。确认选项后，单击"确定"按钮进入如图 11-41 所示的区域铣削操作对话框。

图 11-40

"创建操作"对话框

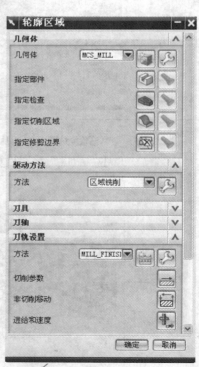

图 11-41

"轮廓区域"铣削对话框 1

Step 2 选择刀具：单击"创建刀具"按钮，系统弹出"创建刀具"对话框，如图 11-42 所示。按照如图 11-42、图 11-43 所示在对话框中进行设置。

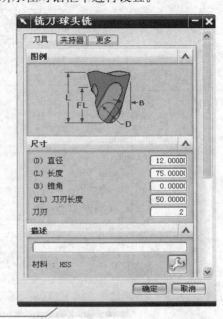

图 11-42

创建刀具

图 11-43

刀具参数设置

Step 3 选择几何体：(1) 选择部件几何体。单击操作对话框中的"指定部件"图标，系统会弹出"部件几何体"对话框，如图 11-44 所示。将对话框中的"过滤方式"设置为"体"（①），单击"全选"按钮将选择所有的实体和曲面（②），如图 11-45 所示。

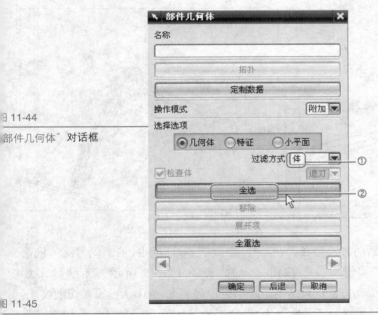

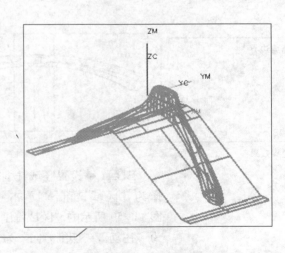

图 11-44

"部件几何体"对话框

图 11-45

选择部件几何体

(2) 选择裁剪几何体：单击"轮廓区域"对话框中的"指定修剪边界"按钮，系统弹出"修剪边界"对话框，如图 11-46 (a) 所示。选择"过滤器类型"为"曲线边界"（①），设置"平面"为"自动"（②），选择"修剪侧"为"外部"（③）。将视窗调整为俯视图，移动光标拾取左边分型面的垂直边，如图 11-46 (b) 所示。

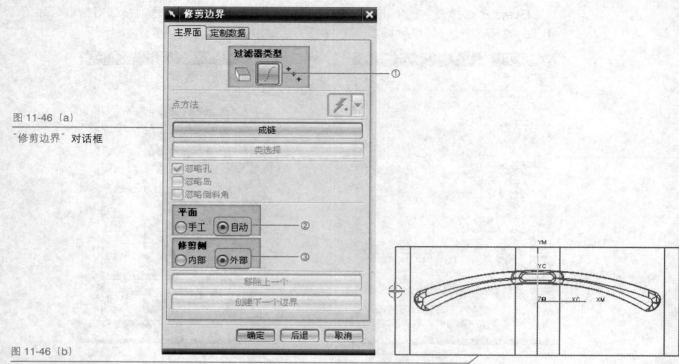

图 11-46（a）
"修剪边界" 对话框

图 11-46（b）
选择边界

依次拾取右边水平分型面的上边缘、右边缘和下边缘，如图 11-47 所示。单击 "确定" 按钮完成裁剪边界。返回 "轮廓区域" 对话框，单击 "显示" 按钮在图形上显示裁剪边界，将视图调整到正等侧视图，显示的裁剪边界如图 11-48 所示。

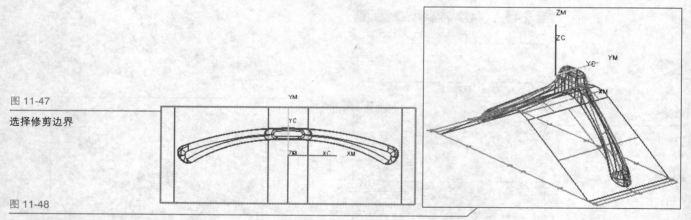

图 11-47
选择修剪边界

图 11-48
修剪边界效果

Step 4 设置区域铣削驱动方式参数：在 "轮廓区域" 对话框中，"驱动方法" 已选择为 "区域铣削"，单击 "编辑参数" 按钮（①），如图 11-49 所示，系统弹出如图 11-50 所示的 "区域铣削驱动方法" 对话框。陡峭包含为 "无"（①）；设置 "切削模式" 为 "往复"，"切削方向" 为 "顺铣"，"步距" 为 "恒定"，"距离" 为 0.5（②）；设置 "步距已应用" 为 "在部件上"，"切削角" 为 "用户定义"（④），角度为 45（④），单击 "确定" 按钮返回到 "轮廓区域" 对话框。

图 11-49
轮廓区域"铣削对话框 2

图 11-50
区域铣削驱动方法"对话框

Step 5 设置切削参数：单击"切削参数"按钮，系统会弹出"切削参数"对话框，如图 11-51 所示，设置"切削方向"为"顺铣"，"切削角"为"用户定义"，角度值为 45（①）；选中"在边缘滚动刀具"复选框（②）。

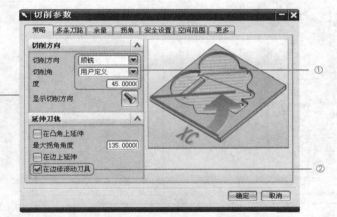

图 11-51
切削参数"对话框的设置

在"余量"选项卡中进行余量和公差设置，如图 11-52 所示。设置"部件余量"为 0.1；"检查余量"和"边界余量"为 0（①）；设置"公差"均为 0.03（②）。其余选项卡中的选项保持默认值。

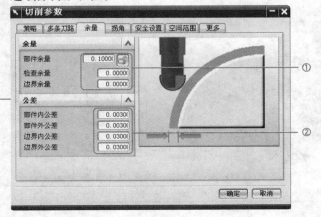

图 11-52
余量设置

单击"确定"按钮完成切削参数的设置，返回型腔铣"轮廓区域"操作对话框。

Step 6 设置非切削运动参数：在"轮廓区域"对话框中单击"非切削运动"按钮，在弹出的对话框中进行进刀和退刀的设置。设置如图 11-53 所示的"进刀"选项卡中选项的值。

图 11-53

"非切削运动"对话框的设置

Step 7 设置进给量：在"轮廓区域"对话框中单击"进给和速度"按钮，在弹出的对话框中进行进给和速度的设置。设置"主轴速度"为 2500rpm；设置"进刀速度"为 300；设置"切削速度"为 800；其他参数保持默认值。单击"确定"按钮完成进给的设置。

Step 8 生成刀路轨迹：完成了所有设置后，单击"生成"按钮计算生成刀路轨迹。在计算完成后，在图形区显示第一层的切削范围，如图 11-55 所示。

图 11-54

"进给和速度"对话框的设置

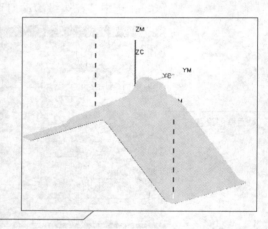

图 11-55

生成刀轨

Step 9 动态模拟：当确认生成的刀路轨迹正确合理后，单击"3D 动态"按钮，可对刀具运动过程进行切削仿真演示，如图 11-56 所示。此时，若打开操作导航器，则出现新的 CONTOUR_AREA 刀路轨迹。以后对该刀路轨迹的操作可以在操作导航器内进行，如图 11-57 所示。

图 11-56

刀轨可视化

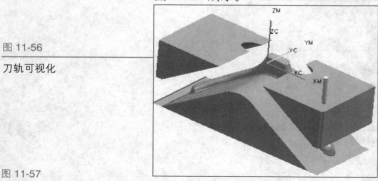

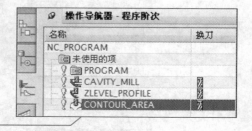

图 11-57

操作导航器

11.2.4 清角加工

接续前面的区域铣削精加工操作，当前工作的模型文件为 T11.prt；当前工作模块为加工模块，开始进行清角精加工刀路轨迹的建立。

Step 1 创建固定轴曲面轮廓铣操作：单击创建工具条上的"创建操作"按钮，系统将弹出"创建操作"对话框，如图 11-58 所示进行参数的设置。注意，操作子类型选择固定轴曲面轮廓铣，并选择正确的几何体 MCS_MILL 和刀具 NONE，操作名称为 FIXED_CONTOUR。确认选项后，单击"确定"按钮开始 FIXED_CONTOUR 操作参数的设置，如图 11-59 所示。

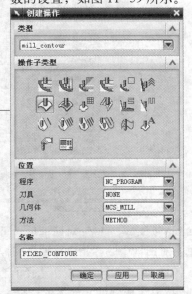

图 11-58
创建操作

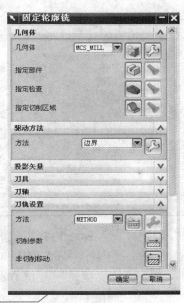

图 11-59
"固定轮廓铣"对话框

Step 2 创建刀具并设置参数：单击创建工具条上的"创建刀具"按钮，系统将弹出"创建刀具"对话框，如图 11-60 所示，在刀具"类型"中选择 mill_contour（①），"刀具子类型"选择球头铣刀（②）；将刀具"名称"设为 B6（③），单击"确定"按钮进入铣刀建立对话框，如图 11-61 所示。在对话框中设置"直径"D 为 6；其余选项则保持默认值。在设置完毕后，单击"确定"按钮，以结束铣刀 B6 的创建。

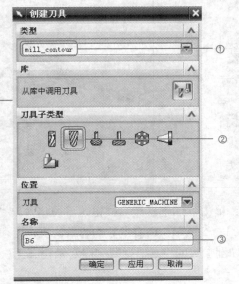

图 11-60
创建刀具

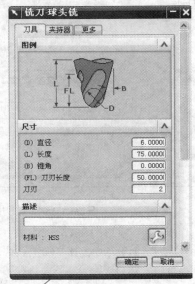

图 11-61
刀具参数设置

Step 3 设置清根驱动方式：在"固定轮廓铣"对话框中的"驱动方法"下拉列表框中选择"清根"选项，如图 11-62 所示，弹出如图 11-63 所示的"清根驱动方法"对话框。按照如图所示的数值进行设置，单击"确定"按钮，返回"固定轴轮廓铣"对话框中。

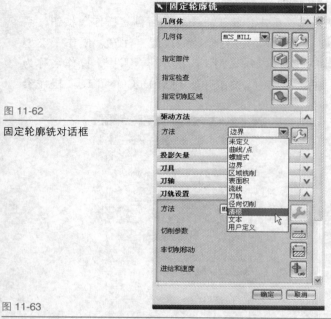

图 11-62

固定轮廓铣对话框

图 11-63

清根驱动方式

Step 4 选择加工几何体：返回到"固定轮廓铣"对话框后，可以看到在几何体部分新增了毛坯几何体和裁剪几何体。单击对话框中的"指定部件"图标，弹出"部件几何体"对话框，将"过滤方式"设置为"体"（①），单击"全选"按钮选择所有的实体和曲面（②），如图 11-64 (a) 所示，单击"确定"按钮完成部件几何体的选择。选择部件几何体效果如图 11-64 (b)。

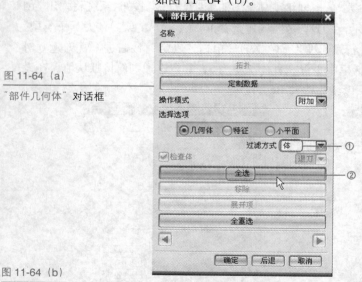

图 11-64 (a)

"部件几何体" 对话框

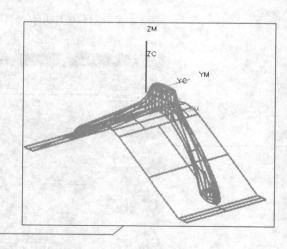

图 11-64 (b)

选择的部件几何体

Step 5 设置切削参数：单击"切削参数"按钮，系统将弹出"切削参数"对话框。选择"余量"选项卡，如图 11-65 所示，所有参数均为默认值，无须改变。

单击"确定"按钮完成切削参数的设置，返回"固定轴轮廓铣"对话框。

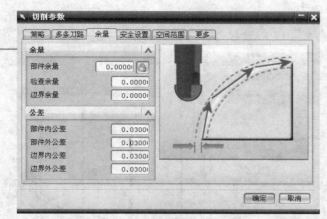

Step 6 设置非切削运动参数：在"固定轴轮廓铣"对话框中单击"非切削运动"按钮，在弹出的如图 11-66 所示的"非切削运动"对话框中对各选项的值进行设置。

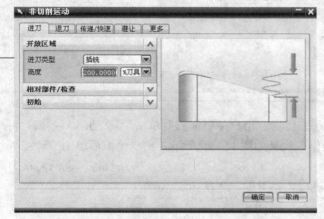

Step 7 设置进给量：单击"进给和速度"按钮，在弹出的如图 11-67 所示的对话框中进行进给和速度的设置。设置"主轴速度"为 4000rpm；设定非切削单位为 mmpm；设置切削单位为 mmpm；设置"进刀速度"为 300，"切削速度"为 500，单击"确定"按钮完成进给的设置。

Step 8 生成刀路轨迹并检视：完成所有参数设置后，单击"生成"按钮计算生成刀路轨迹，在图形区显示第一层的切削范围，如图 11-68 所示。

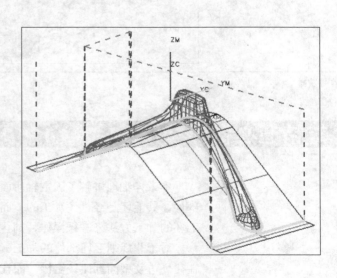

通过平移、放大视图等操作观察产生的刀路轨迹，在图 11-69（a）的"刀轨可视化"对话框中进行设置，单击"确定"按钮，接受刀轨，如图 11-69（b）所示。

图 11-69（a）

"刀轨可视化"对话框

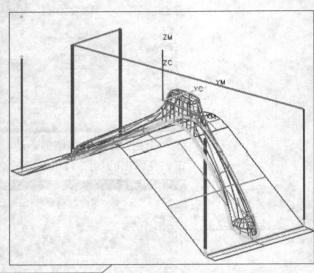

图 11-69（b）

接受刀路轨迹

Step 9 动态仿真：用户可根据需要单击"3D 动态"按钮，再单击"播放"按钮进行动态仿真操作，效果如图 11-70 所示。完成模拟后单击"确定"按钮，此时若打开操作导航器，则出现新的 FIXED_CONTOUR 刀路轨迹。以后对该刀路轨迹的操作可以在操作导航器内进行，如图 11-71 所示。

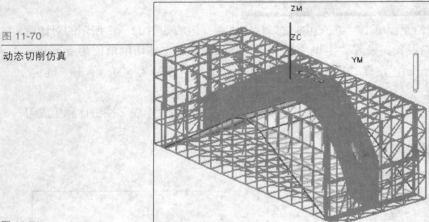

图 11-70

动态切削仿真

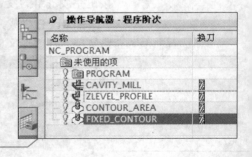

图 11-71

操作导航器

11.3 精通必备

本章详细地讲解了固定轴曲面轮廓铣的一个加工实例，通过本例可以知道整个加工的部件，其毛坯是经过预加工的，而非规则的毛坯。这种毛坯工件进行加工时，若采用规则毛坯的加工方法来进行操作，则会产生很多空刀。因此，要按实际的毛坯进行优化。

对于非规则毛坯部件的加工，要特别注意的一点是坐标原点的选择，由于非规则毛坯往往周边及型面都比较粗糙，而且制造误差可能也相对较大，所以难以完全设置准确的坐标原点位置。如果坐标系设置的偏差太大，在加工时可能造成一侧加工余量很多，而另一侧加工不到的现象。因此，在设置坐标系后，可能需要编制一个试切程序进行试切，以确定坐标原点位置。

固定轴曲面轮廓铣的加工过程和平面铣、型腔铣相比的不同之处是，它需要指定适合的驱动方式。操作步骤大致如下：

（1）创建操作。

（2）建立刀具并设置刀具参数。

（3）选择加工几何体（包括工件几何体、剪裁几何体）。

（4）设置安全平面。

（5）设置必要参数。

（6）选择合适的驱动方式。

固定轴轮廓铣中又包含有许多子类型，每一个子类型中都有默认的驱动方式，如表 11-2 所示。

表11-2　固定轴曲面轮廓铣的子选项

图标	英　　文	中文含义	说　　明
	FIXED_CONTOUR	固定轴曲面轮廓铣	标准固定轴曲面轮廓铣，可以选择各种驱动方式
	CONTOUR_AREA	区域轮廓铣	默认为区域驱动方式的固定轴铣
	CONTOUR_AREA_NON_STEEP	非陡峭区域轮廓铣	默认为非陡峭约束，角度为65°的区域轮廓铣
	CONTOUR_AREA_STEEP	陡峭区域轮廓铣	默认为陡峭约束，角度为65°的区域轮廓铣
	CONTOUR_SURFACE_AREA	曲面区域轮廓铣	默认为曲面区域驱动方式的固定轴铣
	FLOWCUT_SINGLE	单路径清根铣	清根驱动方法中选单路径
	FLOWCUT_MULTIPLE	多路径清根铣	清根驱动方法中选多路径
	FLOWCUT_REF_TOOL	参考刀具清根铣	清根驱动方法中选参考刀具
	FLOWCUT_SMOOTH	光顺清根铣	清根驱动方法

它通常用于执行精加工程序，通过不同驱动方式的设置，可以获得不同的刀轨形式，相当于其他 CAM 软件的沿面切削、外形投影、口袋投影、沿面投影及清角等操作。用户需要根据实际情况和设计要求进行不同的选择，以达到最终要求。

笔记栏

Chapter 12

花形凸模加工实例

本章内容及学习地图：

　　本例加工一个比较典型的直臂凸模零件，本加工实例中，使用了多种常用的 2.5 轴的加工方法，包括平面铣、平面轮廓铣、钻孔等加工方式。通过该实例使读者熟悉 UG NX 加工模块中平面铣这一加工方式的应用以及点位加工的应用。

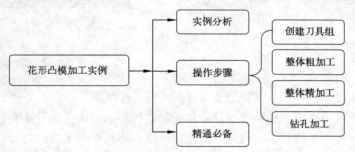

本章重点知识：

- 父节点组的创建
- 平面铣加工几何体的类型与选择
- 不同平面内多个边界的平面铣加工
- 操作导航器的应用
- 点位加工的操作步骤和操作要点
- 点位加工的点选择
- 点位加工的参数设置

本章视频：

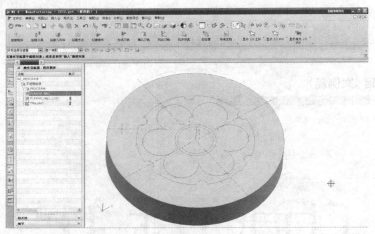

花型凸模加工 1

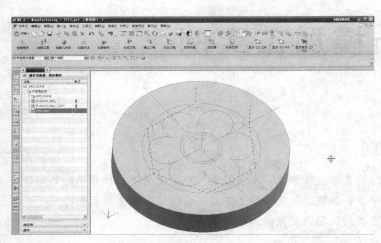

花型凸模加工 2

视频教学——花型凸模加工

本章实例：

　　本章节安排了花形凸模加工的实例，主要运用平面铣对整体进行粗加工，而后对带有凹槽的凸模的外形及花形槽的外形进行精加工，最后运用普通钻孔对凹槽圆心处通孔进行加工。该实例是平面铣加工和点位加工的综合实例，目的是使读者对各类型加工的结合运用达到熟练。刀轨轨迹效果如下图（此处只列出粗加工与精加工的效果，钻孔加工效果见正文）所示。

2.1 实例操作

实例分析

　　该实例中的花形凸模，其凸出部位为一个 ϕ200mm 的大圆形带有 6 个 R10mm 的凹槽，凹槽的圆心处有 ϕ8mm 的通孔。圆形内有六角形如花瓣的凹槽，凹槽内在中心孔附近有一个小台阶。此工件毛坯为 ϕ300mm 的圆饼，外形精准，材料为 45# 钢。工件以底面固定安装在机床上。

实例难度

★★★★

制作方法和思路

　　零件加工按照粗加工→精加工→钻孔加工的顺序进行。先用 D20mm 的硬质合金铣刀进行粗加工，再用 D12mm 的硬质合金平底刀，使用沿着轮廓加工的平面铣方式进行精加工，最后使用 D8mm 的钻头在每个圆弧形凹槽的圆心处加工一个通孔。为方便进行对刀，将工件坐标系设置在顶平面的中心，即 X、Y 的坐标原点位置在圆的圆心点位置，而 Z 坐标原点在顶平面上。

参考教学视频

　　光盘目录 \ 视频教学 \ 第 12 章 平面腔体模具铣加工 .avi

实例文件

　　原始文件：光盘目录 \prt\T12.prt
　　最终文件：光盘目录 \SHILI\T12.prt

2.2 操作步骤

12.2.1 加工前准备操作

　　Step 1 打开并检视模型：打开 UG NX，单击"打开文件"图标，在弹出的文件列表中选择正确的路径和文件名，打开零件模型 SHILI\T12.prt，如图 12-1 所示。
　　Step 2 隐藏中心线：单击工具条上的 按钮，将图形以正等侧视图的方向进行显示，确认工作坐标系原点在圆心位置上，并且所有图形均在 Z=0 的水平面上。按【Ctrl+B】组合键，打开"隐藏"对话框，选择图形中的中心线，隐藏后效果如图 12-2 所示。

12-1

件模型

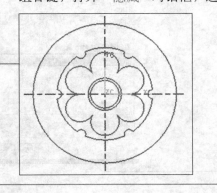

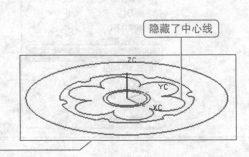

隐藏了中心线

12-2

藏中心线

Step 3 创建毛坯图形. 单击成型特征工具条上的"拉伸工具"按钮，系统将弹出"拉伸"对话框，移动光标到图形的大圆上，此时光标将改变显示形状，如图 12-3 所示，并提示选择的对象为弧，单击拾取该圆为拉伸截面。

在"拉伸"对话框中设置拉伸参数，如图 12-4 所示。设置起始值为 0，结束值为 50，单击"反向"按钮（①），使实体的拉伸方向向下，如图 12-5 所示。预览正确后，单击"确定"按钮生成一个拉伸实体，如图 12-6 所示。

图 12-3

"拉伸"对话框

图 12-4

选择拉伸对象

图 12-5

"拉伸"对话框

图 12-6

拉伸实体

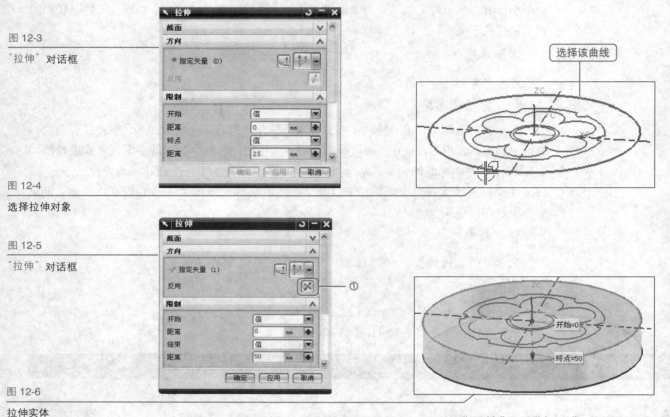

Step 4 进入加工环境并初始化设置：选择"开始"→"加工"命令（①），如图 12-7 所示，系统弹出"加工环境"对话框，如图 12-8 所示，指定 CAM 设置为 mill_planar（②），单击"确定"按钮进行加工环境的初始化设置。

图 12-7

选择"加工"命令

图 12-8

指定 CAM 设置

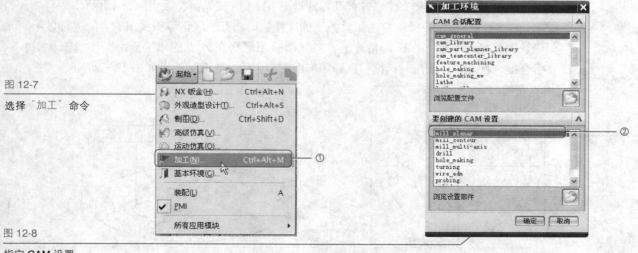

Step 5 创建刀具并设置参数：（1）创建新刀具 D20。单击"创建刀具"图标，系统弹出"创建刀具"对话框，如图 12-9 所示，子类型选择铣刀（①）；在刀具名称文本框中输入 D20（②），单击"确定"按钮进入铣刀建立对话框。如图 12-10 所示设定直径 D 为 20；底圆角半径为 0；其余选项依照默认值设定。在设定完毕后，单击"确定"按钮结束铣刀 D20 的创建。

12-9
建刀具

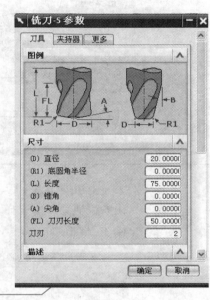

12-10
具参数设置

（2）创建刀具 D12：再次单击"创建刀具"图标，在"创建刀具"对话框中选择刀具类型为铣刀（①），名称为 D12（②），如图 12-11 所示。单击"确定"按钮，弹出如图 12-12 所示的对话框，在刀具参数中设置直径 D 为 12，其余参数按照默认值设置，创建一平底铣刀 D12。

12-11
建刀具 D12

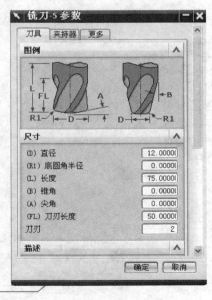

12-12
具 D12 参数设置

（3）创建钻头 Z8：单击"创建刀具"按钮，在"创建刀具"对话框中选择刀具类型为钻孔刀具 drill（①），子类型选择钻头（②），名称为 Z8（③），如图 12-13 所示。单击"确定"按钮，弹出如图 12-14 所示对话框，在刀具参数中设置直径为 8，其余参数按照默认值设置。

图 12-13
创建钻头 Z8

图 12-14
钻头参数设置

上述操作完成后，单击"操作导航器"按钮，当前显示为程序次序视图，在右击后弹出的快捷菜单中选择"机床视图"命令，如图 12-15 所示。操作导航器将会按次序显示刚才创立的加工刀具，如图 12-16 所示。

图 12-15
机床视图

图 12-16
刀具列表

Step 6 编辑几何体：（1）显示几何体视图。在导航工具条上右击进入如图 12-17 所示的操作界面。双击工件"WORKPIECE"（①），系统弹出"铣削几何体"对话框，如图 12-18 所示。

📚**相关知识**

　　通过导航器提前设置铣削几何体，则该几何体具有传递性质，以后创建的各个操作中都会默认这些几何体，因此不用再进行设置。

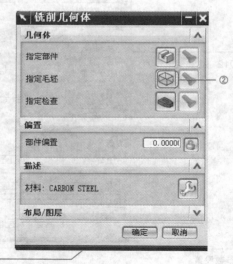

图 12-17
操作导航器

图 12-18
"铣削几何体"对话框

（2）拾取毛坯几何体：单击"指定毛坯"按钮（②），系统将弹出"毛坯几何体"对话框，如图 12-19 所示，移动光标拾取前面创建的毛坯实体模型，再单击"确定"按钮完成毛坯几何体的选择，如图 12-20 所示。

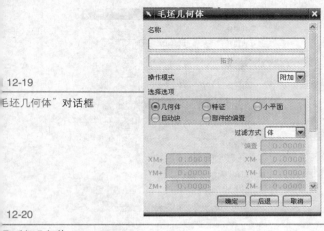

12-19

毛坯几何体"对话框

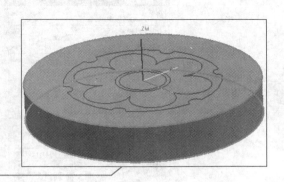

12-20

取毛坯几何体

　　（3）编辑坐标系：在操作导航器中选择坐标系 MCS_MILL 并双击，系统将打开图 12-21 所示对话框，"安全设置选项"设置为"平面"（①），系统将弹出"平面构造器"对话框，如图 12-22 所示，设置偏置值为 50，也就是安全高度为 50。

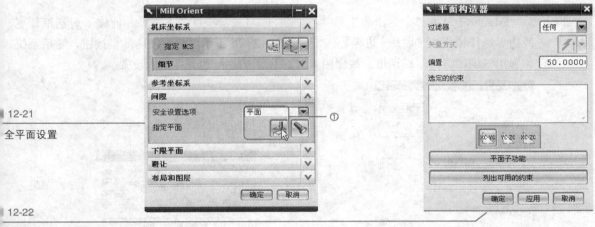

12-21

全平面设置

12-22

平面构造器"对话框

　　设置完成后，单击"确定"按钮，图形上将会显示安全平面，如图 12-23 所示。

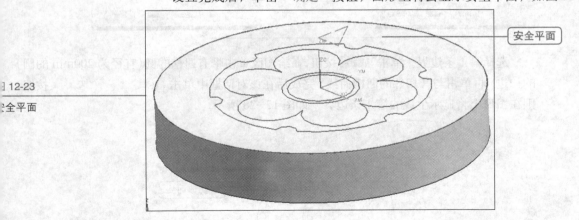

图 12-23

全平面

12.2.2　花形凸模的粗加工

　　Step 1 创建平面铣操作：单击"创建操作"按钮，系统弹出"创建操作"对话框，按照图 12-24 所示的进行设置后单击"确定"按钮进入如图 12-25 所示对话框。

图 12-24

"创建操作"对话框

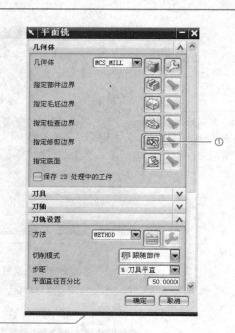

图 12-25

"平面铣"对话框

Step 2 单击"指定修剪边界"按钮 ▨（①），系统打开"边界几何体"对话框，更改边界选择模式为"曲线/边缘"（②），如图 12-26 所示。单击"确定"按钮，随后系统将弹出"创建边界"对话框。按照图 12-27 所示的进行边界参数的设置。

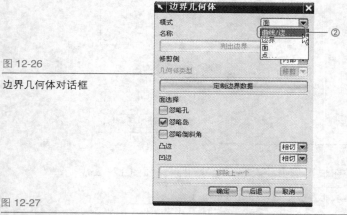

图 12-26

边界几何体对话框

图 12-27

"创建边界"对话框

选择第 1 条边界。单击"成链"按钮，在绘图区单击带有凹槽的圆（直径为 200mm 的圆）的一边，再单击与其相邻的凹槽曲线，完成后在该对话框中单击"创建下一个边界"按钮，则在图形上将显示生成的第 1 条边界，如图 12-28 所示。

图 12-28

选择第 1 条边界

选择第 2 条边界。将"创建边界"对话框中的修剪侧改为"外部",单击"成链"按钮,在绘图区单击花形凹槽的任一边,再单击与其相邻的圆弧曲线,完成串连边界的选择。在该对话框中单击"创建下一个边界"按钮,在图形上将显示生成的第 2 条边界,如图 12-29 所示。

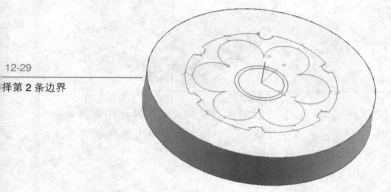

12-29
择第 2 条边界

选择第 3 条边界。在"创建边界"对话框中单击"平面"按钮,在弹出的下拉列表中选择"用户定义"选项,系统弹出如图 12-30 所示的"平面"对话框,设置主平面为 ZC(①),偏移值为 -10(②),单击"确定"按钮返回"创建边界"对话框,如图 12-31 所示。

12-30
平面"对话框

12-31
创建边界"对话框

将"创建边界"对话框中的修剪侧改成"内部"(③),在绘图区单击凸台外部的圆,在"创建边界"对话框中单击"创建下一个边界"按钮(④)。在图形上将显示生成的第 3 条边界。如图 12-32(a)、图 12-32(b)所示。

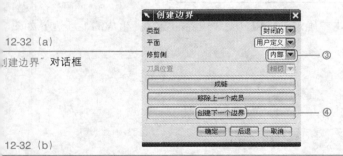

12-32(a)
创建边界"对话框

12-32(b)
择第 3 条边界

选择第 4 条边界。在"创建边界"对话框中单击"平面"下拉列表框按钮,在弹出的下拉列表中选择"用户定义"选项,如图 12-33(a)所示,系统弹出"平面"对话框,设置主平面为 ZC,偏移值为 -10,单击"确定"按钮返回"创建边界"对话框。"创建边界"对话框中的修剪侧改成"外部"(①),在绘图区单击中间最小的圆,在"创建边界"对话框中单击"确定"按钮,生成的第 4 条边界如图 12-33(b)所示。

图 12-33（a）

创建边界对话框

图 12-33（b）

生成第 4 条边界

在图形区中将视角调整为正等侧视图，可以看到选择的 4 条部件几何体，如图 12-34 所示。返回到"边界几何体"对话框，单击"确定"按钮完成部件几何体边界的选择。

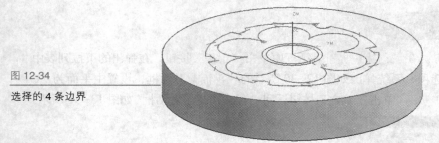

图 12-34

选择的 4 条边界

（2）指定毛坯几何体：单击"平面铣"对话框中"指定毛坯边界"图标，进入"毛坯几何体"对话框的设置，更改边界选择模式为"曲线/边缘"，单击"确定"按钮进入如图 12-35（a）所示"创建边界"对话框，设置边界参数（①）。在绘图区拾取外部直径最大的一个圆，如图 12-35（b）所示。

图 12-35（a）

创建边界对话框

图 12-35（b）

指定毛坯边界

在"创建边界"对话框中单击"确定"按钮，完成边界的定义。生成的毛坯边界如图 12-36 所示。

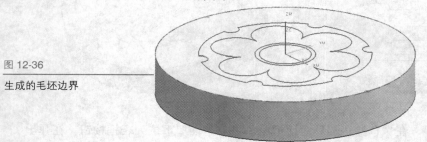

图 12-36

生成的毛坯边界

（3）指定检查边界：单击"指定检查边界"图标，进入"检查几何体"对话框的设置，更改边界选择模式为"曲线/边缘"，单击"确定"按钮，在弹出的对话框中单击"平面"下拉按钮，在弹出的下拉列表中选择"用户定义"（①）选项，系统弹出"平面"对话框，按照图 12-38 所示进行设置（②）。

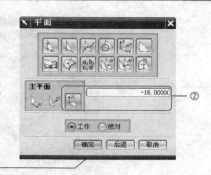

单击"确定"按钮返回到"创建操作"对话框,设置修剪侧为"内部",在绘图区依次拾取凹槽边界的 6 个圆弧,完成选择后,单击"确定"按钮,完成边界定义。生成的检查边界如图 12-39 所示。单击"确定"按钮返回操作对话框。

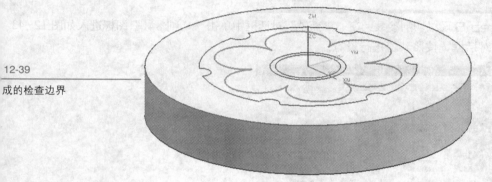

(4) 指定底面:单击"平面铣"对话框中"指定底面"图标,进入"平面构造器"对话框的设置。按照如图 12-40 所示的值设置。

Step 3 基本参数设置:如图 12-41 所示,在"平面铣"对话框中进行操作参数的设置。在"切削模式"下拉列表框中选择"跟随部件"方式(①);设置"步距"为"刀具平直",百分比为 50(②)。

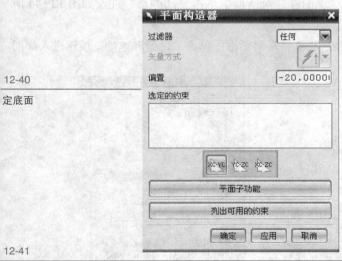

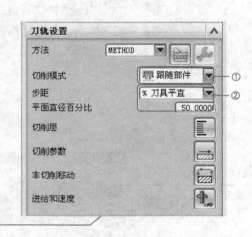

Step 4 设定进刀/退刀方式:在"平面铣"操作对话框中单击"非切削移动"图标,按照如图 12-42 的值进行设置。

图 12-42

"非切削移动" 对话框

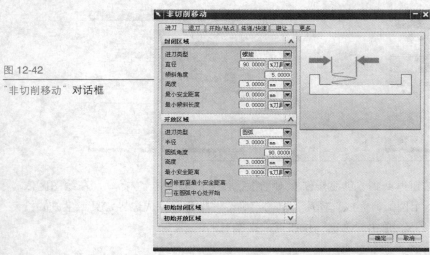

Step 5 设置切削参数：在"平面铣"对话框中单击"切削参数"图标进入如图 12-43 所示的对话框，按照其值进行设置。

图 12-43

"切削参数" 对话框

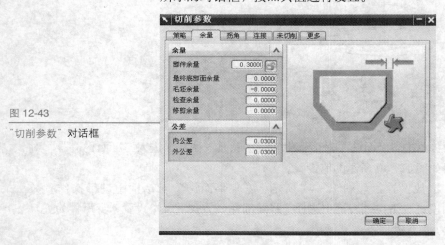

Step 6 设置切削深度：在"平面铣"对话框中单击"切削层"进入如图 12-44 所示的对话框中进行参数设置。

Step 7 设置进给和速度：在"平面铣"对话框中单击"进给和速度"按钮进入如图 12-45 所示的对话框进行设置。

图 12-44

切削层设置

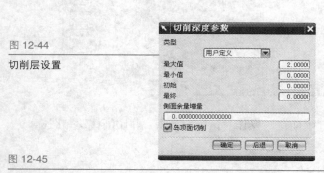

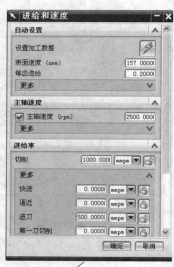

图 12-45

"进给和速度" 对话框

Step 8 生成刀路轨迹并检视：完成所有设置后，单击"生成"按钮计算生成刀路轨迹。在计算完成后，在图形区显示要铣切的边界。

Step 9 确认操作：确认生成的刀路轨迹是合理的之后，在"面铣削"对话框中单击"确定"按钮，接受刀路轨迹，关闭"面铣削"对话框。

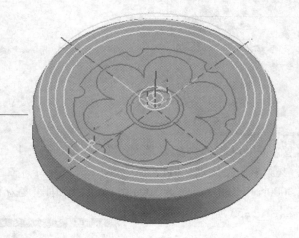

12-46
路轨迹

12.2.3　花形凸模精加工

Step 1 复制操作：单击屏幕左边的"操作导航器"按钮，显示"操作导航器－几何体"。选中粗加工程序 PLANAR_MILL，在弹出的快捷菜单中选择"复制"命令，如图 12-47 所示。

Step 2 粘贴操作：再次右击，在弹出的快捷菜单中选择"粘贴"命令，如图 12-48 所示。将复制的操作粘贴在当前操作之后，就会出现一个"PLANAR_MILL_COPY"，如图 12-49 所示。

12-47
制操作

12-48
贴操作

Step 3 更换刀具：双击"PLANAR_MILL_COPY"，将打开"平面铣"操作对话框。当前的"方法：METHOD"和"几何体：WORKPIECE"均不需要更改，而"刀具"则更改为 D12（①），如图 12-50。

12-49
贴后的操作

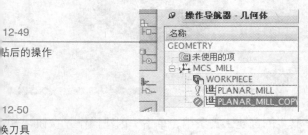

12-50
换刀具

Step 4 修改操作参数：设置部件余量为 0（①），其余选项均按默认值进行设置（②），如图 12-51 所示。

图 12-51

切削参数设置

设置切削深度类型为"用户定义"（①）；最大值为4，最小值为1（②）；取消选中"顶面岛"复选框（③），其余参数按照默认值设置，如图12-52所示。在"进给和速度"对话框中设置主轴转速3000rpm，进刀速度为500mm/min，切削速度为1000mm/min，其他按照默认值设置，如图12-53所示。

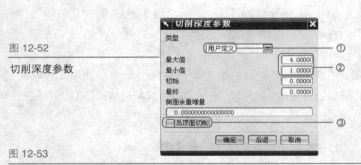

图 12-52

切削深度参数

图 12-53

进给和速度

Step 5 生成刀路轨迹并检验：完成了所有项目的设置后，单击"生成"图标按钮计算生成刀路轨迹，如图12-54所示。在图形区通过旋转、平移、放大视图，再单击"确认"按钮，接受刀路轨迹，如图12-55所示。确认生成的刀路轨迹合理后，单击"确定"按钮，关闭"面铣削"对话框。

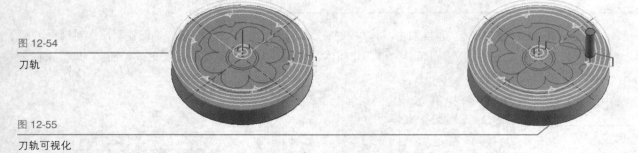

图 12-54

刀轨

图 12-55

刀轨可视化

12.2.4 钻孔加工

Step 1 创建点位加工操作：在工具栏的创建工具条中，单击"创建操作"按钮，开始进行新操作的建立。按照如图12-56所示设置参数。单击"确定"按钮进入相应的点位操作对话框，如图12-57所示。

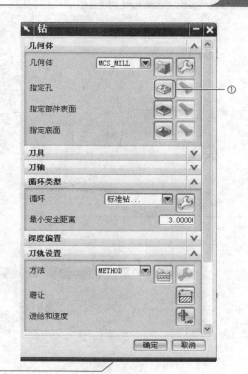

①

Step 2 选择点位加工几何体：(1) 选择加工点。在点位加工操作对话框中，单击"指定孔"(①) 图标进入如图 12−58 所示"点位加工几何体"对话框。单击"选择"按钮，系统弹出如图 12−59 所示的对话框。

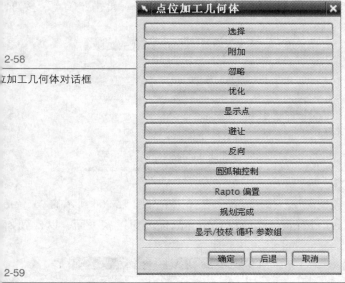

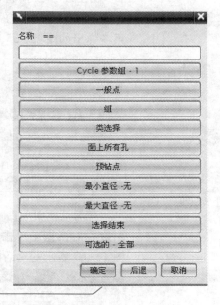

在图形上依次单击 6 个 R6 的凹槽圆弧，完成选择后，单击"确定"按钮，返回到点位加工操作对话框，并在图形上显示所选择的点的序号，如图 12−60 所示。

(2) 指定部件表面与指定底面。单击点位加工操作对话框中的"指定部件表面"图标，系统弹出如图 12−61 所示的对话框，按照其值进行设置。单击"指定底面"图标，系统弹出如图 12−62 所示的对话框，按照其值进行设置。

图 12-60

拾取的孔

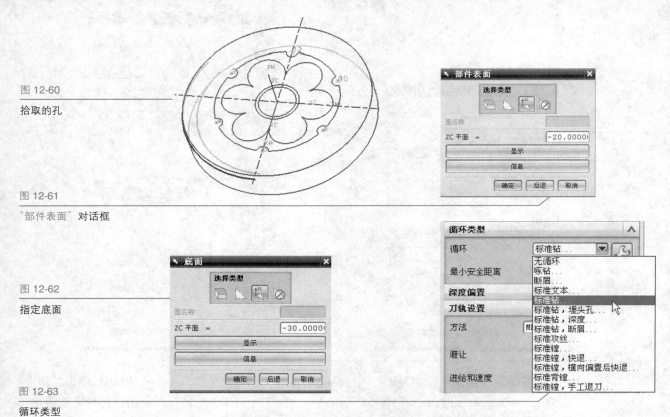

图 12-61

"部件表面"对话框

图 12-62

指定底面

图 12-63

循环类型

Step 3 设置循环控制参数：在"钻"操作对话框中，设置"循环"为"标准钻"，如图 12-63 所示。在如图 12-64 所示的对话框中，设定参数组为 1。单击"确定"按钮，系统弹出如图 12-65 所示的"Cycle 参数"对话框。

图 12-64

指定循环参数

图 12-65

"Cycle 参数"对话框

在对话框中单击"Depth- 模型深度"按钮（①），在弹出的如图 12-66 所示的"Cycle 深度"对话框中单击"穿过底面"按钮（②），设置钻孔深度为穿透底平面，返回到如图 12-67 所示的对话框。

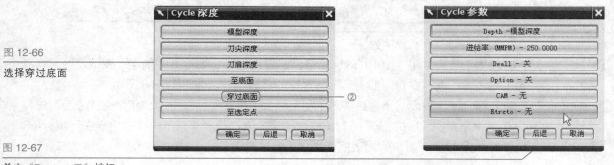

图 12-66

选择穿过底面

图 12-67

单击"Rtrcto- 无"按钮

在"Cycle 参数"对话框中单击"Rtrcto- 无"按钮，在弹出的如图 12-68 所示的对话框中单击"距离"按钮，在弹出的退刀距离对话框中设置退刀距离为 30，如图 12-69 所示。

Step 4 设置钻孔操作参数：如图 12-70 所示，在操作对话框中设定所需的参数（①）。

Step 5 设置进给参数：在"钻"操作对话框中，单击"进给和速度"按钮，系统弹出如图 12-71 所示的对话框，按照其值进行设置。

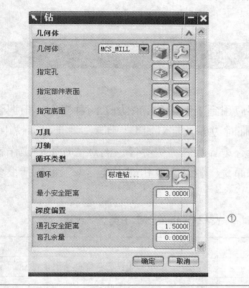

Step 6 生成刀路轨迹并检视：完成所有项目的设置后，单击"生成"图标按钮计算生成刀路轨迹，如图 12-72 所示。在图形区通过旋转、平移、放大视图，再次单击"确认"按钮，接受刀路轨迹，如图 12-73 所示。

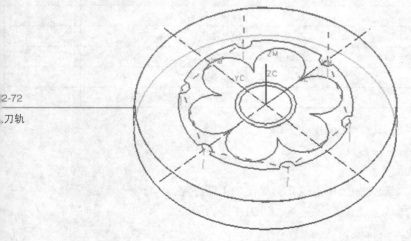

完成刀路轨迹生成后，如果打开操作导航器，将出现新的刀路轨迹 DRILING。以后对该刀路轨迹的操作可以在操作导航器中进行，如图 12-74 所示。

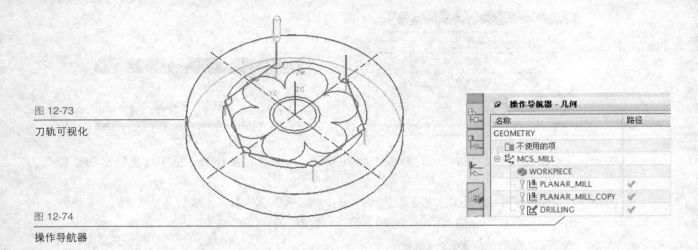

图 12-73

刀轨可视化

图 12-74

操作导航器

12.3 精通必备

本章节的加工实例中主要应用到了面铣和点位加工两种操作。根据整个实例可以知道在平面铣操作中，通常以创建临时边界来定义加工几何体，对于平面铣中各种边界的定义，包括部件边界、毛坯边界、检查边界和修剪边界等。而点位加工的操作就相对简单。

点位加工的创建过程也和面铣、腔铣大致相同。其类型下也包括很多不同的加工子类型，如表 12-1 所示。

表12-1　点位加工子类型

图标	英　文	中文	说　明	对应G指令
	SPOT_FACING	扩孔	用铣刀在零件表面上扩孔	
	SPOT_DRILLING	中心钻	用中心钻钻出定位孔	G81
	DRILLING	钻孔	普通的钻孔	G81
	PECK_DRILLING	啄钻	啄式钻孔	G83
	BREAKCHIP_DRILLING	断屑钻	断屑钻孔	G73
	BORING	镗孔	用镗刀将孔镗大	G65
	REAMING	铰孔	用铰刀将孔铰大	
	COUNTER BORING	沉孔	沉孔锪平	
	COUNTERSINKING	倒角沉孔	倒角沉孔	
	TAPPING	攻丝	同丝锥攻螺纹	G84
	THEAD_MILLING	铣螺纹	用螺纹铣刀在铣床上铣螺纹	

点位加工的基本加工操作的流程如下：

（1）创建或指定合适的刀具。

（2）指定加工几何体。

（3）指定几何体参数，如选择点或孔、优化加工顺序等。

（4）设置必要的参数，如进给、速度、进刀、退刀等。

（5）生成并检验刀路轨迹。

Chapter 13

包装盒模具型腔加工实例

本章内容及学习地图：

　　本例将通过包装盒模具型腔整体加工来介绍 UG NX 实例编程的步骤和方法。通过本实例的学习，读者可以继续熟练腔铣、曲面铣和等高铣的工步安排和参数设置。

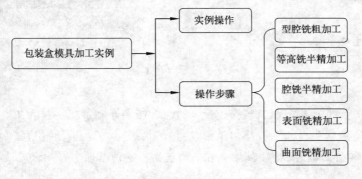

本章重点知识：

- 多次装夹工件的加工工步安排
- 刀具和几何体的设置
- 型腔铣操作的创建
- 型腔铣加工参数设置
- 固定轴曲面铣的创建操作
- 固定轴曲面铣的参数设置
- 等高铣的创建与设置

本章视频：

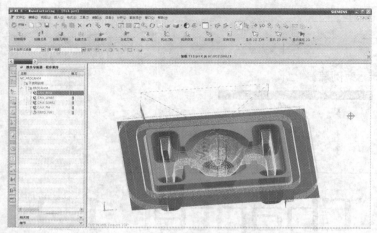

包装盒模具加工 1

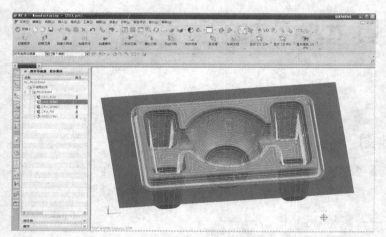

包装盒模具加工 2

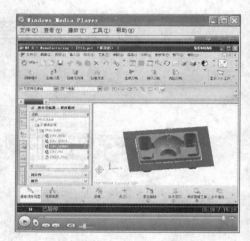

视频教学——包装盒模具加工

本章实例：

　　本章节安排了包装盒的型腔加工，整个加工步骤大致分为粗加工→半精加工→精加工 3 部分。其中半精加工操作包括等高铣半精加工和型腔铣半精加工；精加工则包括表面铣精加工和曲面轮廓精加工。通过设计该实例，达到综合运用腔铣、等高铣和曲面铣的目的，使读者在巩固前面所学的基础上将知识灵活运用到实际操作中。刀轨实例效果如下图所示。

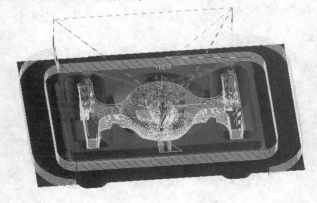
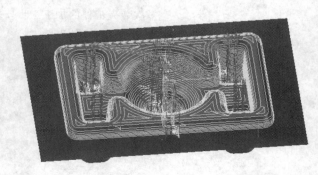

3.1 实例操作

实例分析

包装盒模具虽然较为复杂，但是曲面比较简单，陡峭曲面比较多。模具材料为铝合金，毛坯六面较为平整。由于包装盒模具尺寸精度和表面质量要求不是很高，所以精加工不需要等高轮廓铣进行加工，半精加工时采用等高铣，精加工采用固定轴曲面轮廓铣。

实例难度

★★★★

制作方法和思路

型腔粗加工的每层加工深度为 1mm，采用 ϕ 16 的立铣刀加工。粗加工后，模具上还有较多的余量，所以需要进行二次粗加工，采用 R4 的球头铣刀，然后半精加工，最后精加工。平面表面采用表面铣进行精加工，刀具同样选用 ϕ 16。加工原点设置在毛坯上表面的正中间。X——模型的中心；Y——毛坯模型的中心；Z——毛皮模型的上表面。

参考教学视频

光盘目录 \ 视频教学 \ 第 13 章 包装盒模具的型腔加工 .avi

实例文件

原始文件：光盘目录 \prt\T13.prt
最终文件：光盘目录 \SHILI\T13.prt

3.2 操作步骤

13.2.1 加工前准备操作

Step 1 打开并检视模型：打开 UG NX，单击"打开文件"图标，在弹出的文件列表中选择正确的路径和文件名，打开零件模型 SHILI\T13.prt。从不同角度对图形进行检视，以确认没有非正常的凸起和凹陷等明显的错误，如图 13-1 所示。

13-1

开的零件

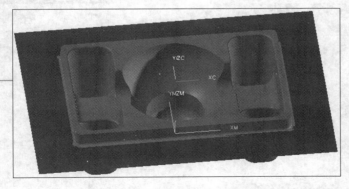

Step 2 设置加工环境"加工环境"：选择"开始"→"加工"命令（①），系统会弹出"加工环境"对话框，如图 13-3 所示。指定 CAM 设置为 mill_contour（②）。单击"确定"按钮进行加工环境的初始化设置。

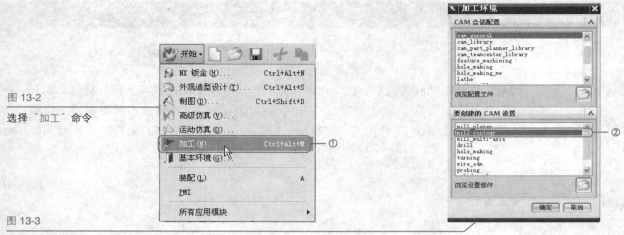

图 13-2

选择"加工"命令

图 13-3

加工环境设置

Step 3 确定加工坐标系：在操作导航器上右击，在弹出的快捷菜单上选择加工方法视图，进入如图 13-4 所示的加工方法视图。双击"MILL_ROUG"图标，系统将弹出如图 13-5 所示的"铣削方法"对话框。设置部件余量为 0.15mm，内公差和外公差设置为 0.03mm，单击"确定"按钮。继续单击操作导航器上的"MILL_SEMI_FINISH"图标，弹出 MILL_METHOD 对话框后，设置部件余量为 0.08，其余值不变。

图 13-4

加工方法视图

图 13-5

铣削方法对话框

Step 4 创建刀具：将操作导航器切换到机床视图。单击创建工具条上的"创建刀具"按钮，弹出如图 13-6 所示"创建刀具"对话框，单击"确定"按钮，在如图 13-7 所示的对话框中按照图示数值进行设定。

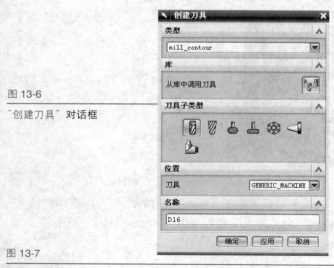

图 13-6

"创建刀具"对话框

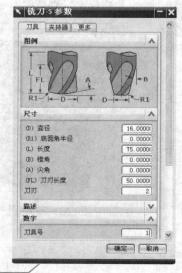

图 13-7

设置刀具参数

继续创建刀具 D8_R4，创建方法与 D16 方法一样，如图 13-8 所示。刀具直径设置为 8；底圆角半径为 4，刀具号为 2，如图 13-9 所示。完成设置后单击"确定"按钮。用同样方法创建刀具 D4_R2_3，设置直径为 4；底圆角半径为 2；拔锥角为 3；刀具号为 3，单击"确定"按钮，完成参数位置。

图 13-8

创建刀具"对话框

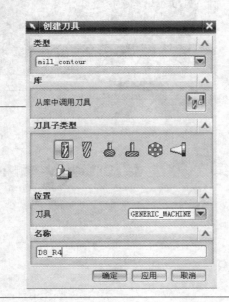

图 13-9

设置刀具参数

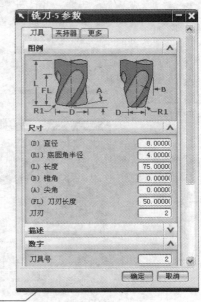

Step 5 设置加工坐标系：在操作导航器上将机床视图切换到几何体视图，单击创建工具条上的"创建几何体"图标，弹出如图 13-10 所示的对话框，单击"确定"按钮，系统弹出"MCS"对话框，如图 13-11 所示。

图 13-10

创建几何体"对话框

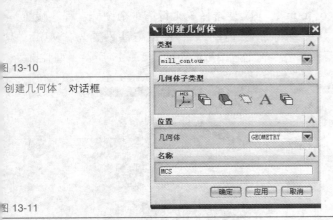

图 13-11

MCS"对话框

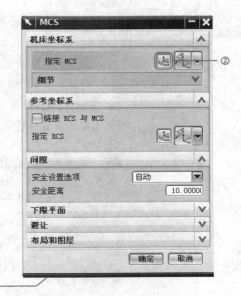

单击"机床坐标系"选项区域中的 按钮（①），进入 13-12 所示的对话框，移动动态坐标系与机械坐标系重合，移动后效果如图 13-13 所示。完成后单击"确定"按钮回到 MCS 对话框。

Step 6 设置安全平面：在 MCS 对话框内将安全设置选项选择为"平面"（①），并单击"指定平面"按钮（②），如图 13-14 所示，系统进入如图 13-15 所示的"平面构造器"对话框，设置完成后单击"确定"按钮完成操作。

图 13-12

选择安全平面

图 13-13

移动后的加工坐标系

图 13-14

"MCS" 对话框

图 13-15

"平面构造器" 对话框

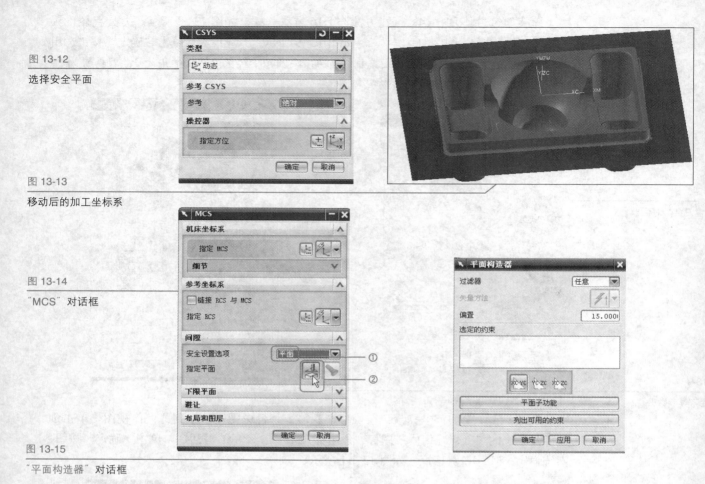

■■■— 13.2.2 型腔铣粗加工 —■■

Step 1 创建操作：单击"创建操作"按钮，系统弹出如图 13-16 所示的"创建操作"对话框，将类型设置为"mill_contour"；子类型选择第 1 行第 1 个图标；程序设置为"PROGRAM"；几何体设置为"MCS"；刀具选择 D16；使用方法设置为"MILL_ROUGH"；名称设置为"CAV_ROU"。单击"确定"按钮进入如图 13-17 所示"型腔铣"对话框。

图 13-16

"创建操作" 对话框

图 13-17

"型腔铣" 对话框

Step 2 指定部件几何体：单击"指定部件"按钮 (①)，系统弹出指定部件对话框，如图 13-18。选择"几何体"单选按钮，并将过滤方式设置为"体"（②），单击"全选"按钮（③），完成几何体选择，如图 13-19 所示。

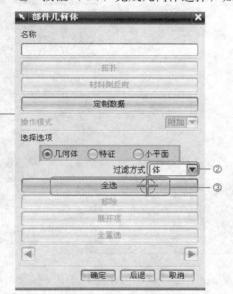

13-18

部件几何体"对话框

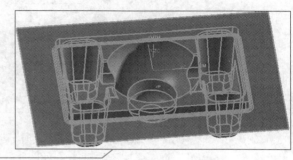

13-19

择的部件几何体

Step 3 选择毛坯几何体：在"格式"→"图层设置"下将 50 层设置为可选层，单击"毛坯几何体"图标 ，系统弹出如图 13-20 所示的对话框。选择"几何体"单选按钮，过滤方式设置为"体"（①），在零件上单击要选取的部位，完成毛坯几何体选择，如图 13-21 所示。单击"确定"按钮，回到"型腔铣"对话框。

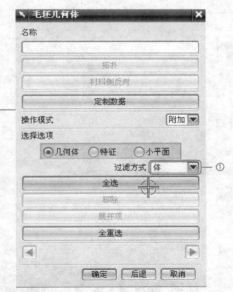

13-20

坯几何体对话框

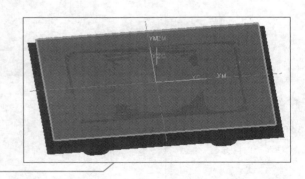

13-21

择毛坯几何体

Step 4 设置基本参数：在"型腔铣"对话框中设置切削方式为"跟随部件"；步进方式为"恒定"；距离设置为 15；全局每刀深度为 1（①），如图 13-22 所示。

Step 5 设置进给和速度：单击"进给和速度"按钮，系统弹出 13-23 所示的对话框，设置主轴速度为 1500rmp，切削速度为 1000，进刀为 500，其他设置采用默认，单击"确定"按钮完成设置。

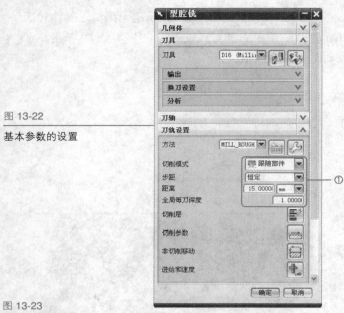

图 13-22

基本参数的设置

图 13-23

进给和速度设置

Step 6 设置非切削移动参数：单击"非切削运动"按钮，在弹出的对话框中选择"传递／快速"选项卡，如图 13-24 所示，选择安全设置选项为"平面"（①），单击"指定平面"按钮（②），弹出如图 13-25 所示的"平面构造器"对话框，输入数值 15，单击"确定"按钮完成设置。图 13-26 所示即为显示的安全平面。

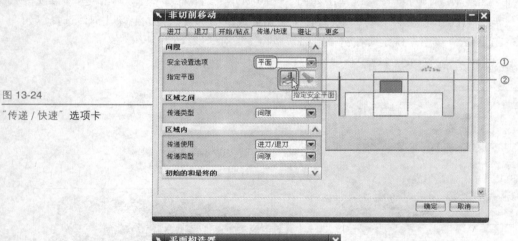

图 13-24

"传递／快速"选项卡

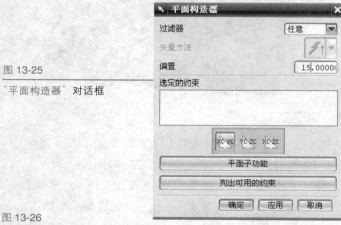

图 13-25

"平面构造器"对话框

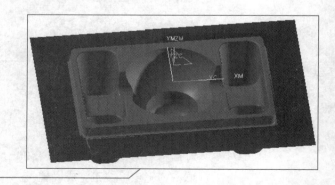

图 13-26

安全平面

Step 7 生成刀路轨迹并检验：完成上述参数设置后，单击"生成"按钮，系统自动计算生成刀轨，如图 13-27 所示。在绘图区域内通过旋转、平移和缩放对图形进行观察，可以从不同角度检验刀轨。

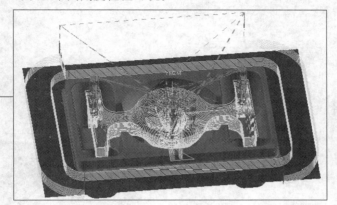

Step 8 接受刀路轨迹：确认刀路路径正确后，可单击"确定"按钮，接受以上生成的刀轨。完成整个粗加工。

13.2.3 等高铣半精加工

Step 1 创建操作：在工具栏上单击"创建操作"按钮，弹出如图 13-28 所示的"创建操作"对话框。确认选项后单击"确定"按钮进入如图 13-29 所示的对话框。

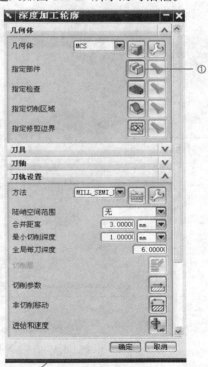

Step 2 选择部件几何体：在"深度加工轮廓"对话框中单击"指定部件"按钮（①），进入如图 13-30 所示的"部件几何体"对话框，设置过滤方式为"面"（②），单击"全选"按钮进行选择（③），选择的几何体如图 13-31 所示。单击"确定"按钮返到回 ZLEVEL_PROFILE 对话框中。

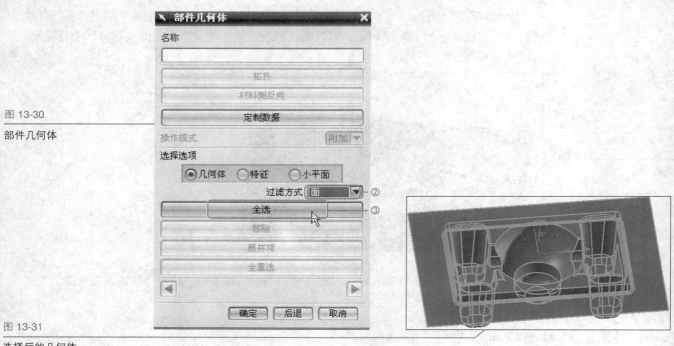

图 13-30

部件几何体

图 13-31

选择后的几何体

Step 3 选择切削区域：单击"指定切削区域"按钮，系统弹出"切削区域"对话框，如图 13-32 所示，单击"全选"按钮后，按住【Shift】键和鼠标左键，选择零件外围平面将其从选择体中去除，如图 13-33 所示。单击"确定"按钮，完成选择。

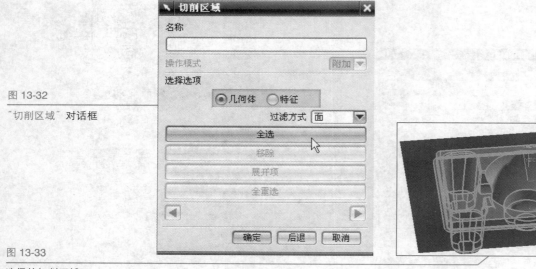

图 13-32

"切削区域"对话框

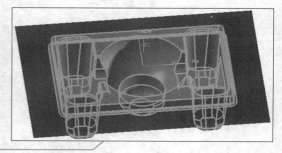

图 13-33

选择的切削区域

Step 4 基本参数设置：在"深度加工轮廓"对话框中设置合并距离为 3；最小切削深度和全局每刀深度均设为 1；陡峭空间范围选择"无"（①），如图 13-34 所示。

Step 5 进给和速度设置：单击"进给和速度"按钮，在弹出的对话框中设置主轴转速为 2500rpm；切削速度为 800；进刀速度为 400；所有速度单位设置为 mmpm，如图 13-35 所示，设置完成后单击"确定"按钮，返回"深度加工轮廓"对话框。

13-34
置必要参数

13-35
给和速度"对话框

Step 6 设置切削参数：单击"切削参数"按钮，系统弹出如图 13-36 所示对话框，按照图示数值进行设置，选择"连接"选项卡，设置"层到层"为"直接对部件进刀"（①）；选中"在层之间切削"复选框（②）；步距选择"残余高度"；高度设置为 0.15（③），单击"确定"按钮完成设置。

13-36
削参数"对话框

13-37
接选项卡

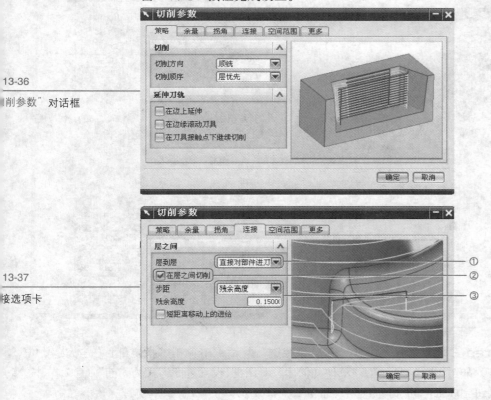

Step 7 产生刀路路径并检验：完成上述参数设置后，单击"生成"按钮，系统将自动计算刀路轨迹，如图 13-38 所示。在图形区通过旋转、平移和缩放从各个角度对刀轨进

行检验，还可以通过"3D 动态"按钮对刀路进行可视化观察，确定刀路轨迹，如图 13-39 所示。

Step 8 接受刀轨：确认生成的刀轨无误后，可单击"确定"按钮，接受当前生成的刀路路径。完成当前半精加工操作。

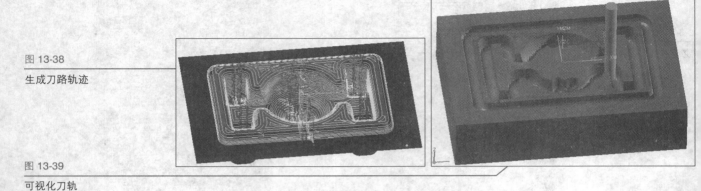

图 13-38

生成刀路轨迹

图 13-39

可视化刀轨

13.2.4 创建型腔铣半精加工

Step 1 创建操作：在创建工具条上单击"创建操作"按钮，系统弹出如图 13-40 所示的对话框。子类型选择第 1 行第 1 个图标；程序选择 PROGRAM；几何体选择 MCS；刀具设置为 D4_R2_3；方法设置为 MILL_SEMI_FINISH；名称更改为 CAV_SEMI2。单击"确定"按钮，进入如图 13-41 所示的"型腔铣"对话框。

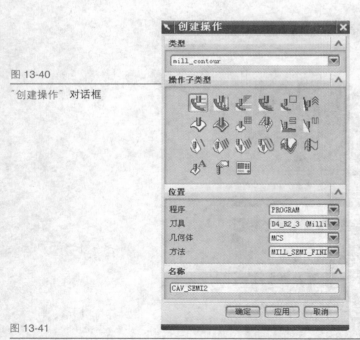

图 13-40

"创建操作"对话框

图 13-41

"型腔铣"操作对话框

Step 2 选择部件几何体：在"型腔铣"对话框中单击"指定部件"按钮（①），系统打开如图 13-42 所示的"部件几何体"对话框，设置过滤方式为"面"（②），单击"全选"按钮完成工件的选择（③），如图 13-43 所示。

13-42

部件几何体"对话框

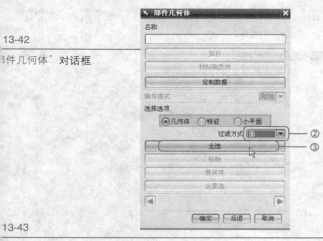
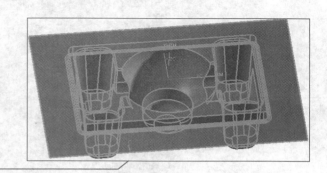

13-43

择后的几何体

Step 3 选择毛坯几何体：单击"指定毛坯"按钮，系统弹出如图 13-44 所示的对话框，选择"格式"→"图层设置"命令，在弹出的对话框中将 50 层设置为可选图层，并选择零件片体。选择结果如图 13-45 所示。

13-44

坯几何体"对话框

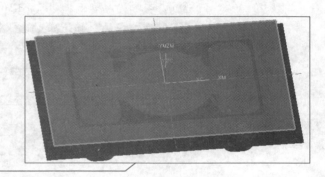

13-45

毛坯几何体

Step 4 基本参数设置：在"型腔铣"对话框中设置基本参数，如图 13-46 所示。选择切削模式为"跟随部件"；步距设置为"残余高度"；全局每刀深度设置为 0.6。

Step 5 设置进给率：单击"进给和速度"按钮进行进给和速度设置，系统弹出如图 13-47 所示的对话框，设置主轴速度为 3200rpm；切削速度为 120；单位设置为"mmpm"。完成设置后单击"确定"按钮，回到"型腔铣"对话框中。

13-46

数设置

13-47

给和速度设置

Step 6 设置非切削运参数：单击"非切削移动"按钮，进入如图 13-48 所示的对话框，按照图示的数值进行设置，单击"确定"按钮完成设置。

图 13-48

"非切削移动"对话框

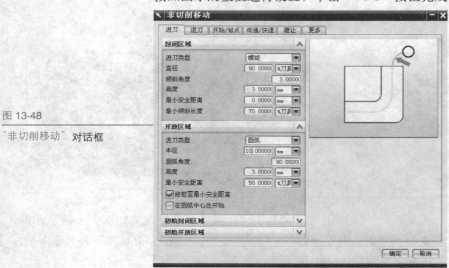

Step 7 设置切削参数：单击"切削参数"按钮，在弹出的对话框中选择"连接"选项卡，进入如图 13-49 所示的对话框，设置区域排序为"优化"（①），选中"区域连接"复选框（②）。单击"确定"按钮，完成参数设置。

图 13-49

"连接"选项卡

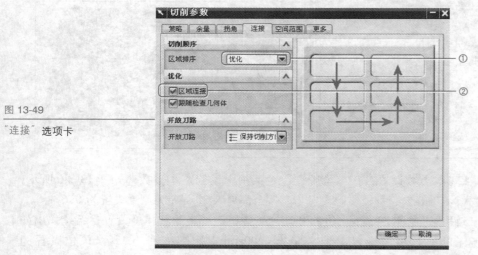

Step 8 生成刀轨并检验：完成上述所有参数设置后，单击"生成"按钮，系统自动生成刀路路径，如图 13-50 所示。通过旋转、缩放等操作从各个不同角度观察图形。确认生成刀路轨迹无误后，单击"确定"按钮，完成整个半精加工操作。

图 13-50

生成刀轨

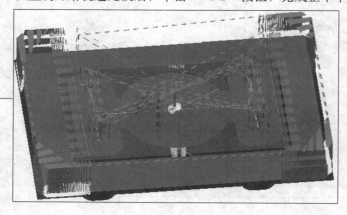

13.2.5 精加工操作

Step 1 复制并粘贴粗加工操作：在操作导航器中右击，在弹出的快捷菜单中选择"复制"命令，复制粗加工操作 CAV_ROU，如图 13-51 所示。再右击，在弹出的快捷菜单中选择"粘贴"命令，将复制的操作进行粘贴，并更改名称为"CAV_PM"，如图 13-52 所示。

Step 2 编辑 CAV_PM 操作：在操作导航器下双击 CAV_PM 操作，系统弹出如图 13-53 所示的"型腔铣"对话框，更改方法为"MILL_FINISH"（①），将步距设置为"恒定"，距离设置为 5，全局每刀深度为 0（②）。

Step 3 设置切削层：单击"切削层"按钮，系统弹出如图 13-54 所示的对话框，单击"插入范围"按钮 （③），选择如图 13-55 所示的平面，全局每刀深度设置为 0；继续单击"插入范围"按钮 ，选择如图 13-56 所示的平面，全局每刀深度设置为 0。

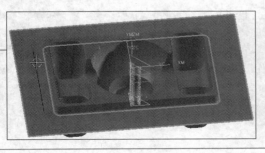

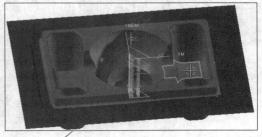

3-51 制粗加工操作

3-52 后并更改名称

3-53 改使用方法

3-54 削层"对话框

3-55 一次选择的平面

3-56 二次选择的平面

Step 4 设置进给参数：单击"进给和速度"按钮，系统弹出如图13-57所示的对话框，按照图示的数值进行设置，完成设置后单击"确定"按钮返回"型腔铣"对话框。

Step 5 生成刀路轨迹并检验：在图13-58所示对话框中单击"生成"按钮（①），系统自动计算出刀路轨迹，如图13-59所示。通过旋转、平移和缩放操作，对生成的刀轨进行检验和观察。

图 13-57

进给和速度设置

图 13-58

单击"生成"按钮

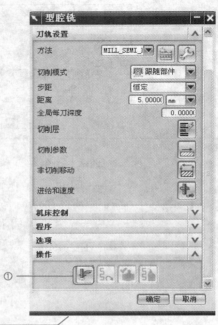

Step 6 接受刀轨：确认生成刀轨无误后，单击"确定"按钮，接受刀路轨迹。完成精加工操作。如果打开操作导航器，则出现新的刀路轨迹 CAV_PM，如图13-60所示。以后对该刀路轨迹的操作可以在操作导航器内进行。

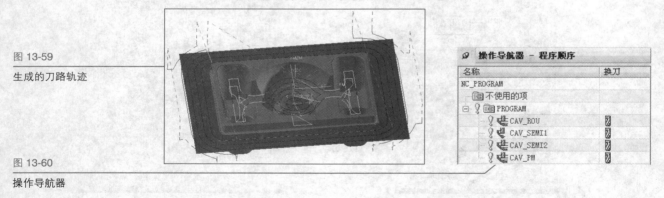

图 13-59

生成的刀路轨迹

图 13-60

操作导航器

13.2.6 固定轴曲面铣精加工操作

Step 1 创建操作：单击工具条上的"创建操作"按钮，系统弹出如图13-61所示的对话框，在"创建操作"对话框中设置参数，子类型选择第2行第2个图标；程序设置为"PROGRAM"；几何体设置为"MCS"；刀具选择"D4_R2_3"；方法设置为"MILL_FINISH"；名称设置为"FIXED_FIN1"。单击"确定"按钮，进入如图13-62所示对话框进行其他参数设置。

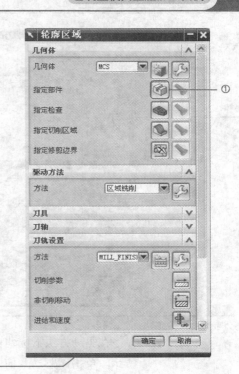

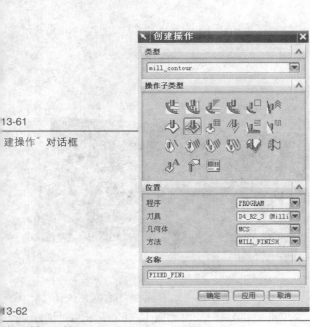

Step 2 选择部件几何体：在"轮廓区域"对话框中单击"指定部件"按钮（①），弹出如图 13-63 所示的"部件几何体"对话框，将过滤方式设置为"面"（②），单击"全选"按钮（③），完成部件几何体的选择，如图 13-64 所示。

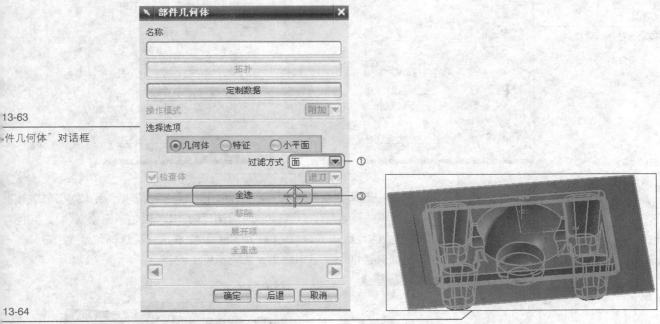

Step 3 设置驱动方式：首先选择"格式"→"图层设置"命令，系统打开如图 13-65 所示的"图层设置"对话框，设置第 100 层为"可选"。设置完成后零件模具如图 13-66 所示。

图 13-65

"图层设置"对话框

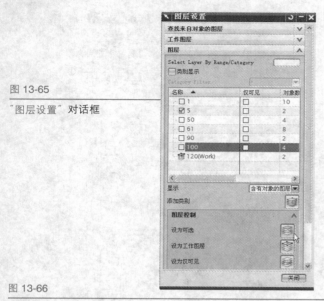

图 13-66

设置 100 层为可选

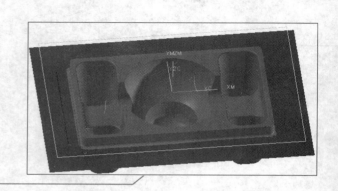

在驱动方法下拉列表中选择"边界"，系统弹出"边界驱动方法"对话框，如图 13-67 所示。单击"驱动几何体"下的"选择"按钮（①），弹出如图 13-68 所示的对话框。

图 13-67

"边界驱动方法"对话框

图 13-68

"边界几何体"对话框

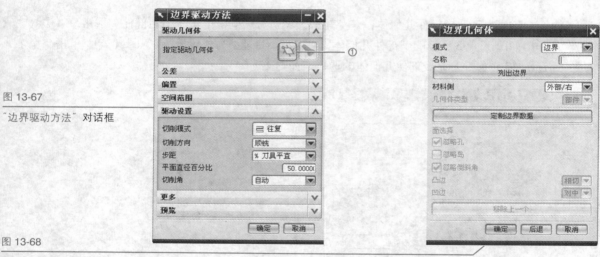

在"模式"下拉列表中选择"曲线/边"选项，单击"确定"按钮，系统弹出"创建边界"对话框，如图 13-69 所示，在"刀具位置"下拉列表中"相切"选项（①），其他选项默认不变，选取模型上的曲线边界，如图 13-70 所示。完成选择后选择"格式"→"图层设置"命令，在弹出的对话框中将第 100 层设置为不可见的。

图 13-69

"创建边界"对话框

图 13-70

选择的曲线边界

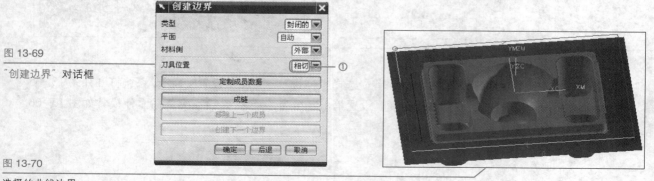

单击"确定"按钮，回到"边界驱动方法"对话框，如图13-71所示，设置部件空间范围为"最大的环"（①）；切削模式设置为"往复"，切削方向为"顺铣"（②）；步距设置为"恒定"；距离设置为"0.15"；切削角设置为"用户定义"；度数设置为"35.37"（③）。设置完成后单击"确定"按钮，回到"轮廓区域"对话框。

Step 4 设置进给和速度参数：在"轮廓区域"对话框下单击"进给和速度"按钮，系统弹出如图13-72所示的对话框，按照图示数值进行设置，完成后单击"确定"按钮。

图13-71
设置边界驱动参数

图13-72
"进给和速度"对话框

Step 5 设置非切削参数：在"轮廓区域"对话框中单击"非切削移动"按钮，进入如图13-73所示的对话框，按照图示数值进行设置，单击"确定"按钮，回到"轮廓区域"对话框。

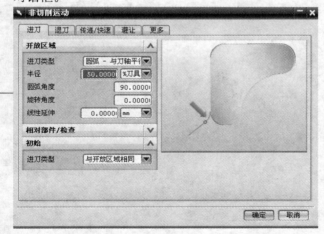

图13-73
非切削移动参数设置

Step 6 生成刀路轨迹并检验：在"轮廓区域"对话框中单击"生成"按钮，系统自动计算出刀路轨迹，如图13-74（a）所示，通过旋转、平移和缩放操作，对生成的刀轨进行检验和观察。还可通过"3D动态"按钮进行刀轨可视化查看，以确定刀具运动路径，如图13-74（b）所示。

图 13-74（a）

生成刀路轨迹

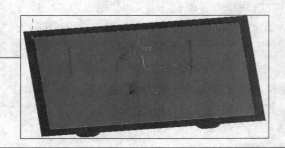

图 13-74（b）

可视化刀轨

Step 7 接受刀轨：当确认生成的刀路轨迹正确合理后，单击"确定"按钮，接受刀路轨迹。如果打开操作导航器，则出现新的刀路轨迹 FIXED_FIN1，如图 13-75 所示。以后对该刀路轨迹的操作可以在操作导航器内进行。

图 13-75

操作导航器

名称	换刀
NC_PROGRAM	
不使用的项	
PROGRAM	
CAV_ROU	刀
CAV_SEMI1	刀
CAV_SEMI2	刀
CAV_PM	刀
FIXED_FIN1	刀

操作导航器 - 程序顺序

Chapter 14

泵盖压铸模型芯加工实例

本章内容及学习地图：

　　本例通过泵盖压铸模型芯的加工程序编制说明高速铣加工程序的应用。通过本例的学习，读者可以对腔铣、等高铣和曲面铣的应用更为熟练。

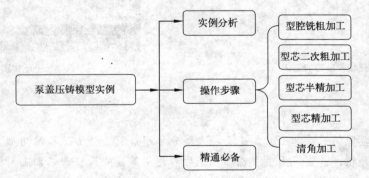

本章重点知识：

- 高速铣加工的应用
- 型腔铣的高速加工参数设置要点
- 等高轮廓铣加工的高速加工参数设置要点
- 等高轮廓铣中的浅平面加工
- 径向驱动方式的应用
- 高速铣加工的技术要点

本章视频：

本章节实例分为 6 个加工工步，此处只列举粗加工与二次开粗工步的视频。

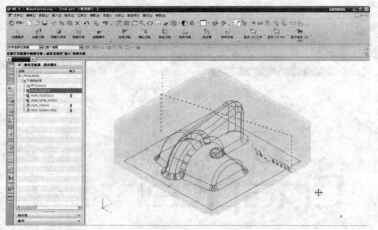

泵盖压铸模型芯加工 1

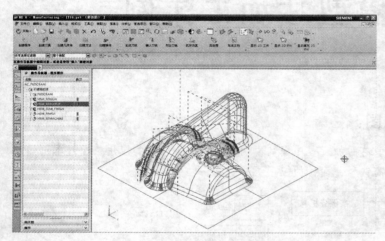

泵盖压铸模型芯加工 2

视频教学——压铸模型芯加工

本章实例：

本章节主要对泵盖压铸模型型芯进行加工，加工工步大致分为粗加工、精加工和清角加工 3 部分。其中粗加工又包括型芯粗加工和二次开粗，前者运用型腔铣加工，后者运用等高外形铣；精加工则分为半精加工和整体精加工，前者运用等高轮廓铣加工方式，后者则选用曲面轮廓铣；最后的清角加工选用曲面轮廓铣中的径向驱动进行加工。粗加工刀轨最终效果如下图所示（其他刀轨实例图参见正文）。

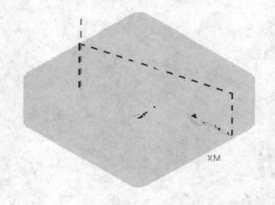

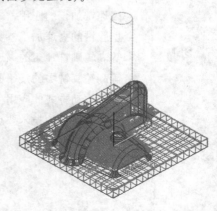

4.1 实例操作

实例分析

本例安排的是某汽车泵体的泵盖压铸模型芯加工，该零件上的大多数圆角均为R4，而凸台附近与主体部分连接部位为R1。这一工件的材料为H13，硬度为HRC40。毛坯六面平整。用UG NX完成此模型的曲面造型，文件名为T14.prt。

实例难度

★★★★

制作方法和思路

首先选择型腔铣粗加工的方法进行分层加工。进行粗加工后，在角落部位还留有较多的残料，因此要先进行清理，使用角落粗加工的方式进行二次开粗。使用直径为D6R1.5的牛鼻刀进行加工；接下来的半精加工仍然使用直径为D6R1.5的硬质合金球头刀进行加工；型芯整体的精加工则使用直径为D6的硬质合金球头刀进行加工；由于在壳体上有突起部位，因此最后要对该部位进行清角加工，使用D6的平底刀进行加工。

加工坐标原点：X——取模型的中心；Y——取模型的中心；Z——型芯的分型面。

参考教学视频

光盘目录 \ 视频教学 \ 第14章 泵盖压铸模型芯加工 .avi

实例文件

原始文件：光盘目录 \prt\T14.prt
最终文件：光盘目录 \SHILI\T14.prt

4.2 操作步骤

14.2.1 初始化设置

Step 1 打开模型文件：打开UG，单击"打开文件"按钮，在弹出的界面中选择正确的路径和文件名，打开零件模型SHILI\T14.prt，如图14-1所示。

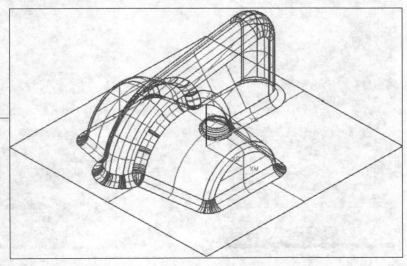

图 14-1 零件模型

Step 2 检视模型：在视图中通过动态旋转、缩放、平移的方法从不同角度对模型进行检视，确定模型没有明显的错误，并确认工作坐标的坐标原点在模型最高平面,且在中心位置。

Step 3 进入加工模块：选择"开始"→"加工"命令（①），以进入加工模块，如图 14-2 所示。

Step 4 设置加工环境：系统弹出"加工环境"对话框，如图 14-3 所示。CAM 设置为"mill_contour"（②），单击"确定"按钮进行加工环境的初始化设置，进入加工模块后将显示工具栏。

图 14-2
选择"加工"命令

图 14-3
"加工环境"对话框

14.2.2 型腔铣粗加工

Step 1 创建操作：单击"创建操作"按钮，系统弹出如图 14-4 所示的"创建操作"对话框。在"类型"下拉列表中选择 mill_contour；子类型选择第 1 行第 1 个图形,设定为型腔铣加工；使用几何体为 MCS_MILL；方法设置为 METHOD；名称设置为 CAVITY_MILL；刀具设置为 NONE；其他参数取默认值。确认选项后单击"确定"按钮进入型腔铣操作设置，如图 14-5 所示。

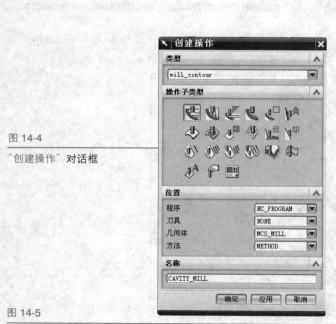

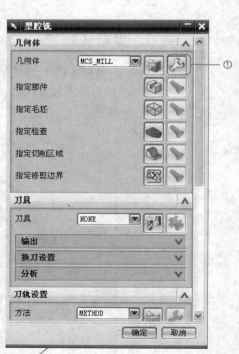

图 14-4
"创建操作"对话框

图 14-5
"型腔铣"对话框

Step 2 编辑几何体：在"型腔铣"操作对话框中单击"编辑几何体"按钮 ![]（①），系统弹出如图 14-6 所示的对话框。设置"安全设置选项"为"平面"（②），单击"选择平面"按钮（③），弹出如图 14-7 所示的对话框，设置偏置值为 30，单击"确定"按钮完成设置。

14-6

全平面设置

14-7

"Z 面构造器"对话框

Step 3 选择刀具：单击创建工具条上的"创建刀具"按钮，开始进行新刀具的建立。系统弹出"创建刀具"对话框，如图 14-8 所示。在刀具类型中选择 mill_contour（①），子类型选择"平底铣刀"（②）；将刀具名称设为 D16R4（③），单击"确定"按钮进入铣刀建立对话框。

Step 4 设置刀具参数：按照图 14-9 所示设置刀具形式参数。

14-8

"创建刀具"对话框

14-9

具参数

设定直径 D 为 16；底圆角半径为 4；其余选项则依照默认值设定。在设定完毕时，单击"确定"按钮，以结束铣刀 D16R4 的创建。此时模具上方出现新创建的刀具，如图 14-10 所示。

Step 5 选择部件几何体：在"型腔铣"对话框中单击"指定部件"按钮，系统打开如图 14-11 所示的对话框。将过滤方式设置为"体"（①），单击"全选"按钮选择所有的实体和曲面（②），选择的工件几何体如图 14-12 所示。单击"确定"按钮完成部件几何图形的选择。

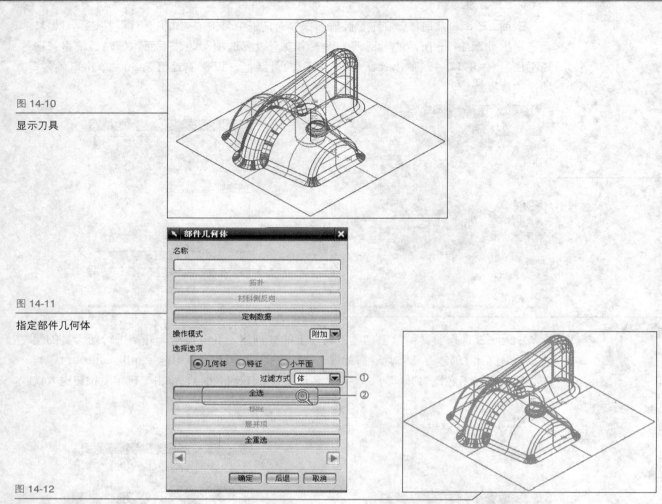

图 14-10

显示刀具

图 14-11

指定部件几何体

图 14-12

选择的部件几何体

Step 6 修剪几何体：单击"指定修剪边界"按钮，系统弹出如图 14-13 所示的对话框。移动光标到毛坯底面上，如图 14-14 所示。单击拾取该平面。单击"确定"按钮完成修剪几何体的选择。

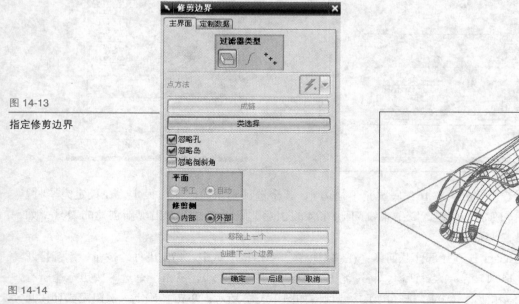

图 14-13

指定修剪边界

图 14-14

选择的修剪边界

Step 7 设定进刀/退刀：在"型腔铣"操作对话框中单击"非切削移动"按钮，系统弹出如图 14-15 所示的对话框。参数设置完毕后单击"确定"按钮。

14-15

刀削运动设置

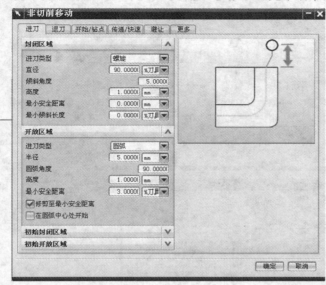

Step 8 设置切削参数：在"型腔铣"对话框中单击"切削参数"按钮进行切削参数的设置，系统弹出"切削参数"对话框，如图 14-16 所示。首先设置策略参数，切削顺序为"层优先"，切削方向为"顺铣"，图样方向为"向外"（①）；选中"岛清理"复选框，设置壁清理为"无"（②）；切削区域延伸设置为 0 （③）。

14-16

削参数设置

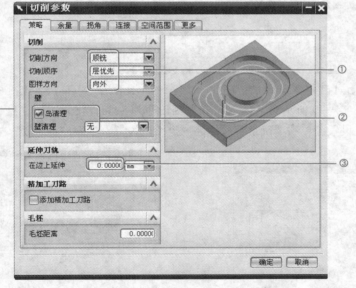

选择"余量"选项卡进行余量和公差设置，如图 14-17 所示。取消选中"使用'底部面和侧壁余量一致'"复选框，设置部件侧面余量为 0.5 （①）；毛坯余量设置为 0.2，检查余量、修剪余量设置为 0 （②）；设定内公差为 0.03，外公差为 0.03 （③）。其余选项卡按照默认值进行设置。

选择"拐角"选项卡，如图 14-18 所示进行角度控制参数设置，单击"确定"按钮，完成操作，返回"型腔铣"操作对话框中。

Step 9 设置常用参数：在"型腔铣"操作对话框中，如图 14-19 所示进行参数确认或设置，切削模式设置为"跟随部件"，步距设置为"刀具平直"，百分比设置为 50，全局每刀深度设置为 0.8 （①）。

图 14-17

余量设置

图 14-18

拐角参数设置

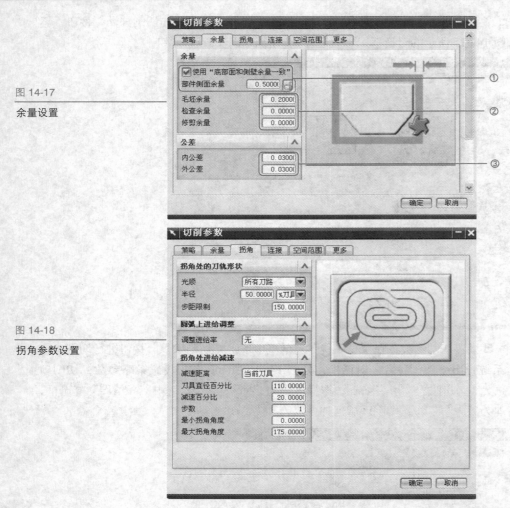

Step 10 设置进给量：在如图 14-19 所示对话框中单击"进给和速度"按钮（②），弹出如图 14-20 所示对话框，设置主轴转速为 2984；设置进刀速度为 600；其他参数按照默认值设置。单击"确定"按钮完成进给的设置，返回"型腔铣"操作对话框。

图 14-19

基本参数设置

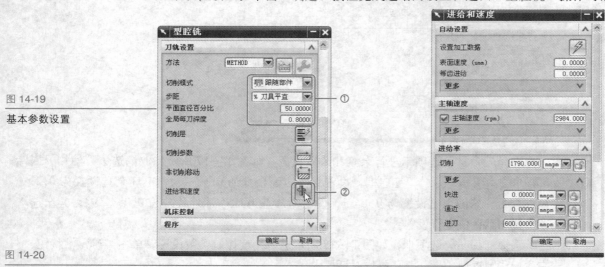

图 14-20

进给和速度设置

Step 11 生成刀路轨迹：完成了"型腔铣"操作对话框中所有项目的设置后，单击"生成"按钮计算生成刀路轨迹。在计算完成后，在图形区显示第一层的切削范围，如图 14-21 所示。用户还可根据需要对刀轨进行切削仿真模拟，效果如图 14-22 所示。

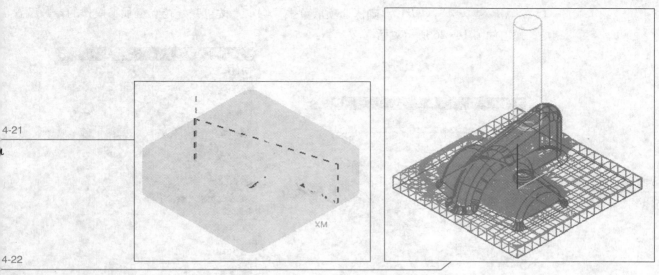

4-21

4-22

模拟仿真

14.2.3 更改参数

　　从前面检视刀路轨迹中可以看出，在模型上方有部分刀路不完全，这是由于模型与刀具边界之间的距离不足以通过一个刀而产生的。此时需要更改设置，以使该部分的刀路轨迹变成完成的切削。对于这种情况，可以将裁剪边界的余量设置为一个负值，以使该边界向外扩大，从而有足够的间距通过刀具。

　　Step 1 编辑裁剪边界：在"型腔铣"操作对话框中单击"指定修剪边界"图标，系统弹出"修剪边界"对话框，选中"余量"复选框，并输入值为 −8.0（②），如图 14−23 所示。单击"确定"按钮完成边界参数的修改。

　　Step 2 重新生成刀轨：其余参数不变，单击"生成"按钮计算生成刀路轨迹。在计算完成后，在图形区显示第一层的切削范围，如图 14−24 所示。

4-23

辑修剪边界

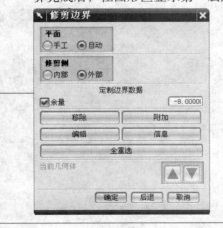

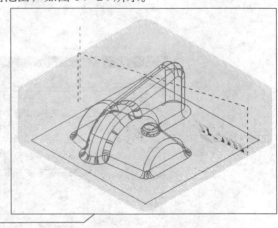

4-24

成刀路轨迹

　　Step 3 检视并接受刀路轨迹：在图形区通过旋转、平移、放大视图，再单击"重播"按钮，重新显示路径。确认生成的刀路轨迹正确合理后，单击"确认"按钮，接受刀路轨迹。

14.2.4 泵盖模型芯二次开粗加工

　　Step 1 创建角落粗加工操作：单击工具条上的"创建操作"按钮，开始进行新操作的建立。在弹出的"创建操作"对话框中设置相关参数，如图 14−25 所示。子类型选择

"CORNER-ROUGH"。确认选项后单击"确定"按钮开始轮廓粗加工操作的参数设置，弹出如图 14-26 所示对话框。

图 14-25

"创建操作"对话框

图 14-26

"轮廓粗加工"对话框

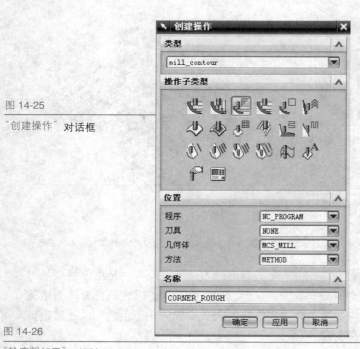

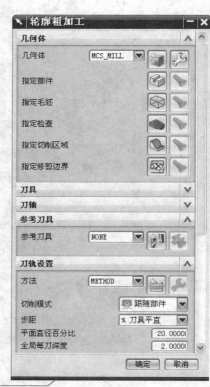

Step 2 选择刀具并设置参数：单击"创建刀具"按钮，系统弹出"创建刀具"对话框，如图 14-27 所示。在刀具类型中选择 mill_contour（①），子类型选择"平底铣刀"（②），名称设为 D6R1.5（③），单击"确定"按钮进入铣刀建立对话框，按照图 14-28 所示进行参数设置。刀具显示如图 14-29 所示。

图 14-27

"创建刀具"对话框

图 14-28

刀具参数设置

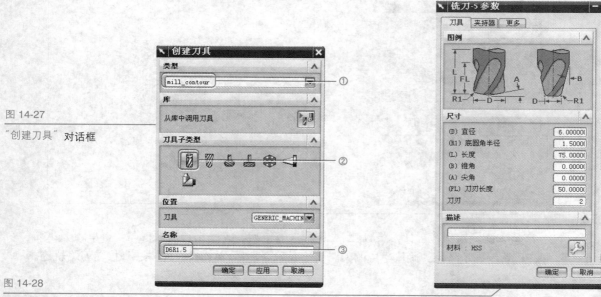

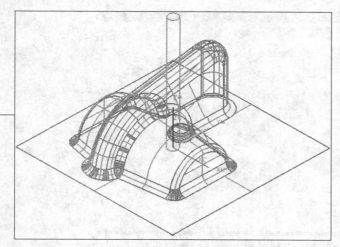

4-29
刀具

Step 3 选择几何体：在"轮廓粗加工"对话框中单击"指定部件"按钮，系统打开如图 14-30 所示的对话框，将过滤方式设置为"体"，单击"全选"按钮选择所有的实体和曲面，选择的工件几何体如图 14-31 所示。

4-30
件几何体"对话框

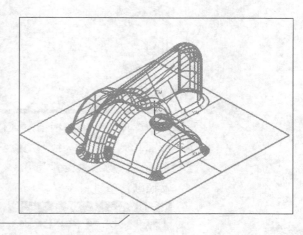

4-31
的部件几何体

Step 4 设置基本参数：在参考刀具栏上显示为"参考刀具：NONE"，单击"选择"按钮进行参考工具选择，如图 14-32 所示，选择参考刀具为 D6R1.5。在"轮廓粗加工"操作对话框中，按照如图 14-33 所示进行参数设置和确认。

4-32
刀具设置

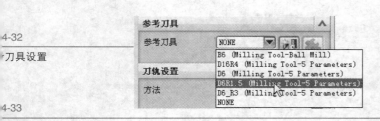

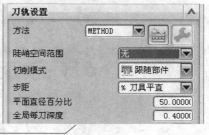

4-33
设置

Step 5 设定进刀/退刀：在"轮廓粗加工"对话框中单击"非切削移动"按钮，系统弹出如图 14-34 所示的对话框，按照图中的值进行设置。单击"确认"按钮完成设置。

图 14-34

非切削运动设置

Step 6 设置切削参数：在"轮廓粗加工"对话框中，单击"切削参数"按钮进行切削参数的设置。系统弹出"切削参数"对话框，如图 14-35 所示。首先在"策略"选项卡下进行设置。

图 14-35

切削参数设置

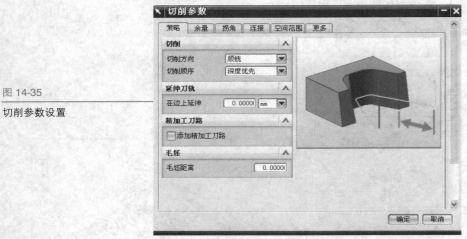

选择"余量"选项卡进行余量和公差设置，如图 14-36 所示。取消选中"使用'底部面和侧壁余量一致'"复选框，部件侧面余量为 0.6（①）；部件底面余量为 0.3，检查余量、修剪余量设置为 0（②）；设定内公差为 0.03，外公差为 0.03（③）。其余选项卡按照默认值进行设置。

图 14-36

余量设置

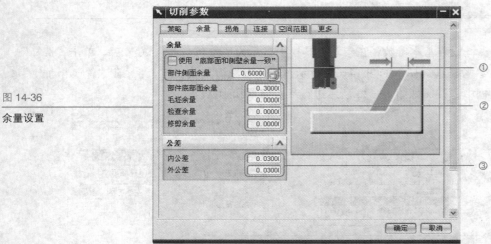

选择"拐角"选项卡，按照图 14-37 所示的数值进行参数设置，完成后单击"确定"按钮返回"轮廓粗加工"操作对话框。

Step 7 设置进给量：在"轮廓粗加工"对话框中单击"进给和速度"按钮进入如图 14-38 所示的对话框，设置主轴转速为 8011；进刀设置速度为 800，切削速度设置为 2883.96，其他参数按照默认值设置。单击"确定"按钮完成进给的设置。

14-37

角参数设置

Step 8 生成刀路轨迹并检视：完成了操作对话框中所有项目的设置后，单击"生成"按钮计算生成刀路轨迹（①），如图 14-39 所示。

14-38

给和速度参数设置

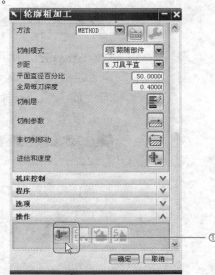

14-39

击"生成"按钮

在计算完成后，在图形区显示第一层的切削范围，如图 14-40 所示。用户还可以根据需要对切削过程进行动态模拟，效果如图 14-41 所示。

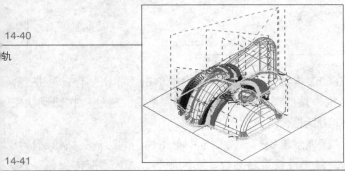

14-40

轨

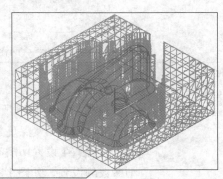

14-41

轨可视化

■■■■— 14.2.5 泵盖压铸模型芯半精加工 —■——■■■■■■■■■■■■

Step 1 创建等高轮廓铣操作：单击工具条上的"创建操作"按钮，在弹出的"创建操作"对话框中选择子类型为 ZLEVEL_PROFILE，选择刀具为 D6R1.5，如图 14-42 所示。确认选项后单击"确定"按钮进入"深度加工轮廓"对话框，如图 14-43 所示。

图 14-42

"创建操作"对话框

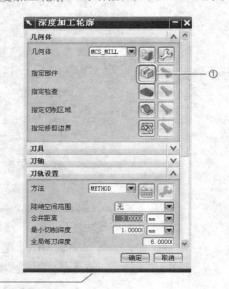

图 14-43

"深度加工轮廓"对话框

Step 2 选择几何体：单击"指定部件"按钮（①），系统打开如图 14-44 所示的对话框，以设定部件几何图形。将过滤方式设置为"体"（②），单击"全选"按钮选择所有的实体何曲面（③），选择的工件几何体如图 14-45 所示。单击"确定"按钮完成部件几何图形的选择。

图 14-44

"部件几何体"对话框

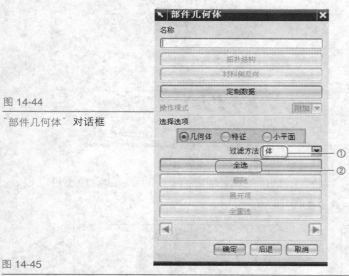

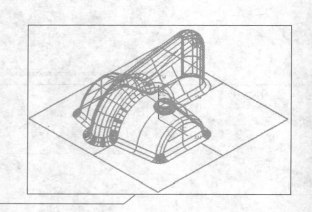

图 14-45

选择的部件几何体

Step 3 设定进刀/退刀：在"深度加工轮廓"对话框中单击"非切削移动"按钮，系统弹出如图 14-46 所示的对话框，按照图示数值进行设置，单击"确认"按钮确认完成设置，返回到"深度加工轮廓"对话框。

Step 4 设置切削参数：在"深度加工轮廓"对话框中单击"切削参数"按钮进行切削参数的设置，如图 14-47 所示。首先设置策略参数，切削顺序设置为"深度优先"；切削方向设置为"顺铣"；选中"在边缘滚动刀具"复选框。

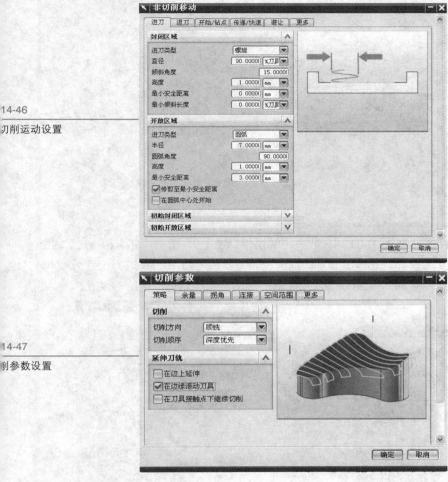

14-46
刀削运动设置

14-47
削参数设置

选择"余量"选项卡进行余量和公差设置，如图 14-48 所示。选中"使用'底部面和侧壁余量一致'"复选框，部件侧面余量设置为 0.2（①）；检查余量、修剪余量设置为 0（②）；设定内公差为 0.03，外公差为 0.03（③）。其余选项卡按照默认值进行设置。单击"确定"按钮完成切削参数的设置，返回"深度加工轮廓"对话框。

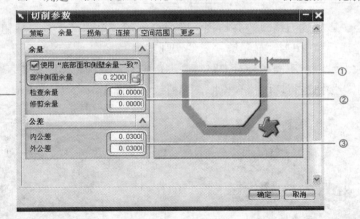

14-48
量设置

选择"拐角"选项卡，按照图 14-49 所示的参数值进行设置，单击"确定"按钮完成进给的设置。

Step 5 设置常用参数：在"深度加工轮廓"对话框中，进行基本参数确认或设置，陡角空间范围选择"无"，合并距离设置为 3，最小切削深度为 1，设定全局每刀深度为 0.6（①）。如图 14-50 所示。

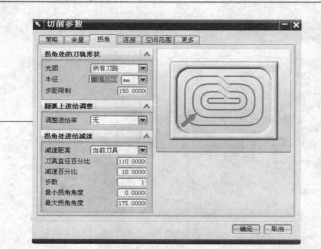

图 14-49

拐角参数设置

Step 6 设置进给量：在图 14-50 所示的操作对话框中，单击"进给和速度"按钮（②）进行进给和速度的设置，在弹出的对话框中设置主轴转速为 8011；进刀设置为 800；其他参数按照默认值设置，如图 14-51 所示。单击"确定"按钮完成进给的设置。

图 14-50

基本参数设置

图 14-51

"进给和速度"对话框

Step 7 生成刀路轨迹并检视：完成设置后，单击"生成"按钮计算生成刀路轨迹。在计算完成后，在图形区显示第一层的切削范围，如图 14-52(a)所示。在图形区通过旋转、平移、放大可以从不同角度对刀路轨迹进行查看，以判断其路径是否合理，用户还可通过"3D 动态"按钮进行切削仿真模拟，模拟效果如图 14-52（b）所示。

图 14-52（a）

生成刀轨

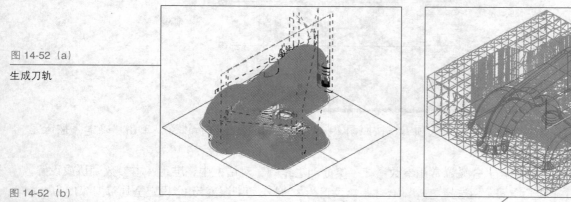

图 14-52（b）

刀轨可视化

14.2.6 泵盖压铸模型芯精加工

Step 1 创建操作：单击工具条上的"创建操作"按钮，开始进行新操作的建立，在弹出的"创建操作"对话框中设置相关参数，创建操作 CORNER_ROUGH，如图 14-53 所示。类型设置为 mill_contour；子类型选择第 2 行第 2 个图标，使用几何体为 MCS_MILL；使用刀具为 NONE；使用方法为 MILL_FINISH；操作名称为 CONTOUR_AREA；其他参数按默认值设置。确认选项后单击"确定"按钮开始参数设置，弹出如图 14-54 所示对话框。

14-53

建操作

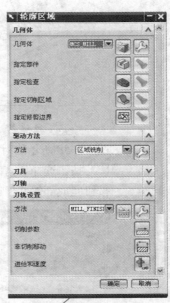

14-54

廓区域对话框

Step 2 选择刀具：单击创建工具条上的"创建刀具"按钮，开始进行新刀具的建立，系统弹出"创建刀具"对话框，如图 14-55 所示。在刀具类型中选择 mill_contour（①），子类型选择"球头铣刀"（②）；将刀具名称设为 B6（③），单击"确定"按钮进入铣刀建立对话框。

Step 3 设置刀具参数：系统弹出如图 14-56 所示的对话框，设定直径为 6，刀刃数设置为 4，如图 14-56 所示。单击"确定"按钮结束铣刀 B6 的创建，图 14-57 所示即为创建的刀具。

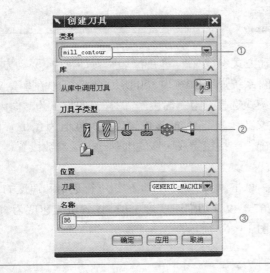

14-55

创建刀具

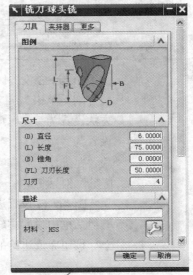

14-56

设置刀具参数

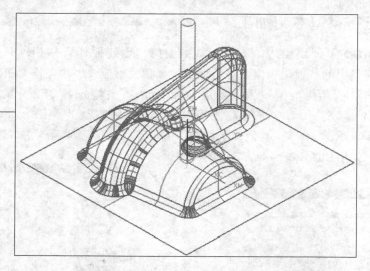

图 14-57

显示刀具

Step 4 选择几何体：在"轮廓区域"对话框中单击"指定部件"按钮，系统打开如图 14-58 所示的对话框，以设定部件几何图形，将过滤方式设置为"体"（①），单击"全选"按钮选择所有的实体和曲面（②），选择的工件几何体如图 14-59 所示。单击"确定"按钮完成部件几何图形的选择。

图 14-58

"部件几何体"对话框

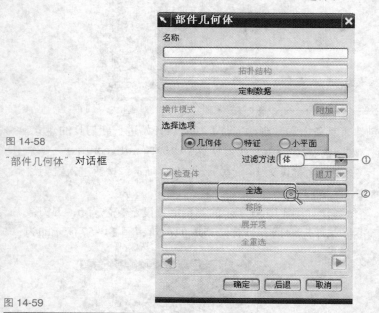

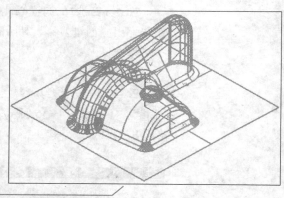

图 14-59

选择部件几何体

Step 5 设置区域铣削驱动方式参数：在"轮廓区域"对话框中，驱动方法设置为"区域铣削"，单击"编辑参数"按钮，系统弹出如图 14-60 所示的"区域铣削驱动方法"对话框，方法设置为"无"（①）；切削模式选择"跟随周边"，图样方向设置为"向内"，切削方向设置为"顺铣"（②）；步距定义为"残余高度"，设置残余高度值为 0.03，步距应用设置为"在部件上"（③）。单击"确定"按钮完成区域铣削驱动方法参数设置，返回到"轮廓区域"对话框。

Step 6 设置进给和速度：单击"进给和速度"按钮进行进给和速度的设置，在弹出的对话框中设置主轴转速为 11671；设置切削速度为 3501；设置进刀速度为 500。单击"确定"按钮完成进给的设置，如图 14-61 所示。

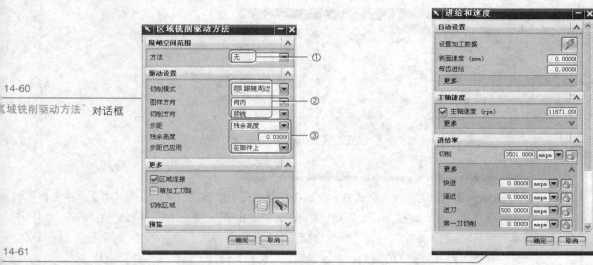

Step 7 设置基本参数：单击"切削参数"按钮进行切削参数的设置。在弹出的如图 14-62 所示对话框中进行参数设置。

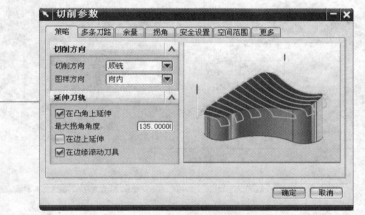

选择"余量"选项卡进行余量和公差设置，如图 14-63 所示。部件余量设置为 0，检查余量、边界余量设置为 0（①）；部件内、外公差均设为 0.053，设定边界内公差设为 0.03，边界外公差为 0.03（②）。其余选项卡按照默认值进行设置。单击"确定"按钮完成切削参数的设置，返回"轮廓区域"操作对话框。

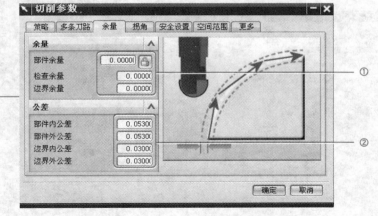

Step 8 设定进刀\退刀：在"轮廓区域"操作对话框中单击"非切削移动"按钮，系统弹出如图 14-64 所示的对话框，按照图示参数值进行设置。单击"确认"按钮确认完成设置。

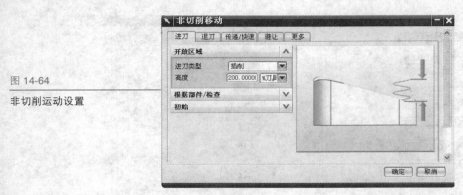

图 14-64

非切削运动设置

Step 9 生成刀路轨迹并检视：完成操作对话框中所有设置后，单击"生成"按钮计算生成刀路轨迹。在计算完成后，在图形区显示第一层的切削范围，如图 14-65（a）所示。用户还可通过"3D 动态"按钮进行刀具动态模拟，进一步观察刀具运动全过程，效果如图 14-65（b）所示。确认刀路轨迹正确合理后，单击"确定"按钮，接受刀路轨迹，并关闭对话框。

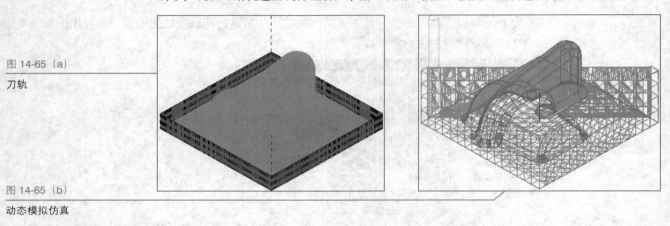

图 14-65（a）

刀轨

图 14-65（b）

动态模拟仿真

14.2.7 清角加工

Step 1 创建固定轴曲面轮廓铣操作：单击工具条上的"创建操作"按钮，在弹出的"创建操作"对话框中设置参数，如图 14-66 所示，子类型选择固定轴曲面轮廓铣，几何体选择 MCS_MILL，刀具设置为 NONE，操作名称为 FIXED_CONTOUR。确认选项后单击"确定"按钮开始进入如图 14-67 所示的"固定轮廓铣"对话框。

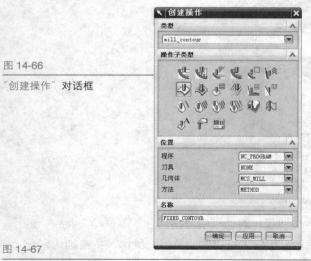

图 14-66

"创建操作"对话框

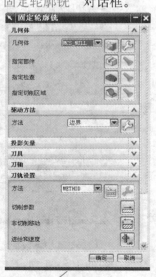

图 14-67

"固定轮廓铣"对话框

Step 2 选择刀具：单击创建工具条上的"创建刀具"按钮，开始进行新刀具的建立。当前没有刀具（刀具：NONE），系统弹出"创建刀具"对话框，如图 14-68 所示。在刀具类型中选择 mill_contour，子类型选择"铣刀"；将刀具名称设为 D6，单击"确定"按钮进入铣刀建立对话框。

Step 3 设置刀具参数：系统弹出如图 14-69 所示对话框，设置刀具参数，设定直径为 6；其余选项则依照默认值设定。图 14-70 所示为显示的刀具。单击"确定"按钮结束铣刀 D6 的创建。

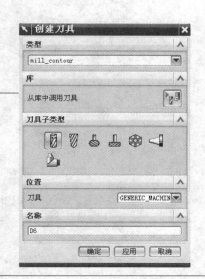

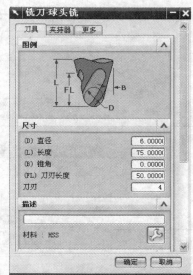

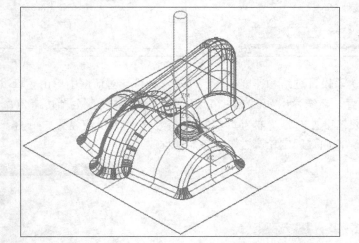

Step 4 选择几何体：在"固定轮廓铣"对话框中单击"指定部件"按钮，系统打开如图 14-71 所示的对话框，设定部件几何图形。将过滤方法设置为"体"（①），单击"全选"按钮（②），选择的部件几何体如图 14-72 所示。单击"确定"按钮完成部件几何图形的选择。

Step 5 选择驱动几何体：在"固定轮廓铣"对话框中单击"指定切削区域"按钮进行驱动几何体的选择，系统将打开"切削区域"对话框，如图 14-73 所示。移动光标拾取凸台与顶面相交曲面的边缘，单击"确定"按钮完成驱动几何体的选择。图 14-74 所示为选择的切削区域。

Step 6 设置径向切削驱动：在"固定轮廓铣"对话框中的"驱动方式"下拉列表框中选取"清根加工"，打开"清根驱动方法"对话框，如图 14-75 所示，按照图示数值进行设置。确认驱动路径后，单击"确定"按钮。

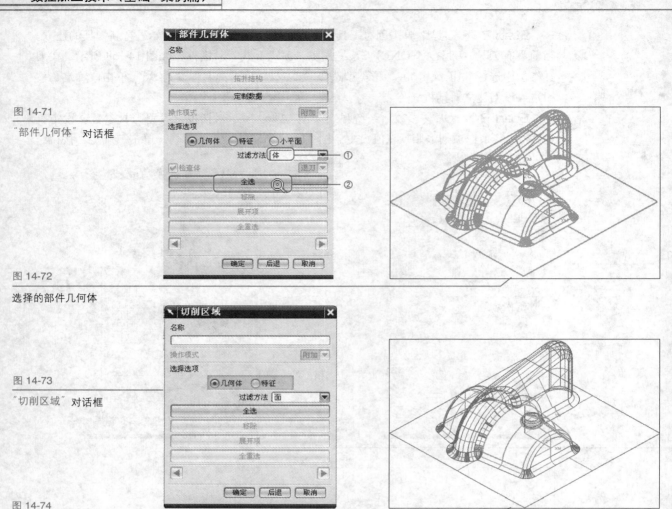

图 14-71

"部件几何体"对话框

图 14-72

选择的部件几何体

图 14-73

"切削区域"对话框

图 14-74

选择切削区域

Step 7 设置进给和速度：在"固定轮廓铣"对话框中单击"进给和速度"按钮进行参数的设置，系统弹出如图 14-76 所示的对话框。设置主轴转速为 6366；设置切削速度为 1527.84；设置进刀速度为 500；其他参数按照默认值设置。单击"确定"按钮完成进给的设置，返回"固定轮廓铣"操作对话框。

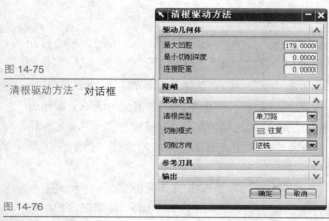

图 14-75

"清根驱动方法"对话框

图 14-76

"进给和速度"对话框

Step 8 设置切削参数：在"固定轮廓铣"对话框中单击"切削参数"按钮进行切削参数的设置，系统弹出"切削参数"对话框，如图 14-77 所示。

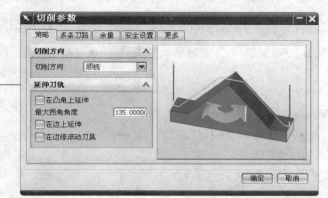

选择"余量"选项卡进行余量和公差设置，如图 14-78 所示，部件面余量设置为 0，检查余量、边界余量设置为 0；设定部件内、外公差为 0.001，边界内、外公差为 0.03。其余选项卡按照默认值进行设置。

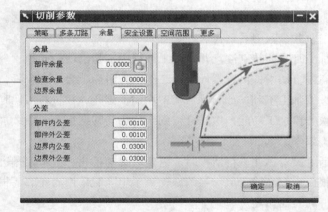

Step 9 生成刀路轨迹并检视：完成了操作对话框中所有项目的设置后，单击"生成"按钮计算生成刀路轨迹。在计算完成后，在图形区显示第一层的切削范围，如图 14-79（a）所示。单击"3D 动态"按钮，进行刀轨运动仿真模拟，进一步观察动态切削过程，如图 14-79（b）所示。

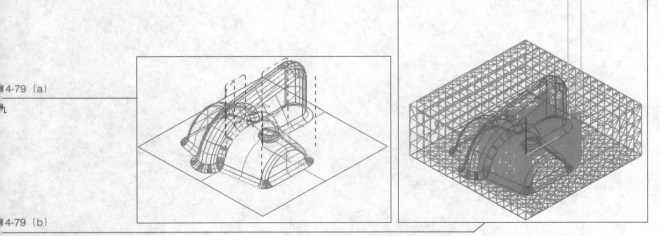

14.3 精通必备

本章节对泵盖压铸模型的型芯进行了整体加工。整个过程中主要运用了型腔铣操作，包括其中特殊的等高铣和固定轴曲面铣操作。通过实例我们可以总结得到加工的基本步骤。

型腔铣操作（等高铣操作）步骤如下：

（1）创建操作。

（2）选择几何体，设置刀具和相应的加工方法。

（3）设置腔铣的必要参数。

（4）设置切削方式、非切削运动以及进给和速度等二级参数。

（5）生成刀轨并检验。

固定轴曲面轮廓铣操作步骤如下：

（1）创建固定轴曲面轮廓铣操作。

（2）设置几何体、加工方式和刀具。

（3）选择驱动几何体类型以及可用投影矢量、刀具轴和切削方法。

（4）生成刀轨并检验刀具路径。

本实例在加工时需要特别注意几个加工过程中容易出现的问题。

（1）在等高铣粗切中，由于零件上存在斜面，斜面上会留有台阶，导致残余量不太均匀。这样对后续的加工不利，如刀具载荷不均匀。因此，在进行粗切时，用户应选择具有优秀的层间二次开粗加工功能，这样会得到余量均匀的结果，为后续加工提供更有利的条件，也提高加工效率。

（2）在最后阶段对零件进行清根时，需要对陡峭拐角和平坦拐角进行区别对待，即对陡峭拐角的清根使用等高线一层一层清根，对平坦区域采用沿轮廓清根，可以更好地保护刀具，获得更好的表面质量。

（3）在等高方式精加工时，应使用螺旋式改变进刀位置的方式，以避免在固定位置留有进刀痕迹，保证加工效果的整体优良。

Chapter 15

前后模具加工实例

本章内容及学习地图：

本章主要利用一个完整加工实例综合介绍 UG CAM 的编程功能。本实例是关于前、后模加工的整体方案，主要利用一个完整加工实例综合介绍 UG CAM 的编程功能。加工时应该注意前、后模加工时的材料和加工精度，特别是前模的加工精度，在加工时要特别注意刀轨的参数设置，如果加工错误则会影响产品的外观效果。

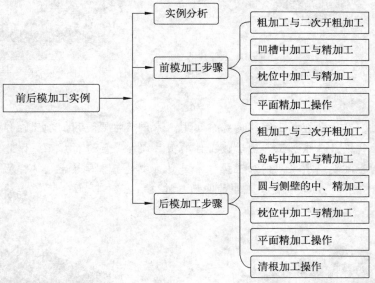

本章重点知识：

- 加工工步的选择
- 各个加工操作的创建
- 刀具路径的综合参数设置
- 前、后模具加工的注意点
- 各类型加工的结合运用

本章视频：

本章实例中前模加工分为 7 个加工工步，后模加工分为 10 个工步。此处只列举后模加工中的粗加工与二次开粗加工的视频。

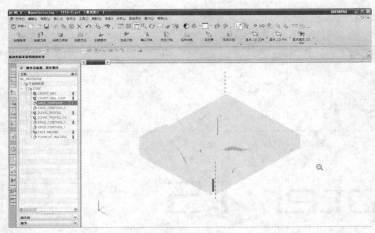

前模具加工 1

视频教学——前模具加工 1

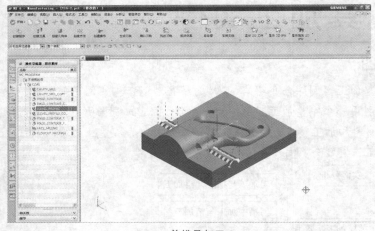

前模具加工 2

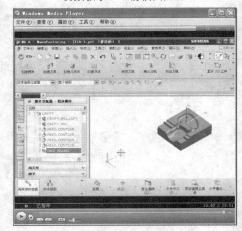

视频教学——前模具加工 2

本章实例：

通过对前后模的加工，进行数控加工编程的综合运用。本章节主要运用的加工操作包括有：型腔铣、固定轴轮廓铣、等高铣、平面铣以及清根加工。由于该工件的前后模均需要进行加工，因此操作过程分为前模加工和后模加工两大部分。由于本实例所采用的加工操作都是 CAM 中最基本和最常用的，因此，熟练该实例有助于读者巩固基础知识，提升应用能力。（前模加工中的凹槽与枕位加工刀轨效果如下，其余工步的实例效果详见正文）

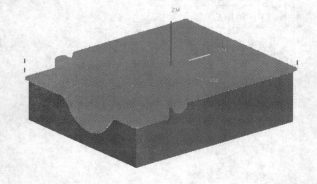

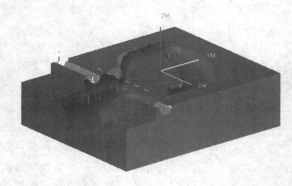

5.1 实例操作

实例分析

本章要加工的工件材料为 45#，毛坯材料为 220mm×185mm×68mm。工件整体粗糙度较高，因此加工时需要同时考虑前模和后模的装配。由于工艺要求，前模不可轻易烧焊，因此前模的工艺参数设置要特别注意。

实例难度

★★★★☆

制作方法和思路

该零件整体加工的基本要求如下：

◆ 在立铣加工中心上加工，使用平口板进行装夹。

◆ 加工坐标原点采用四面分中，X、Y 轴取工件的中心，Z 轴取在工件的最高平面上。

◆ 加工工步安排如表 15-1 所示。

表15-1 加工程序单

程 序 名 称	加 工 类 型	刀 具 直 径	加 工 深 度	加 工 余 量
型腔铣	开粗加工	D16R0.8	−45	0.5
型腔铣	二次开粗	D6R1	−45	0.5
固定轴	中加工	D8R2	−45	0.3
固定轴	精加工	D8R2	−45	0
固定轴	中加工	D6R3	−10	0.3
固定轴	精加工	D6R3	−10	0
面铣	精加工	D12	−13	0

参考教学视频

光盘目录 \ 视频教学 \ 第 15 章 前后模具加工 .avi

实例文件

原始文件：光盘目录 \prt\T15.prt

最终文件：光盘目录 \SHILI\T15.prt

实例效果

实例效果图如图 15-1 (a)、图 15-1 (b) 所示。

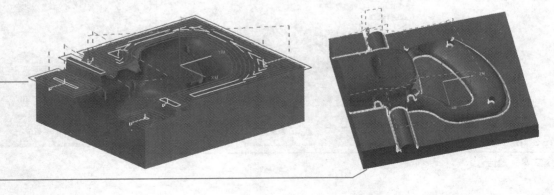

15-1 (a)

例图 1

15-1 (b)

例图 2

15.2　前模加工操作步骤

15.2.1　型腔铣开粗加工

Step 1 打开实例文件：选择"文件"→"打开"命令（①），如图 15-2（a）所示，在弹出的对话框中打开光盘中"SHILI\T15-1.prt"文件，如图 15-2（b）所示。

图 15-2（a）

打开实例文件

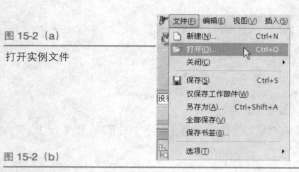

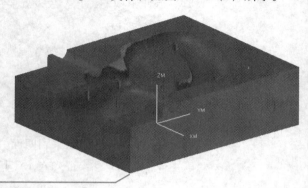

图 15-2（b）

要加工的模具

Step 2 创建父节点组：（1）创建程序组。在加工创建工具条中单击"创建程序"按钮，系统弹出"创建程序"对话框。在类型下拉列表中选择"mill_contour"选项；程序选择"NC_PROGRAM"；在名称文本框中输入"cavity"，单击"确定"按钮完成程序组操作，如图 15-3（a）所示。

（2）创建刀具组：单击"创建刀具"按钮，系统弹出"创建刀具"对话框，如图 15-3（b）所示，类型设置为"mill_contour"；单击"铣刀"按钮，在刀具下拉列表框中选择"GENERIC_MACHINE"选项；输入名称为 D16R0.8。单击"确定"按钮进入刀具参数设置对话框，如图 15-4 所示，设置直径为 16，底圆角半径为 0.8，刀具号为 1，刀具补偿为 1，其余数值默认不变。图 15-5 所示即为在工件上创建的刀具。单击"确定"按钮，完成 D16R0.8 刀具设置。

图 15-3（a）

"创建程序"对话框

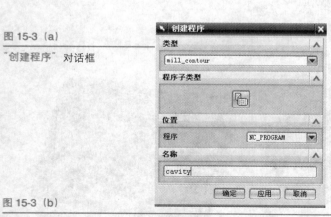

图 15-3（b）

"创建刀具"对话框

5-4

具参数设置对话框

相关知识

刀具创建完成后，
操作导航器的机床视
下可以进行查看和参
修改，另一种方法是
入"型腔铣"对话框
进行设置。

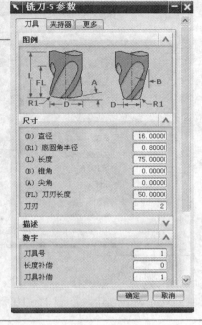

5-5

建的刀具

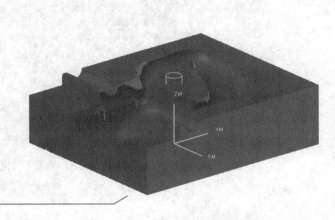

继续单击"创建刀具"按钮，系统打开如图 15-6 所示对话框，按照图示参数进行设置，单击"确定"按钮进入刀具参数对话框，按照图 15-7 所示进行参数设置，单击"确定"按钮完成刀具 D12 的创建。采用同样方法创建 D6R1 刀具。

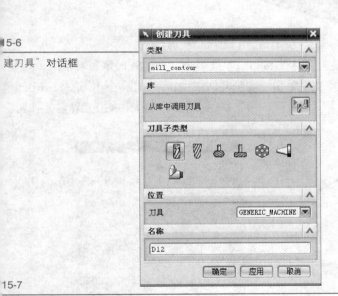

5-6

建刀具"对话框

5-7

具参数设置

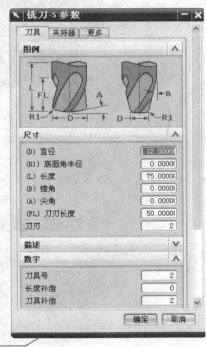

（3）创建机床坐标系：单击"创建几何体"按钮，系统弹出"创建几何体"对话框，类型设置为"mill_contour"；单击"机床坐标"按钮；几何体选择"GEOMETRY"，输入名称"MCS"，如图 15-8 所示。单击"确定"按钮进入如图 15-9 所示对话框。

图 15-8

"创建几何体"对话框

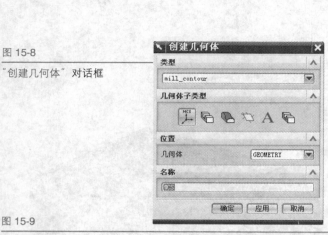

图 15-9

MCS 对话框

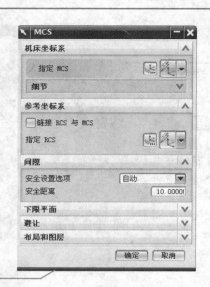

　　单击"指定 MCS"选项区域的"自动判断"按钮⬌，在绘图区选择毛坯顶面为 MCS
放置面，单击"确定"按钮，完成加工坐标系的创建，如图 15-10 所示。

图 15-10

设置加工坐标系

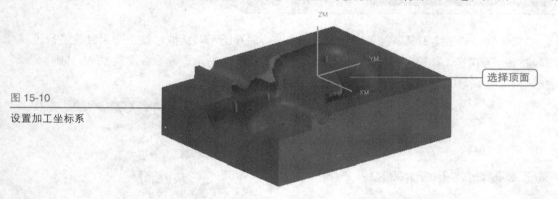

　　（4）创建几何体：单击"创建几何体"按钮，系统弹出"创建几何体"对话框，类型
选择"mill_contour"（①）；在子类型中单击"切削几何"按钮（②）；几何体选择"MCS"
（③）；名称文本框中输入"MILL_GEOM"（④），如图 15-11 所示。单击"确定"按钮，
进入如图 15-12 所示对话框。

图 15-11

"创建几何体"对话框

图 15-12

"铣削几何体"对话框

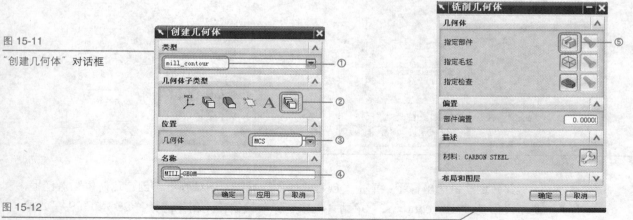

　　单击"指定部件"按钮（⑤），系统弹出"部件几何体"对话框，如图 15-13 所示，
设置过滤方式为"体"（⑥），单击"全选"按钮（⑦），在绘图区选择整个工件作为工件
几何体，单击"确定"按钮，完成工件几何体操作，如图 15-14 所示。

5-13

件几何体" 对话框

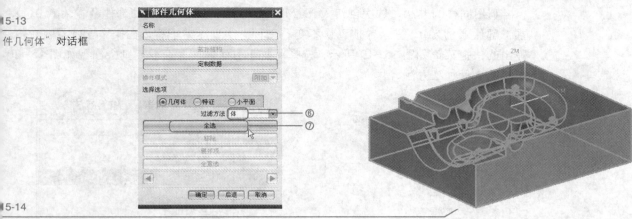

5-14

择的部件几何体

单击"指定毛坯"按钮，系统弹出如图 15-15 所示的"毛坯几何体"对话框，过滤方式设置为"体"（①），在绘图区选择工件作为毛坯几何体，单击"确定"按钮，完成毛坯几何体操作，最后单击"确定"按钮完成铣削几何体操作，选择的毛坯几何体如图 15-16 所示。

5-15

坯几何体" 对话框

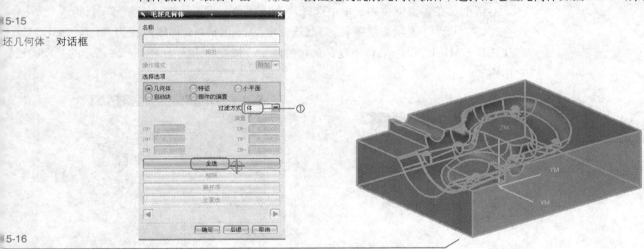

5-16

择的毛坯几何体

（5）创建方法：在加工创建工具条中单击"创建方法"按钮，系统弹出"创建方法"对话框，如图 15-17 所示，类型选择"mill_contour"（①）；在方法子类型中单击"粗铣"按钮（②）；在"方法"下拉列表框中选择"METHOD"选项（③）；输入名称"MILL_R"（④）。单击"确定"按钮进入图 15-18 所示对话框。在部件余量文本框中输入 0.5（⑤），其余参数按系统默认值设置，单击"确定"按钮，完成切削方法操作。

15-17

建方法" 对话框

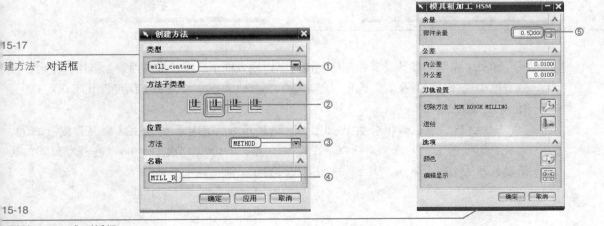

15-18

具粗加工 HSM" 对话框

利用同样的方法，依次创建 Mill_M、Mill_F，其中中加工的部件余量为 0.3；精加工部件余量为 0，其余数值默认不变。三种方法创建完毕后，在操作导航器内右击，弹出的快捷菜单如图 15-19 所示，选择"加工方法视图"命令，则会出现如图 15-20 所示的 3 种加工方法。

图 15-19

选择加工方法视图

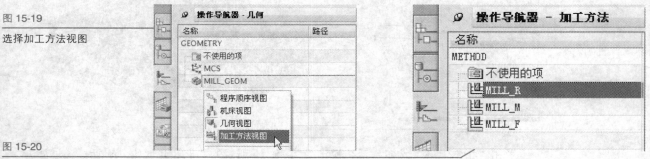

图 15-20

创建的加工方法

Step 3 创建操作：单击"创建操作"按钮，系统弹出如图 15-21 所示的"创建操作"对话框。在类型下拉列表框中选择"mill_contour"；子类型选择第 1 行第 1 个图标；选择"CAVITY"选项为程序名；刀具选择"D16R0.8"；几何体设置为"MILL_GEOM"；方法选择"MILL_R"；名称不变，单击"确定"按钮，进入如图 15-22 所示的"型腔铣"对话框。

图 15-21

"创建操作"对话框

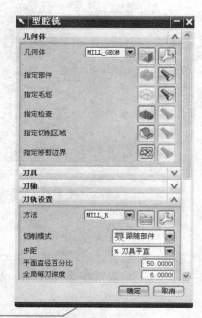

图 15-22

"型腔铣"对话框

Step 4 基本参数设置：在切削模式下拉列表框中选择"跟随周边"部件，步距下拉列表框中选择"刀具平直"选项（①）；输入百分比为 50，全局每刀深度设置为 0.8（②），如图 15-23 所示。

Step 5 设置进给和速度：在如图 15-23 所示对话框内单击"进给和速度"按钮（③），系统弹出如图 15-24 所示对话框，设置主轴速度为 1000；切削为 800；进刀为 1100，其余参数默认不变，单击"确定"按钮完成设置。

5-23

参数设置

5-24

和速度设置

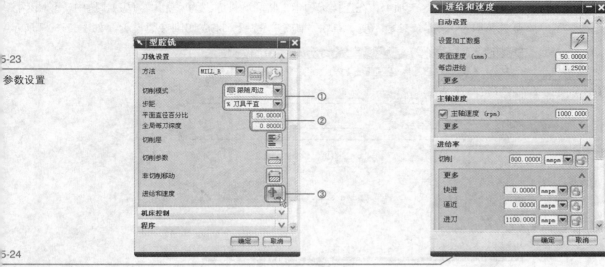

Step 6 设置切削参数：在"型腔铣"对话框中单击"切削参数"按钮，系统弹出如图 15-25 所示的"切削参数"对话框，按照图示数值设置"策略"选项卡的参数。

5-25

削参数"对话框

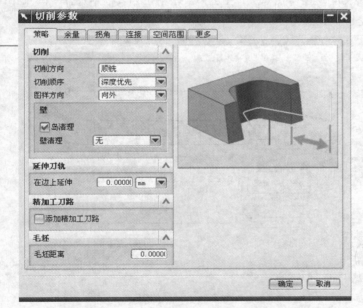

选择"余量"选项卡，设置"余量"选项卡上的参数，部件侧面余量设置为 0.5；部件底部面余量设置为 0.3（①），其余参数默认不变，如图 15-26 所示。

5-26

设置

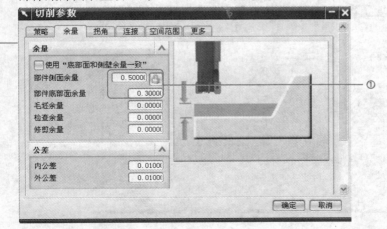

选择"连接"选项卡，在连接选项卡上将区域排序设为"优化"（①）；选中"区域连接"复选框（②），其余参数不变，单击"确定"按钮，完成切削参数设置，如图 15-27 所示。

图 15-27

"连接"选项卡

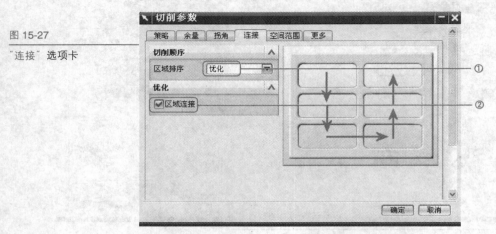

Step 7 设置非切削移动：单击"非切削移动"按钮，弹出如图 15-28 所示对话框，在进刀类型下拉列表框中选择"螺旋"，在直径文本框中输入 90（①）；高度设置为 6（②）；最小倾斜长度设置为 0（③）；在进刀类型下拉列表框中选择"圆弧"；半径设置为 5（④）；最小安全距离设置为 50（⑤）。

图 15-28

非切削移动设置

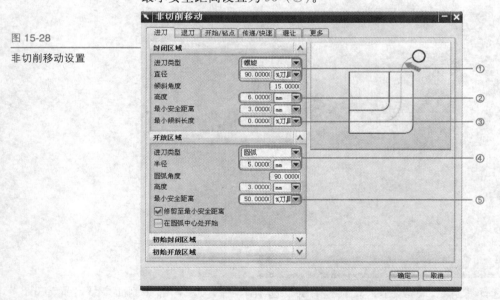

选择"传递/快速"选项卡，按照图 15-29 所示进行参数设置。

图 15-29

传递/快速设置

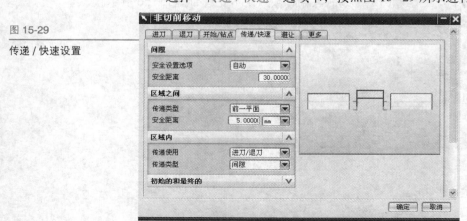

Step 8 生成刀具路径并检验：在"型腔铣"对话框中单击"生成"按钮，系统开始计算刀具路径，如图 15-30 所示。通过旋转、平移等操作从各个角度观察生成的刀路轨迹，确认正确后单击"确定"按钮，完成操作。

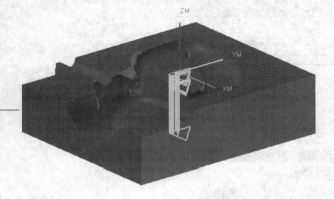

5-30
刀轨

15.2.2 二次开粗加工

Step 1 复制并粘贴操作：在操作导航器上右击，将视图切换至加工方法视图上，如图 15-31 所示。在 CAVITY_MILL 刀具路径旁边右击，在弹出的快捷菜单中选择"复制"命令，复制已经完成的操作，如图 15-32 所示。继续右击，在弹出的快捷菜单中选择"内部粘贴"命令，如图 15-33 所示。

5-31
导航器

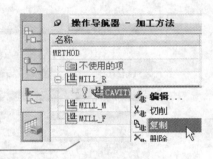

5-32
操作

此时可以看到 CAVITY_MILL 前面多了个减号和一个刀具路径 CAVITY_MILL_COPY，如图 15-34 所示。双击 CAVITY_MILL_COPY 刀具路径，系统会弹出如图 15-35 所示对话框。

5-33
粘贴操作

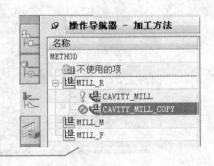

5-34
后的操作

Step 2 更改基本参数：在如图 15-35 所示的对话框中进行刀具更改，并在型腔铣对话框中的刀轨设置下更换相应参数，如图 15-36 所示。

图 15-35

更改刀具

图 15-36

基本参数设置

Step 3 在"型腔铣"对话框中单击"切削参数"按钮，系统弹出"切削参数"对话框，如图 15-37 所示。选择"余量"选项卡，将部件侧面余量设置为 0.5（①）；部件底部面余量设置为 0.3（①）。

图 15-37

余量设置

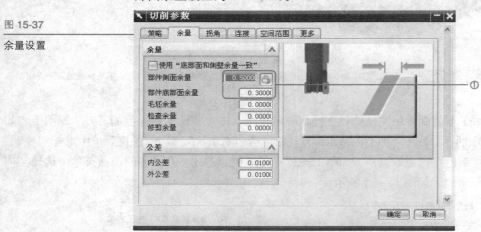

选择"空间范围"选项卡，如图 15-38 所示，在"参考刀具"下拉列表框中选择 D16R0.8 选项，单击"确定"按钮，完成参数设置。

图 15-38

空间范围设置

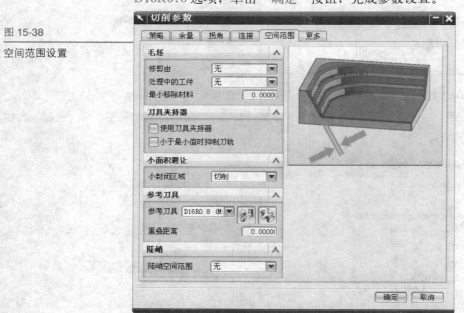

Step 4 设置进给和速度：单击"进给和速度"按钮，系统弹出如图 15-39 所示的对话框，设置主轴速度为 1200；切削为 450，单击"确定"按钮，完成进给和速度设置。

Step 5 生成刀具路径并检验：完成参数设置后在"型腔铣"对话框中单击"生成"按钮，系统开始计算刀具路径，如图 15-40 所示。通过旋转、平移等操作从各个角度观察生成的刀路轨迹，确认正确后单击"确定"按钮，完成操作。

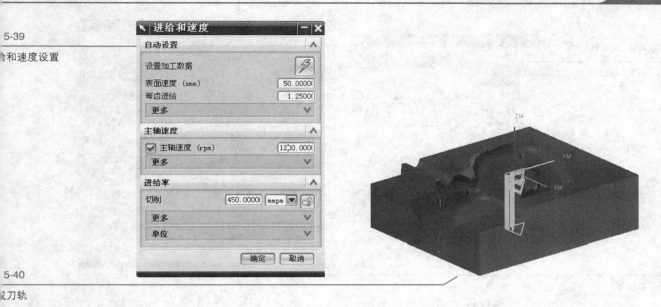

5-39

给和速度设置

5-40

刀轨

15.2.3 凹槽中加工

Step 1 创建操作：在"加工创建"工具条中单击"创建操作"按钮，系统弹出如图 15-41 所示的"创建操作"对话框，选择类型为"mill_contour"；子类型选择第 2 行第 1 个图标，程序选择"CAVITY"；刀具类型为"NONE"；几何体选择"MILL_GEOM"；在方法下拉列表框中选择"MILL_M"。单击"确定"按钮，进入如图 15-42 所示的对话框。

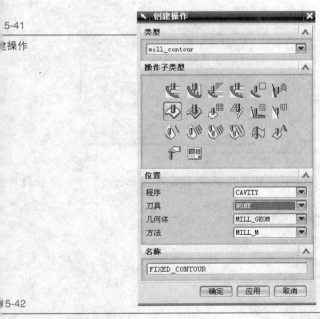

5-41

建操作

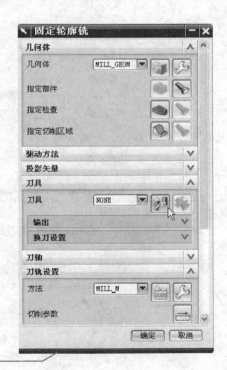

5-42

定轮廓铣"对话框

Step 2 创建刀具 D8R2：在刀具复选框旁单击"新建"按钮，打开如图 15-43 所示对话框，单击"确定"按钮，进入如图 15-44 所示对话框，进行刀具参数设置。

图 15-43

"新的刀具"对话框

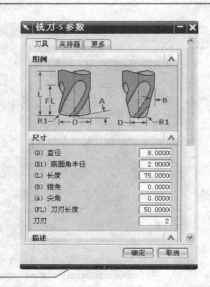

图 15-44

刀具参数设置

Step 3 设置必要参数：在驱动方法下拉列表框中选择"区域铣削"选项，如图 15-45 所示，系统弹出如图 15-46 所示的对话框，在此对话框中设置参数，最后单击"确定"按钮，完成区域铣削操作。

图 15-45

更改驱动方法

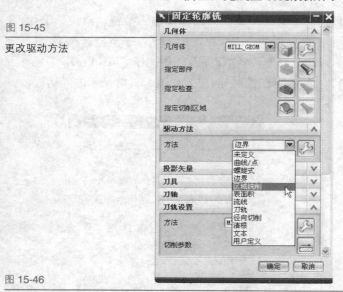

图 15-46

"区域铣削驱动方法"对话框

Step 4 设置切削参数：单击"切削参数"按钮，系统弹出如图 15-47 所示的对话框，按照图示参数进行设置。

图 15-47

"切削参数"对话框

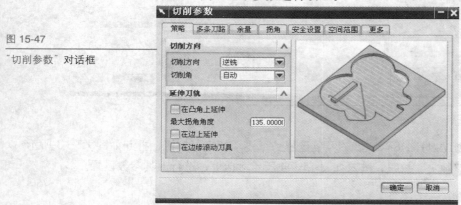

选择"余量"选项卡,在部件余量文本框中输入 0.3,"检查余量"文本框中输入 0(①),设置部件内、外公差为 0.005,边界内、外公差设置为 0.03(②),如图 15-48 所示。

图 15-48

余量设置

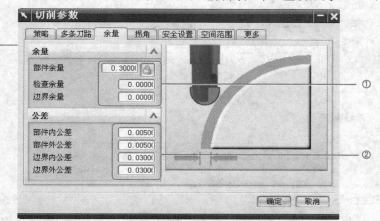

选择"安全设置"选项卡,在过切时下拉列表中选择"退刀"选项;检查安全距离设置为 3(①),单击"确定"按钮完成切削参数设置,如图 15-49 所示。

图 15-49

"安全设置"选项卡

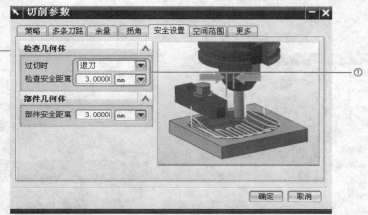

Step 5 设置非切削运动参数:单击"非切削移动"按钮,系统弹出如图 15-50 所示的对话框。在进刀类型下拉列表框中选择"圆弧－与刀轴平行"选项;半径设置为 3(①);圆弧角度设置为 90;旋转角度和线性延伸都设置为 0(②)。

图 15-50

进刀参数设置

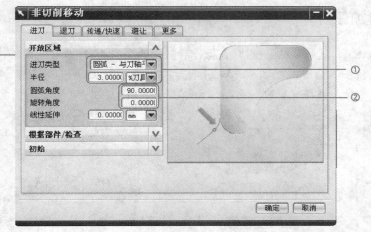

选择"传递/快速"选项卡,在区域距离文本框中输入 200(①);在安全设置选项下拉列表框中选择"使用继承的"选项(②);在光顺下拉列表框中选择"关"选项(③);其余参数按照系统默认值设定,单击"确定"按钮,完成非切削参数设置,如图 15-51 所示。

图 15-51

传递 / 快速设置

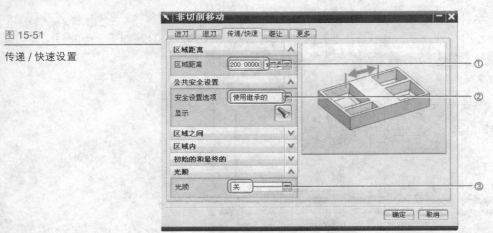

Step 5 设置进给和速度：在"固定轮廓铣"对话框中单击"进给和速度"按钮，系统弹出"进给和速度"对话框，设置主轴转速为 2500；切削速度设为 500。单击"确定"按钮，完成进给和速度的设置，如图 15-52 所示。

Step 6 生成刀路轨迹并检验：完成参数设置后，单击"生成"按钮，系统开始计算刀具路径，如图 15-53 所示。通过旋转、平移等操作对生成的刀轨进行检验，确定无误后单击"确定"按钮，接受刀路轨迹。

图 15-52

设置进给和速度

图 15-53

生成刀轨

15.2.4 凹槽精加工

Step 1 复制并粘贴操作：在操作导航器的空白处右击，在弹出的快捷菜单中选择"加工方法视图"命令，如图 15-54 所示。右击 FIXED_CONTOUR 刀具路径，在系统弹出的快捷菜单中选择"复制"命令，如图 15-55 所示。

图 15-54

操作导航器

图 15-55

选择"复制"命令

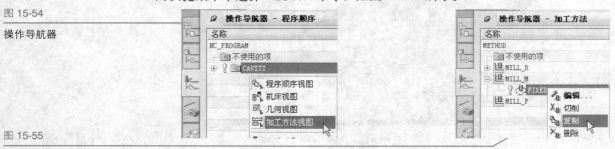

在 MILL_M 处右击，在系统弹出的快捷菜单中选择"内部粘贴"命令，如图 15-56 所示。粘贴完成后可以看到一个新的操作 CAVITY_MILL_COPY，如图 15-57 所示。

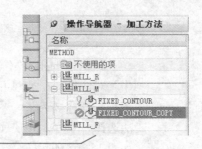
5-56

邻粘贴操作

5-57

后完成的新操作

Step 2 编辑新操作参数：双击 CAVITY_MILL_COPY 刀具路径，系统弹出"固定轮廓铣"对话框，如图 15-58 所示，单击对话框中的驱动方法按钮（①），系统弹出"区域铣削驱动方法"对话框，在此对话框中设置相关参数，最后单击"确定"按钮完成操作，如图 15-59 所示。

5-58

定轮廓铣"对话框

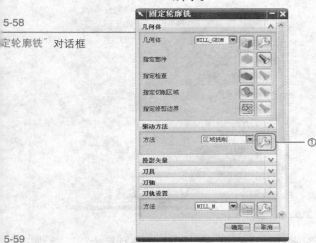

5-59

域铣削参数设置

Step 3 进给和速度设置：在"固定轮廓铣"对话框中单击"进给和速度"按钮，系统弹出如图 15-60 所示对话框。在主轴转速文本框中输入 3000；在切削文本框中输入 300，单击"确定"按钮，完成进给和速度的操作。由于切削参数和非切削移动参数不变，因此可沿用上一操作的数值。

Step 4 刀具路径生成与检验：在"固定轮廓铣"对话框中单击"生成"按钮，系统开始计算刀具路径。计算完成后效果如图 15-61 所示，可通过平移、旋转、缩放等操作对刀轨进行多角度观察。确认无误后，单击"确定"按钮，完成精加工凹槽刀具路径操作。

5-60

给设置

15-61

戈刀轨

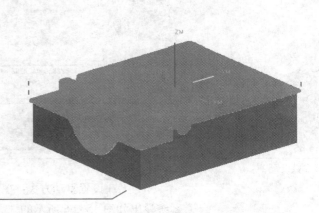

━━━ **15.2.5 枕位中加工** ━━━

Step 1 创建操作：在加工创建工具条中单击"创建操作"图标，系统弹出"创建操作"对话框，在类型下拉列表框中选择"mill_contour"选项；子类型选择第 2 行第 1 个图标，程序名为"CAVITY"；刀具选择"NONE"；几何体设置为"MILL_GEOM"；方法选择"MILL_M"。如图 15-62 所示。单击"确定"按钮，进入"固定轮廓铣"对话框，如图 15-63 所示。

图 15-62

"创建操作"对话框

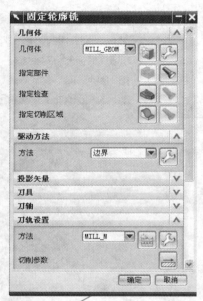

图 15-63

"固定轮廓铣"对话框

Step 2 创建刀具 D6R3：由于目前刀具为 NONE，因此单击刀具旁的"新建"按钮，系统弹出如图 15-64 所示的对话框。单击"确定"按钮，进行刀具参数设置，如图 15-65 所示。

图 15-64

"新的刀具"对话框

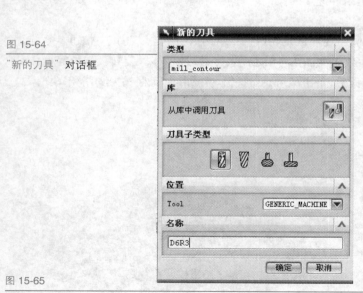

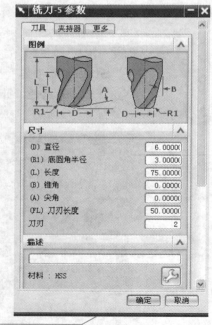

图 15-65

刀具参数设置

Step 3 设置驱动方式：在"固定轮廓铣"对话框中选择驱动方式为"区域铣削"选项，系统弹出如图 15-66 所示的"区域铣削驱动方法"对话框，在此对话框中设置相关参数。

单击"确定"按钮，完成区域铣削参数的设置，系统返回图 15-67 所示的对话框，单击"指
定切削区域"按钮 🖱️ （①），系统打开如图 15-68 所示对话框，选择过滤方式为"面"（②），
在工件上拾取要进行加工的枕位，选择结果如图 15-69 所示。

5-66

域铣削驱动方法"对话框

5-67

定轴轮廓"对话框

5-68

削区域"对话框

5-69

的切削区域

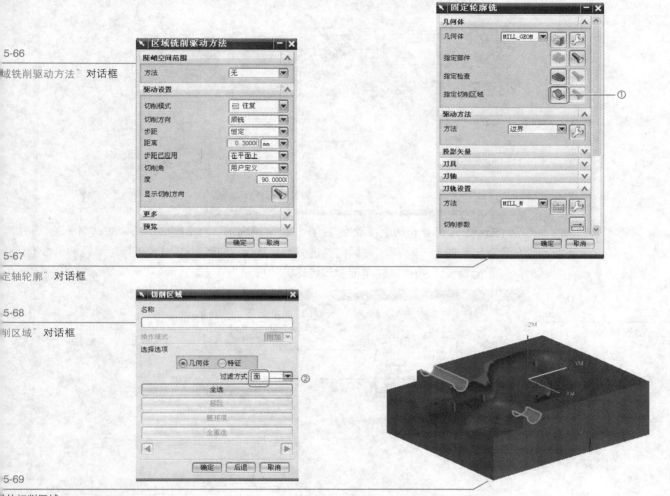

Step 4 设置切削参数：单击"切削参数"按钮，系统弹出"切削参数"对话框，进
行参数设置，如图 15-70 所示。

5-70

参数设置

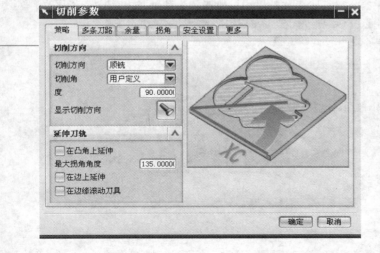

选择"余量"选项卡，在部件余量文本框中输入 0.3，检查余量文本框中输入 0（①），其他切削参数默认不变，如图 15-71 所示。

图 15-71

余量设置

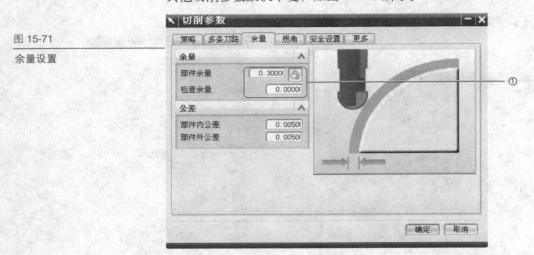

Step 5 设置非切削移动参数：在"固定轮廓铣"对话框中单击"非切削运动"按钮，系统弹出如图 15-72 所示对话框。进刀类型选择"圆弧 – 与刀轴平行"；半径输入 3（①）；圆弧角度设置为 90；旋转角度和线性延伸均设置为 0（②）。

图 15-72

进刀参数设置

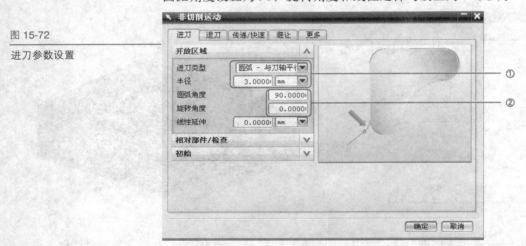

单击"传递/快速"按钮，选择"传递/快速"选项卡。在光顺下拉列表框中选择"关"（①）；其余参数默认不变，单击"确定"按钮完成非切削参数设置，如图 15-73 所示。

图 15-73

传递/快速参数设置

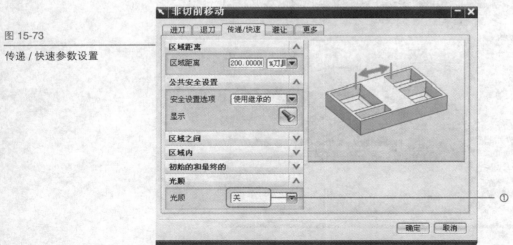

Step 6 设置进给和速度：单击"进给和速度"按钮，系统弹出如图 15-74 所示的进给对话框，在主轴速度文本框中输入 3000；在"切削"文本框中输入 600；单击"确定"按钮完成进给和速度的设置。

Step 7 刀具路径生成与检验：在"固定轮廓铣"对话框中单击"生成"按钮，系统开始计算刀具路径，如图 15-75 所示，计算完成后，通过旋转、平移等操作观察生成的刀路轨迹，确认无误后，单击"确定"按钮接受刀具路径。

5-74
给和速度"对话框

15-75
成刀轨

15.2.6 枕位精加工

Step 1 复制并粘贴操作：在操作导航器中右击，在弹出的快捷菜单中选择"加工方法视图"命令。在 FIXED_CONTOUR_1 刀具路径旁右击，在弹出的快捷菜单中选择"复制"命令，如图 15-76 所示，然后再次右击，在弹出的快捷菜单中选择"内部粘贴"命令。此时出现一个新的操作 FIXED_CONTOUR_1_COPY，如图 15-77 所示。

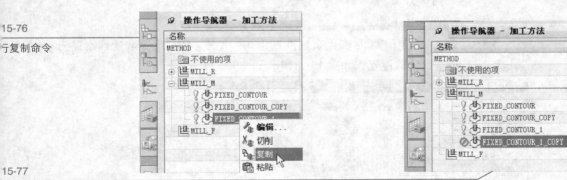

15-76
行复制命令

15-77
贴完成后的新操作

Step 2 更改操作参数：双击 FIXED_CONTOUR_1_COPY 刀具路径，系统弹出"固定轮廓铣"对话框，如图 15-78 所示。单击驱动方法中的"编辑"按钮，系统弹出"区域铣削驱动方法"对话框，在此对话框中设置相关参数，如图 15-79 所示。

图 15-78

"固定轴轮廓铣" 对话框

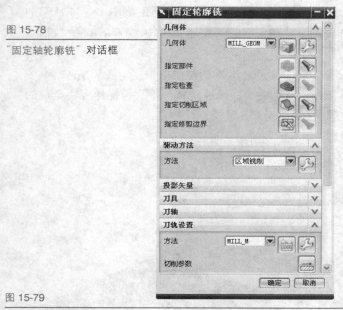

图 15-79

区域铣削参数设置

Step 3 切削参数设置：在 "固定轮廓铣" 对话框中单击 "切削参数" 按钮，系统弹出 "切削参数" 对话框，如图 15-80 所示。

图 15-80

"切削参数" 对话框

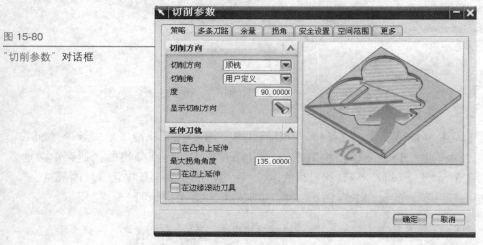

选择 "余量" 选项卡，将部件余量设置为 0，检查余量和边界余量都设置为 0（①），其他切削参数按默认值设置，如图 15-81 所示。

图 15-81

余量设置

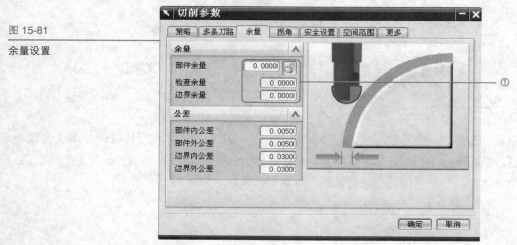

Step 4 设置进给和速度：单击"进给和速度"按钮，系统弹出如图 15-82 所示对话框，在主轴转速文本框中输入 3500；在切削文本框中输入 350；最后单击"确定"按钮完成进给和速度的设置，如图 15-82 所示。

Step 5 生成刀具路径并检验：在"固定轮廓铣"对话框中单击"生成"按钮，系统开始计算刀具轨迹，如图 15-83 所示。通过平移、缩放从各个角度观察刀轨，确认无误后单击"确定"按钮，接受生成的刀具路径。

5-82

给和速度"对话框

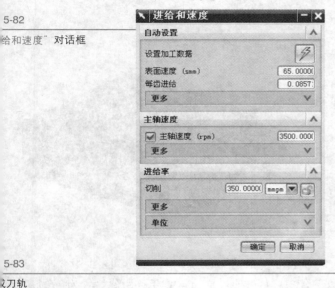

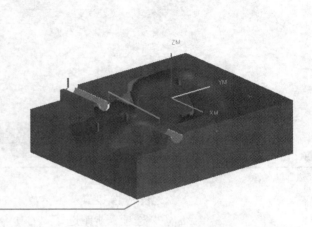

5-83

刀轨

15.2.7 平面精加工

Step 1 创建操作：在加工创建工具条中单击"创建操作"按钮，系统弹出"创建操作"对话框，类型选择"mill_planar"；操作子类型选择第 1 行第 2 个图标；程序选择"CAVITY"；刀具选择 D12；在几何体下拉列表框中选择"MILL_GEOM"选项；方法选择"MILL_F"选项，如图 15-84 所示。单击"确定"按钮，进入如图 15-85 所示的对话框。

5-84

建操作"对话框

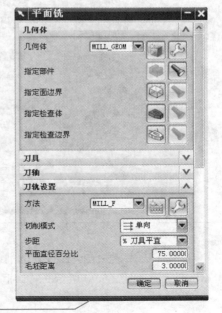

5-85

面铣"对话框

Step 2 指定面边界：在"平面铣"对话框中单击"指定面边界"按钮，系统弹出如图 15-86 所示对话框，在绘图区选择如图 15-87 所示的区域作为面边界，单击"确定"按钮，完成指定面边界操作，并返回"平面铣"操作对话框。

图 15-86

"指定面几何体"对话框

图 15-87

指定面边界

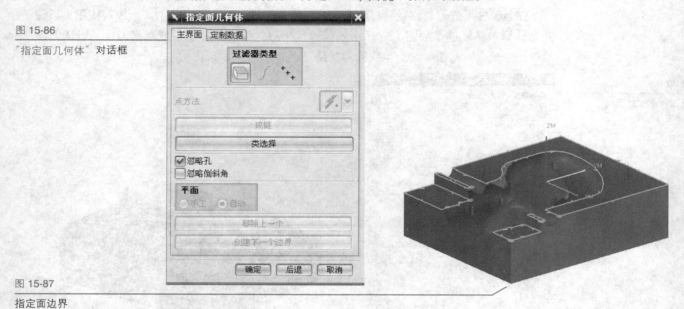

Step 3 设置基本参数：在"平面铣"对话框中的切削模式下拉列表框中选择"跟随周边"选项，步距选择"刀具平直"（①）；百分比设置为 40，毛坯距离设置为 3，每刀深度设置为 0，最终底部面余量设为 0（②），如图 15-88 所示。

Step 4 设置进给和速度：在"平面铣"对话框中单击"进给和速度"按钮（③），系统弹出如图 15-89 所示对话框，设置主轴速度为 3500；设置切削为 300；单击"确定"按钮完成设置。

图 15-88

基本参数设置

图 15-89

进给和速度设置

Step 5 设置切削参数：在"平面铣"对话框中单击"切削参数"按钮，系统弹出如图 15-90 所示的对话框。

选择"余量"选项卡，在部件余量文本框中输入 0，壁余量文本框中输入 0，最终底部面余量设置为 0（①）。最后单击"确定"按钮完成切削参数操作，如图 15-91 所示。

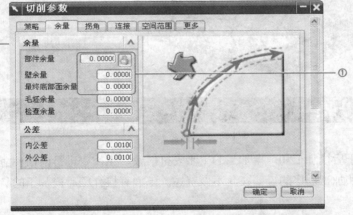

Step 6 非切削移动参数：在"平面铣"对话框中单击"非切削移动"按钮，系统弹出"非切削移动"对话框，如图 15-92 所示，进刀类型设为"插削"，高度设置为 6（①）；开放区域中的进刀类型选择为"圆弧"，半径设置为 5，角度为 90（②），其余参数默认不变。

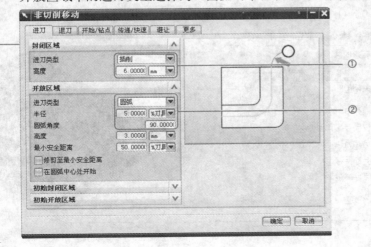

选择"传递 / 快速"选项卡，接着在安全设置选项下拉列表中选择"自动"选项；在安全距离文本框中输入 30（①），单击"确定"按钮，完成参数设置，如图 15-93 所示。

图 15-93

传递 / 快速参数设置

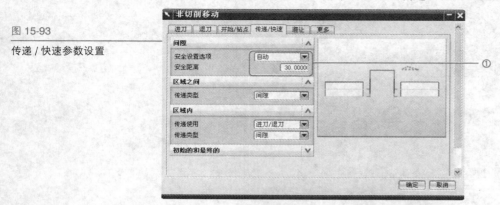

Step 7 生成刀路轨迹并检验：完成参数设置后单击"生成"按钮，系统开始计算刀具路径，如图 15-94 所示，通过旋转、平移、缩放等操作对生成的刀轨进行观察，确认无误后，单击"确定"按钮，接受生成的刀路轨迹。

图 15-94

生成刀轨

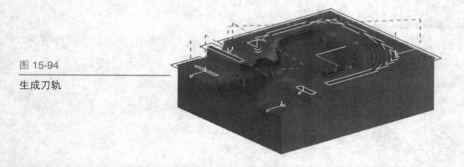

15.3 后模加工操作步骤

由于后模加工和前模加工的工步安排一致，也需要进行前面相应的操作，因此对于工艺分析和加工程序的说明在此不做赘述。下面直接介绍后模加工的具体步骤。

15.3.1 开粗加工

Step 1 打开文件：选择"文件"→"打开"命令（①），如图 15-95（a）所示，系统弹出打开部件文件对话框，打开光盘中"SHILI\T15-2.prt"文件，要加工模具如图 15-95（b）所示。

图 15-95（a）

选择"打开"命令

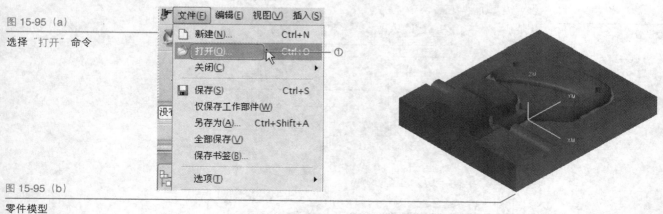

图 15-95（b）

零件模型

Step 2 父节点组的创建：

（1）创建程序组。在加工创建工具条中单击"创建程序"按钮，系统弹出"创建程序"对话框，在类型下拉列表中选择"mill_contour"选项；程序选择"NC_PROGRAM"选项；名称文本框中输入"core"，单击"确定"按钮完成程序组操作，如图 15-96 所示。

（2）创建刀具组。在加工创建工具条中单击"创建刀具"按钮，系统弹出"创建刀具"对话框，按照图 15-97 所示进行参数设置。

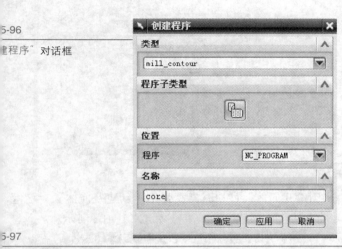

图 5-96
"创建程序"对话框

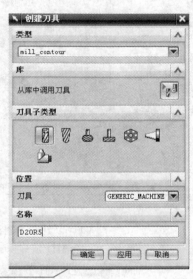

图 5-97
"创建刀具"对话框

单击"确定"按钮进入刀具参数设置对话框，如图 15-98 所示，设置刀具参数。单击"确定"按钮完成刀具 D20R5 的设置。继续单击"创建刀具"按钮，系统弹出如图 15-99 所示对话框，单击"确定"按钮进入如图 15-100 所示对话框，进行参数设置。按照上面步骤的操作，创建刀具 D10R5、D5、D3、D3R1.5。完成操作后在操作导航器的机床视图下会出现创建的所有刀具，对刀具参数的编辑可在此进行操作，如图 15-101 所示。

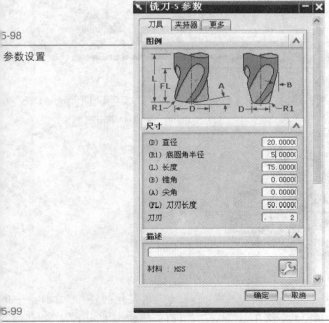

图 5-98
参数设置

图 5-99
刀具 D16

图 15-100

刀具参数设置

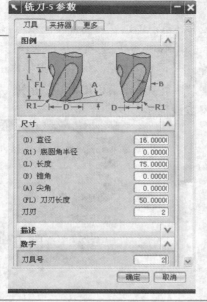

 相关知识

　　创建完成的刀具参数如果需要修改，可以在操作导航器的机床视图下右击，在弹出的快捷菜单中选择"编辑"命令，对刀具进行快速修改。

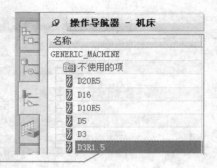

图 15-101

机床视图

　　（3）创建机床坐标系。单击"创建几何体"按钮，系统弹出"创建几何体"对话框，如图 15-102 所示。单击"确定"按钮进入"MCS"对话框，如图 15-103 所示。

图 15-102

"创建几何体"对话框

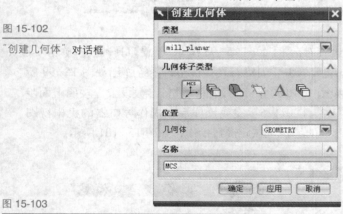

图 15-103

MCS 设置

　　单击"指定 MCS"的"自动判断"按钮 ![] （①），在绘图区选择毛坯顶面为 MCS 放置面，单击"确定"按钮，完成加工坐标系的创建，结果如图 15-104 所示。

图 15-104

机械加工坐标系

　　（4）创建几何体。单击"创建几何体"按钮，系统弹出"创建几何体"对话框，如图 15-105 所示，类型选择"mill_contour"选项（①）；在几何体子类型中单击"切削几何"按钮（②）；在几何体下拉列表框中选择"MCS"选项（③）；单击"确定"按钮，进入如图 15-106 所示对话框。

单击"指定部件"按钮（①），系统弹出"部件几何体"对话框，如图 15-107 所示，过滤方式设置为"体"（②），单击"全选"按钮（③），选择几何体结果如图 15-108 所示。

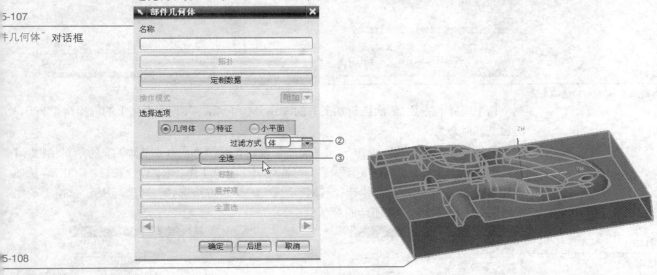

单击"指定毛坯"按钮，系统弹出"毛坯几何体"对话框，过滤方式设置为"面"（①），如图 15-109 所示。在绘图区选择工件作为毛坯几何体，选择结果如图 15-110 所示，单击"确定"按钮，完成毛坯几何体的选择。

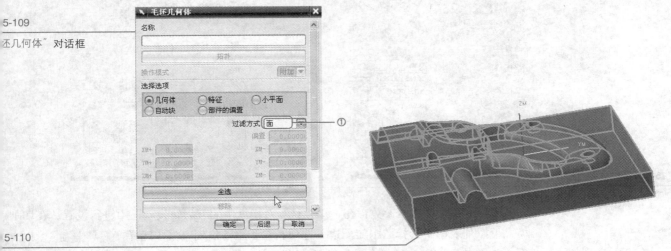

（5）创建方法。在加工创建工具条中单击"创建方法"按钮，系统弹出"创建方法"对话框，在类型下拉列表框中选择"mill_contour"选项，在"方法子类型"中单击"粗铣"按钮；方法选择"METHOD"；名称输入"MILL_R"，如图 15-111 所示。单击"确定"按钮，进入如图 15-112 所示对话框，按照图示数值进行设置。

图 15-111

"创建方法"对话框

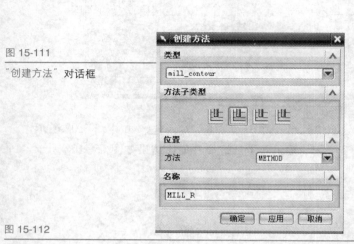

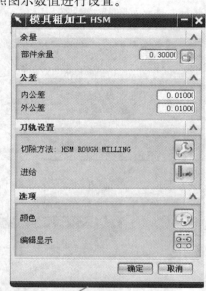

图 15-112

"模具粗加工 HSM"对话框

利用同样的方法，依次创建加工方法 Mill_M 和 Mill_F，其中中加工的部件余量为 0.3，精加工部件余量为 0。

Step 3 创建操作：单击"创建操作"按钮，系统弹出如图 15-113 所示对话框，在类型中选择"mill_contour"选项；子类型选择第 1 行第 1 个图标；程序选择"CORE"选项；刀具选择"D20R5"；几何体选择"MILL_GEOM"；方法选择"MILL_R"。单击"确定"按钮，进入如图 15-114 所示的对话框。

图 15-113

创建操作

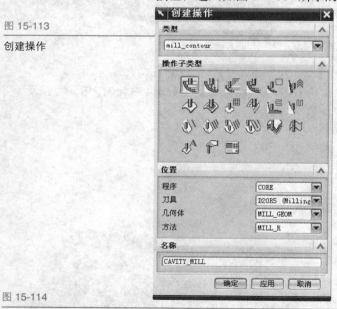

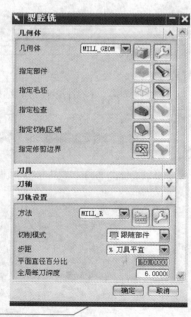

图 15-114

"型腔铣"对话框

Step 4 设置基本参数：在"型腔铣"对话框中的"刀轨设置"中进行设置。在切削模式下拉列表框中选择"跟随周边"选项，在步距下拉列表框中选择"刀具平直"（①）；百分比文本框中输入 65，全局每刀深度设置为 0.8（②），如图 15-115 所示。

Step 5 设置进给和速度：单击"进给和速度"按钮（③），系统弹出如图 15-116 所示对话框，设置主轴速度为 1000，切削速度为 800。单击"确定"按钮，完成参数设置。

图 15-115

基本参数设置

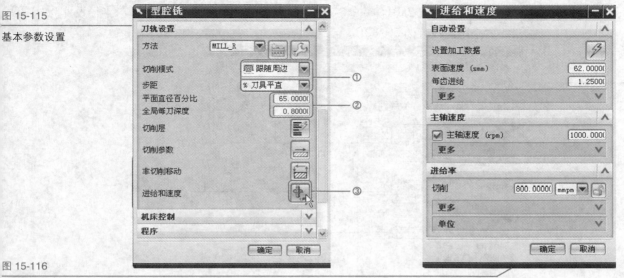

图 15-116

进给参数设置

Step 6 设置切削参数：在"型腔铣"对话框中单击"切削参数"对话框，系统弹出 如图 15-117 所示的对话框。设置切削顺序为"深度优先"，图样方向选择"向外"（①），选中"岛清理"复选框（②），其余参数按照默认值设置。

图 15-117

切削余量设置

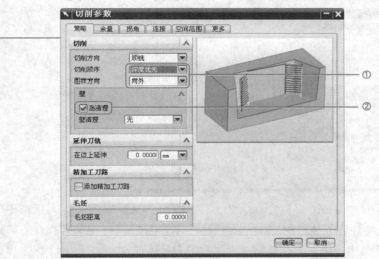

选择"余量"选项卡，取消选中"使用'底部面和侧壁余量一致'"复选框（①），部 件侧面余量设置为 0.5；部件底部面余量设置为 0.3（②），如图 15-118 所示。

图 15-118

余量设置

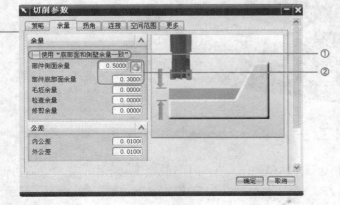

Step 7 设置非切削移动参数：在"型腔铣"对话框中单击"非切削移动"按钮，系统弹出如图 15-119 所示对话框，将"封闭区域"高度值更改为 6，最小安全距离设置为 3，最小倾斜长度设置为 0（①）。将"开放区域"的进刀类型设置为"圆弧"，半径设置为 5（②），最小安全距离设置为 50（③）。

图 15-119

进刀参数设置

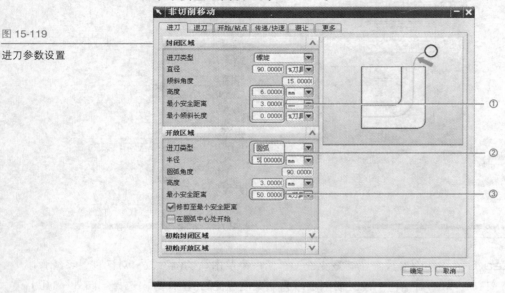

选择"传递/快速"选项卡，设置相关参数，如图 15-120 所示。

图 15-120

传递 / 快速参数设置

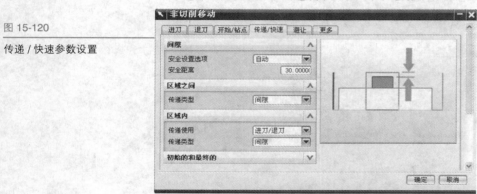

Step 8 刀具路径生成与检验：以上参数设置完成后，在型腔铣对话框中单击"生成"按钮，系统开始计算刀具路径，如图 15-121 所示，通过旋转、平移等操作对刀轨进行观察，确认正确后，单击"确定"按钮，接受生成的刀具路径。

图 15-121

生成刀轨

15.3.2 二次开粗加工

Step 1 复制并粘贴操作：在操作导航器工具条中的空白处右击，在弹出的快捷菜单中选择"加工方法视图"命令，如图 15-122 所示。操作导航器页面显示为加工方法视图后，选择 CAVITY_MILL，将该操作进行复制，如图 15-123 所示。

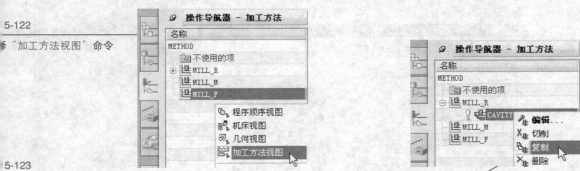

在右击后弹出的快捷菜单中选择"内部粘贴"命令，如图 15-124 所示，粘贴得到新的刀具路径 CAVITY_MILL_COPY，结果如图 15-125 所示。

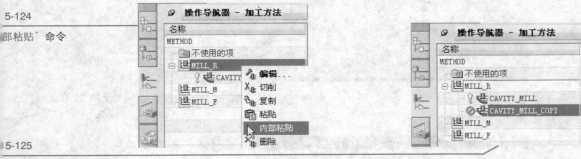

Step 2 更改参数：双击 CAVITY_MILL_COPY 刀具路径，系统会弹出"型腔铣"对话框，如图 15-126 所示。

在刀具下拉列表框中选择 D5 选项；切削模式设置为"跟随周边"，步距方式选择"刀具平直"（①）；百分比数值设置为 60，全局每刀深度更改为 0.5（②），如图 15-127 所示。

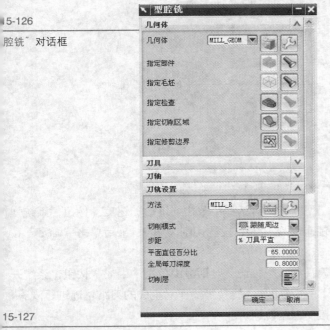

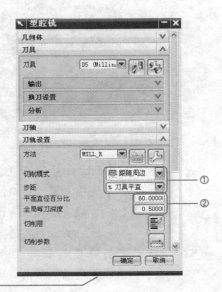

Step 3 设置切削参数：在"型腔铣"对话框中单击"切削参数"按钮，系统弹出如图 15-128 所示的"切削参数"对话框。

图 15-128

切削参数设置

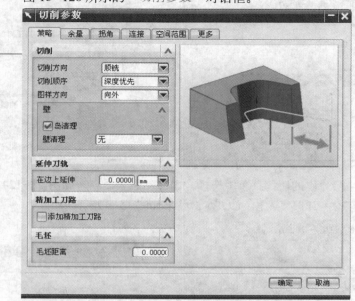

选择"空间范围"选项卡，在参考刀具下拉列表中选择 D20R5 选项（①），如图 15-129 所示。

图 15-129

空间范围设置

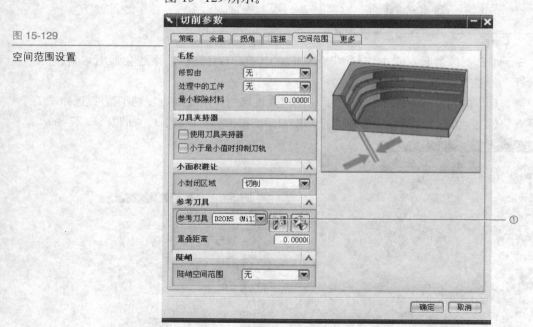

Step 4 设置进给和速度：在"型腔铣"对话框中单击"进给和速度"按钮，系统弹出"进给和速度"对话框，设置主轴速度为 1600，设置切削为 400，最后单击"确定"按钮，完成进给和速度设置，如图 15-130 所示。

Step 5 刀具路径的生成与检验：在"型腔铣"对话框中单击"生成"按钮，系统开始计算刀具路径，如图 15-131 所示，通过平移、旋转等操作对生成的刀路轨迹进行观察，确认无误后，单击"确定"按钮，接受刀路轨迹。

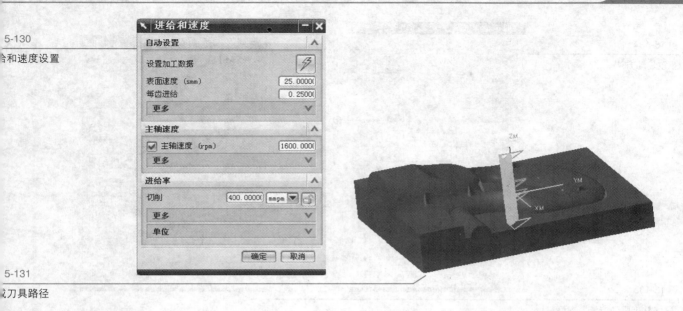

5-130
给和速度设置

5-131
刀具路径

15.3.3 岛屿中加工

Step 1 创建操作：在加工创建工具条中单击"创建操作"按钮，系统弹出"创建操作"对话框，在类型下拉列表框中选择"mill_contour"选项；子类型选择第2行第1个图标，即固定轴按钮；程序选择"CORE"；刀具选择"D10R5"；在几何体下拉列表框中选择"MILL_GEOM"；方法选择"MILL_M"，如图15-132所示。单击"确定"按钮，进入"固定轮廓铣"对话框，如图15-133所示。

5-132
建操作"对话框

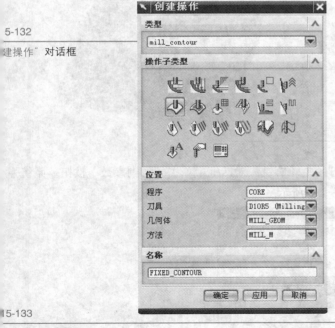

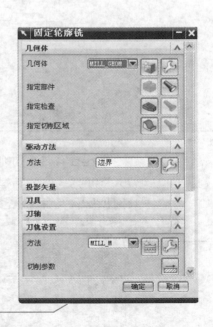

5-133
定轮廓铣"对话框

Step 2 选择驱动方式：在驱动方法的下拉列表框中选择"区域铣削"选项，如图15-134所示，系统弹出"区域铣削驱动方法"对话框，在此对话框中设置参数，最后单击"确定"按钮，完成区域铣削操作，如图15-135所示。

图 15-134

更改驱动方法

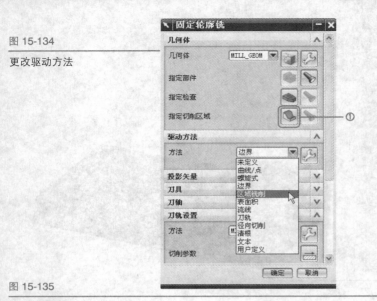

图 15-135

"区域铣削驱动方法"对话框

Step 3 选择切削区域：在图 15-134 所示对话框中单击"指定切削区域"按钮（①），系统弹出如图 15-136 所示的对话框，过滤方式设置为"面"（②），单击"全选"按钮（③），选择几何体，同时按下【Shift】键和鼠标左键，除去岛屿周围的平面，最终选择结果如图 15-137 所示。

图 15-136

"切削区域"对话框

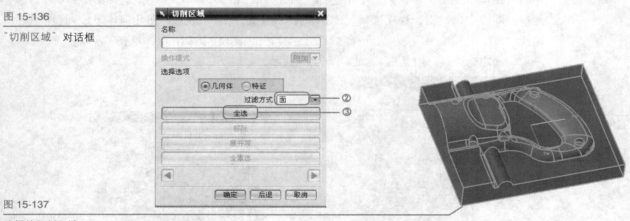

图 15-137

选择的切削区域

Step 4 设置切削参数：在"固定轮廓铣"对话框中单击"切削参数"按钮，系统弹出"切削参数"对话框，如图 15-138 所示。

图 15-138

切削参数设置

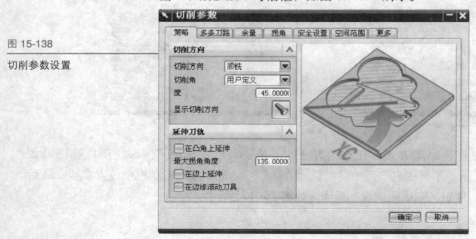

在"切削参数"对话框中选择"余量"选项卡，按照图15-139所示进行参数设置。

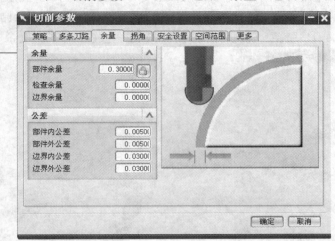

Step 5 设置非切削移动参数：在"固定轮廓铣"对话框中单击"非切削移动"按钮，系统弹出"非切削运动"对话框，如图15-140所示。进刀类型选择"圆弧 - 与刀轴平行"，半径设置为3（①）；圆弧角度设置为90，旋转角度和线性延伸设置为0（②）。

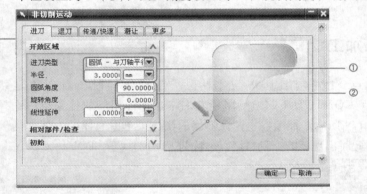

在"非切削运动"对话框中选择"传递/快速"选项卡，在光顺下拉列表框中选择"关"选项（①）；其余参数按照系统默认值设定，单击"确定"按钮，完成非切削参数设置，如图15-141所示。

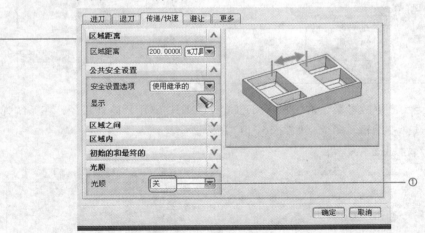

Step 6 设置进给和速度：在"固定轮廓铣"对话框中单击"进给和速度"按钮，系统弹出"进给和速度"对话框，设置主轴速度为2500；切削为600；单击"确定"按钮，完成进给和速度参数的设置，如图15-142所示。

Step 7 生成刀具路径并检验：完成所有参数设置后，在"固定轮廓铣"对话框中单击"生成"按钮，系统开始计算刀具路径，如图 15-143 所示，通过旋转、平移从各个角度检查生成的刀具路径，确认无误后单击"确定"按钮，接受刀轨。

图 15-142

"进给和速度"对话框

图 15-143

刀路轨迹

15.3.4 岛屿精加工

Step 1 复制刀具路径并粘贴：在操作导航器加工方法视图上找到名称为 FIXED_CONTOUR 的刀具路径并右击，在弹出的快捷菜单中选择"复制"命令，如图 15-144 所示。继续右击，在弹出的快捷菜单中选择"内部粘贴"命令，如图 15-145 所示。此时出现新的刀具路径，名称为 FIXED_CONTOUR_COPY，如图 15-146 所示。

图 15-144

选择"复制"命令

图 15-145

选择"内部粘贴"命令

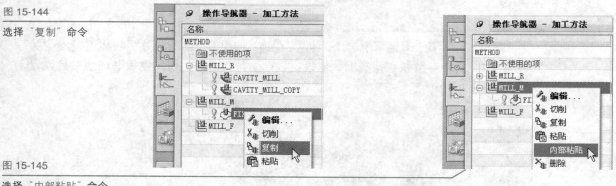

Step 2 更改参数：右击 FIXED_CONTOUR_COPY 刀具路径，在系统弹出的快捷菜单中选择"编辑"命令，如图 15-147 所示。

图 15-146

新的刀具路径

图 15-147

选择"编辑"命令

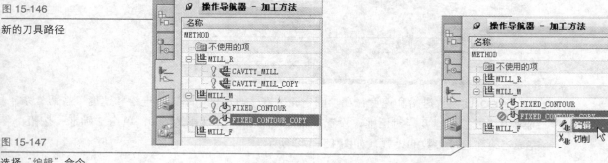

选择"编辑"命令后，系统弹出如图 15-148 所示的对话框。选择驱动方法为"区域铣削"，系统弹出如图 15-149 所示的"区域铣削驱动方法"对话框，在此对话框中设置相关参数，最后单击"确定"按钮完成区域铣削操作。

5-148

定轮廓铣"对话框

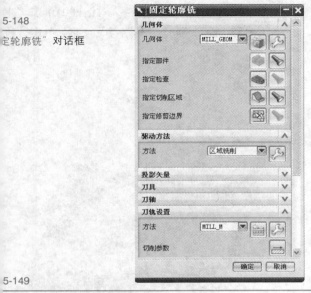

5-149

或铣削驱动方法"对话框

Step 3 设置切削参数：在"固定轮廓铣"对话框中单击"切削参数"按钮，系统弹出"切削参数"对话框，如图 15-150 所示。

5-150

参数设置

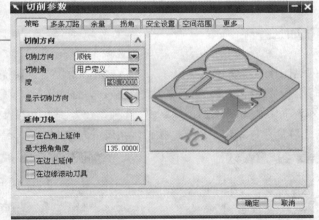

选择"余量"选项卡，部件余量设置为 0（①），部件内、外公差和边界内、外公差均设置为 0.03（②），其余参数按默认值设置，如图 15-151 所示。

5-151

量"选项卡

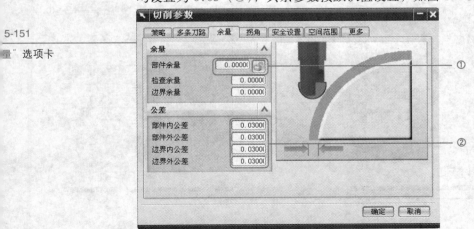

Step 4 设置进给和速度参数：在"固定轮廓铣"对话框中单击"进给和速度"按钮，系统弹出"进给和速度"对话框，设置主轴速度为3500，切削为350，单击"确定"按钮，完成进给和速度的设置，如图 15-152 所示。

Step 5 刀轨生成与检验：完成上述参数设置后，在"固定轮廓铣"对话框中单击"生成"按钮，系统会开始计算刀具路径，如图 15-153 所示。确认刀具路径无误后，单击"确认"按钮，接受刀轨。

图 15-152

进给和速度参数设置

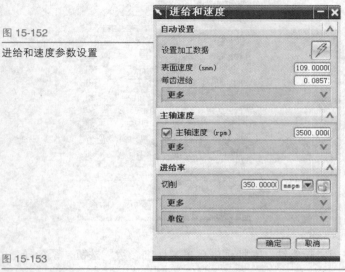

图 15-153

生成刀路轨迹

15.3.5 圆与侧壁的中加工

Step 1 创建操作：单击"创建操作"图标，系统弹出"创建操作"对话框，操作子类型选择第 1 行第 5 个图标，即"等高轮廓铣"按钮；程序选择"CORE"；刀具选择 D3；在几何体下拉列表框中选择"MILL_GEOM"选项；在方法下拉列表框中选择"MILL_M"选项，如图 15-154 所示。单击"确定"按钮，系统进入如图 15-155 所示的对话框。

图 15-154

"创建操作"对话框

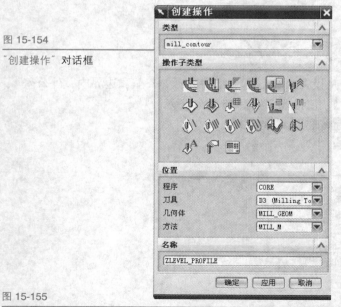

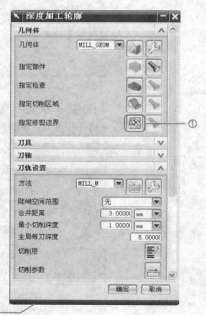

图 15-155

"深度加工轮廓"对话框

Step 2 选择切削区域：在"深度加工轮廓"对话框中单击"切削区域"按钮（①），系统弹出如图 15-156 所示的对话框，选择过滤方式为"面"（②），在绘图区选择如图 15-157 所示的孔作为加工区域。

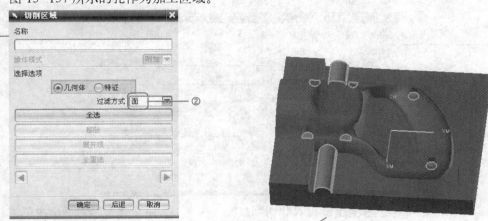

Step 3 设置基本参数：在"深度加工轮廓"对话框中设置陡峭空间范围为"无"；合并距离设置为 3，最小切削深度设置为 1，全局每刀深度设置为 0.3（①），如图 15-158 所示。

Step 4 设置进给和速度：在如图 15-158 所示对话框内单击"进给和速度"按钮（②），系统弹出如图 15-159 所示对话框，设置主轴速度为 2000，切削速度为 500，单击"确定"按钮，完成参数设置。

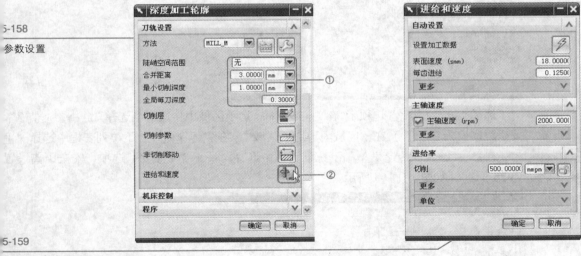

Step 5 设置切削参数：在"深度加工轮廓"对话框中单击"切削参数"按钮，系统打开如图 15-160 所示的对话框。

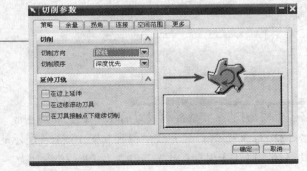

选择"余量"选项卡，取消选中"使用'底部面和侧壁余量一致'"复选框（①）；部件侧面余量设置为0.3（①），部件底部面余量设置为0.1（②）；内、外公差设置为0.005（③），如图15-161所示。

图 15-161

余量设置

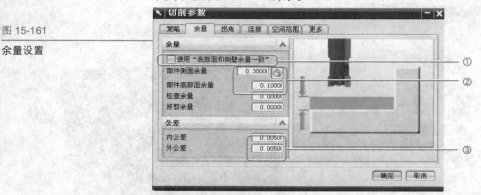

Step 6 设置非切削参数：在"深度加工轮廓"对话框中单击"非切削移动"按钮，系统弹出如图15-162所示的对话框，按照图示参数进行设置。

图 15-162

进刀参数设置

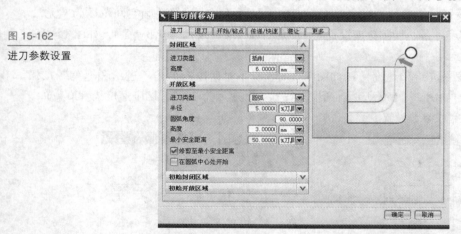

选择"传递/快速"选项卡，在"区域之间"选项区域中传递类型选择"最小安全值Z"，安全距离设为25（①）；在"区域内"选项区域中，在"传递使用"下拉列表框中选择"进刀/退刀"（①），"传递类型"下拉列表框中选择"最小安全值Z"选项，安全距离设置为25（②），如图15-163所示。

图 15-163

传递/快速参数设置

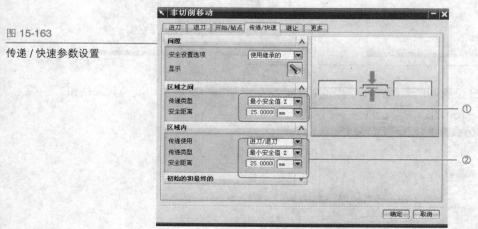

Step 7 刀具路径生成与检验：完成参数设置后在"深度加工轮廓"对话框中单击"生成"按钮，系统开始计算刀具路径，计算完成后得到如图15-164所示的刀轨。通过平移、旋转、缩放观察刀具路径，确认无误后单击"确定"按钮，接受刀轨。

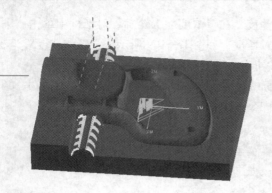

-164

刀轨

15.3.6 圆与侧壁的精加工

Step 1 复制与粘贴操作：在 ZLEVEL_PROFILE 刀具路径旁右击，在弹出的快捷菜单中选择"复制"命令，如图 15-165 所示。再次右击，在弹出的快捷菜单中选择"内部粘贴"命令，操作导航器上将出现一个新的刀具路径 ZLEVEL_PROFILE_COPY，如图 15-166 所示。

-165

命令

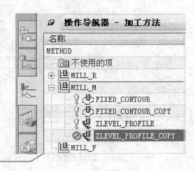

-166

后的新操作

Step 2 更改参数：双击 ZLEVEL_PROFILE_COPY 刀具路径，系统会弹出如图 15-167 所示对话框。在"深度加工轮廓"对话框中的"陡峭空间范围"下拉列表框中选择"无"选项，合并距离设置为 3，最小切削深度设置为 1，全局每刀深度设置为 0.3，如图 15-168 所示。

-167

加工轮廓"对话框

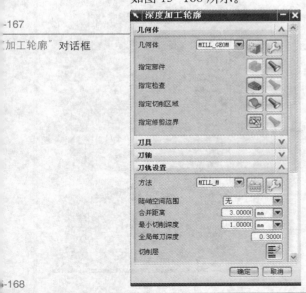

-168

参数设置

Step 3 设置进给和速度：在"浓度加工轮廓"对话框中单击"进给和速度"按钮，系统弹出"进给和速度"对话框，如图 15-169 所示，主轴速度设置为 3000；切削设置为 300；最后单击"确定"按钮完成进给和速度的设置。

Step 4 圆与侧壁精加工：在"深度加工轮廓"对话框中单击"生成"按钮，系统开始计算刀具轨迹，如图 15-170 所示。计算完成后，单击"确定"按钮，完成精加工圆与侧壁刀具路径操作。

图 15-169

进给和速度设置

图 15-170

刀轨

15.3.7 枕位中加工

Step 1 创建操作：在加工创建工具条中单击"创建操作"按钮，系统弹出"创建操作"对话框，如图 15-171 所示。操作子类型选择第 2 行第 1 个图标；程序选择"CORE"；刀具设置为 D3R1.5；几何体选择"MILL_GEOM"；方法设置为"MILL_M"，单击"确定"按钮，进入如图 15-172 所示的对话框。

图 15-171

"创建操作"对话框

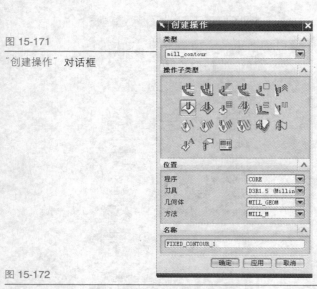

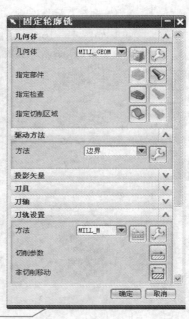

图 15-172

"固定轮廓铣"对话框

Step 2 选择驱动方法：在"固定轮廓铣"对话框中选择驱动方法为"区域铣削"，系统弹出"区域铣削驱动方法"对话框，如图 15-173 所示。参数设置完毕后，单击"确定"按钮返回"固定轮廓铣"对话框。

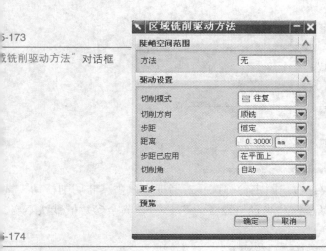

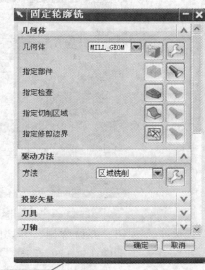

在如图 15-174 所示对话框中单击"指定切削区域"按钮，系统弹出如图 15-175 所示对话框，过滤方式设置为"面"（①），在工件上选择要加工部位，选择结果如图 15-176 所示。

Step 3 设置切削参数：在"固定轮廓铣"对话框中单击"切削参数"按钮，系统弹出如图 15-177 所示的对话框，

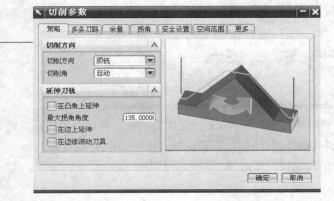

选择"余量"选项卡，在"部件余量"文本框中输入 0.3（①）；部件内、外公差和边界的、外公差均设置为 0.005（②），其余参数默认不变，如图 15-178 所示。

图 15-178

余量设置

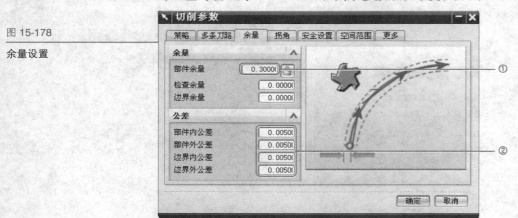

Step 4 设置非切削移动参数：在"固定轮廓铣"对话框中单击"非切削移动"按钮，系统弹出"非切削移动"对话框。将半径值设置为 3（①），其余参数值默认不变，如图 15-179 所示。

图 15-179

非切削移动设置

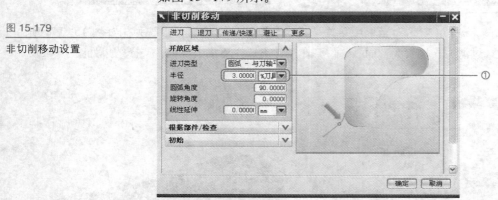

选择"传递/快速"选项卡，在"光顺"下拉列表框中选择"关"选项（①），其余参数按系统默认值设定，单击"确定"按钮，完成非切削参数设置，如图 15-180 所示。

图 15-180

传递 / 快速参数设置

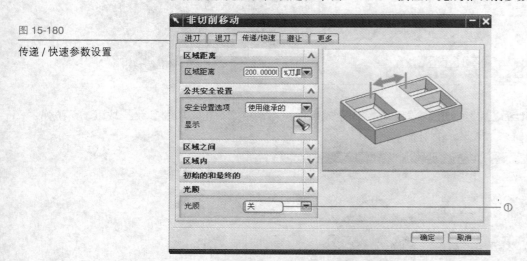

Step 5 设置进给和速度参数：在"固定轮廓铣"对话框中单击"进给和速度"按钮，系统弹出"进给和速度"对话框，设置主轴速度为 3000；设置切削为 500；最后单击"确定"按钮完成进给和速度的参数设置，如图 15-181 所示。

Step 6 刀具路径生成与检验：在"固定轮廓铣"对话框中单击"生成"按钮，系统开始计算刀具路径，如图 15-182 所示，通过旋转和平移从各个角度观察生成的刀路轨迹，然后单击"确定"按钮，接受刀路路径。

15-181

和速度参数设置

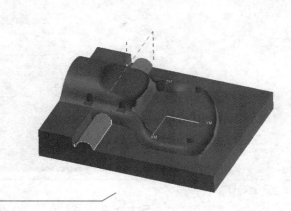

5-182

刀路轨迹

15.3.8 枕位精加工

枕位精加工依然可以采用复制刀具路径方法创建。

Step 1 复制并粘贴：在 FIXED_CONTOUR_1 的刀具路径旁右击，在弹出的快捷菜单中选择"复制"命令，右击 MILL_F 刀具路径，在系统弹出的快捷菜单中选择"内部粘贴"命令，则可以看到新的刀具路径 FIXED_CONTOUR_1_COPY，如图 15-183 所示。

Step 2 编辑参数：在 FIXED_CONTOUR_1_COPY 操作旁右击，在弹出的快捷菜单中选择"编辑"命令，系统弹出如图 15-184 所示对话框，单击驱动方法选项的"编辑"按钮，系统弹出"区域铣削驱动方法"对话框，设置相关参数后，最后单击"确定"按钮，如图 15-185 所示。

相关知识

利用复制粘贴操作
进行快速加工操作创
的方法，大大提高了
程的速度。用户只需
该操作，在弹出的
框中进行参数修改
完成。

Step 3 设置进给参数：在"固定轮廓铣"对话框中单击"进给和速度"按钮，系统弹出如图 15-186 所示的对话框，主轴速度设为 3000，切削设置为 350，其余数值默认不变，完成后单击"确定"按钮。

5-183

完成的刀路路径

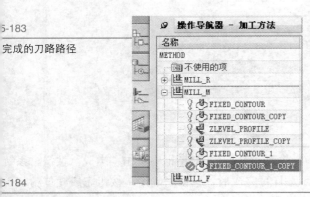

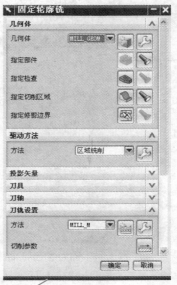

5-184

轮廓铣"对话框

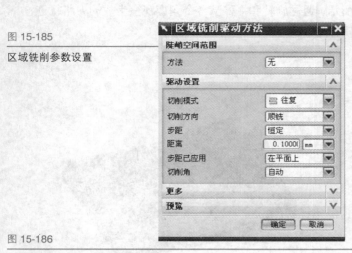

图 15-185

区域铣削参数设置

图 15-186

"进给和速度" 对话框

Step 4 设置切削参数：在"固定轮廓铣"对话框中单击"切削参数"按钮，系统弹出"切削参数"对话框，如图 15-187 所示。

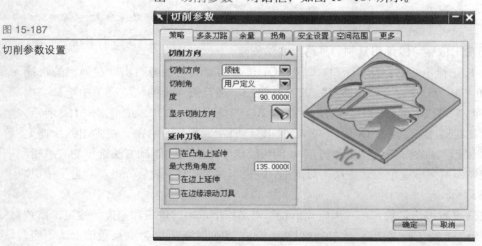

图 15-187

切削参数设置

选择"余量"选项卡，将部件余量设置为 0（①），部件内、外公差和边界内、外公差设置为 0.03（②），最后单击"确定"按钮完成切削参数设置，如图 15-188 所示。

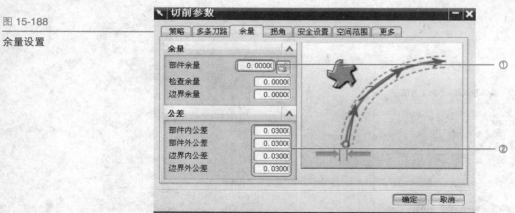

图 15-188

余量设置

Step 5 刀路路径生成与检验：在"固定轮廓铣"对话框中单击"生成"按钮，系统开始计算刀具路径，如图 15-189 所示。计算完成后，单击"确定"按钮完成枕位精加工刀具路径操作。

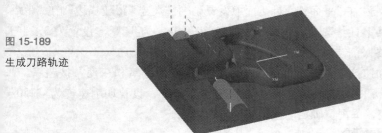

图 15-189

生成刀路轨迹

15.3.9 平面精加工

Step 1 创建操作：在加工创建工具条中单击"创建操作"按钮，系统弹出"创建操作"对话框，在"类型"下拉列表框中选择"mill_planar"选项；子类型选择第 1 行第 2 个图标即平面铣；选择"CORE"选项作为程序名；在"刀具"下拉列表框中选择 D16 选项；几何体选择"MILL_GEOM"选项；右"方法"下拉列表框中选择"MILL_F"选项，如图 15-190 所示。单击"确定"按钮，进入如图 15-191 所示的对话框。

5-190

建操作"对话框

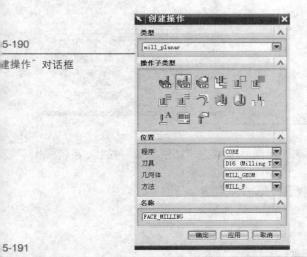

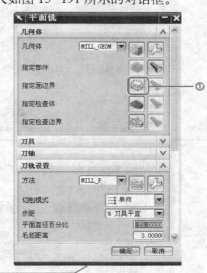

5-191

面铣"对话框

Step 2 选择面几何体：在"平面铣"对话框中单击"指定面边界"按钮（①），系统弹出"指定面几何体"对话框，如图 15-192 所示，在绘图区选择最低平面为面边界，如图 15-193 所示。然后单击"确定"按钮，完成指定面边界操作，系统返回"平面铣"对话框。

5-192

定面几何体"对话框

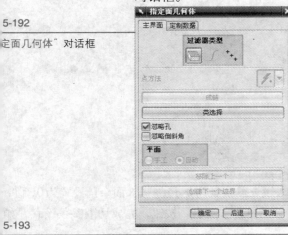

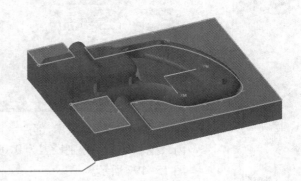

5-193

择的面几何体

Step 3 设置基本参数：在"平面铣"对话框中设置切削模式为"跟随周边"，在"步距"下拉列表框中选择"刀具平直"选项，百分比设置为 30（①）；毛坯距离设置为 3，每刀深度设置为 0（②），最终底面余量设置为 0（②），如图 15-194 所示。

Step 4 设置进给和速度：在"平面铣"对话框中单击"进给和速度"按钮（③），系统弹出如图 15-195 所示的对话框，设置主轴转速为"3500"；设置切削速度为"250"，其他参数按照默认值不变，单击"确定"按钮完成参数设置。

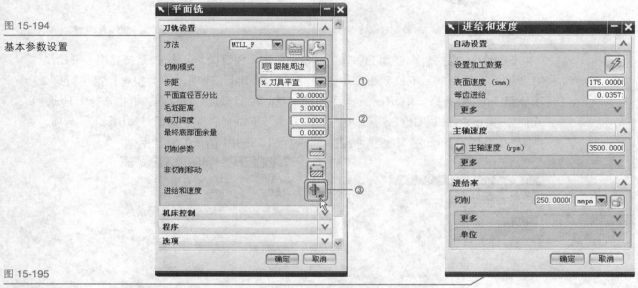

图 15-194

基本参数设置

图 15-195

"进给和速度"对话框

Step 5 设置切削参数：在"平面铣"对话框中单击"切削参数"按钮，系统弹出"切削参数"对话框，如图 15-196 所示。

图 15-196

切削参数设置

选择"余量"选项卡，部件余量设置为 0，设置壁余量为 0，最终底部面余量设置为 0（①）；内公差和外公差分别设置为 0.01（②），最后单击"确定"按钮，完成切削参数设置，如图 15-197 所示。

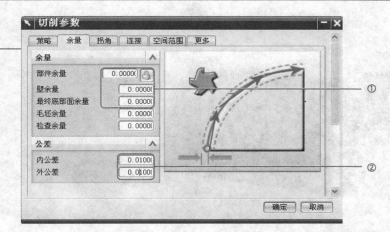

5-197

设置

Step 6 设置非切削移动参数：在"平面铣"对话框中单击"非切削移动"按钮，系统弹出"非切削移动"对话框，如图 15-198 所示。在"进刀类型"下拉列表框中选择"插削"选项，在"高度"文本框中输入 6（①）；"开放区域"中的进刀类型选择"圆弧"，半径设置为 5，圆弧角度设置为 90（②）；其余参数按照默认值设置。

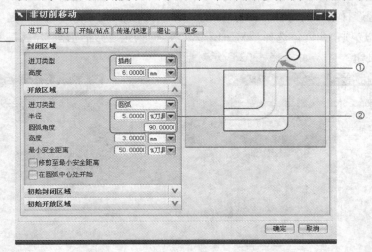

5-198

削移动设置

在"非切削移动"对话框中选择"传递 / 快速"选项卡，接着在"安全设置选项"下拉列表框中选择"自动"选项，在"安全距离"文本框中输入 30（①），单击"确定"按钮，完成切削参数设置，如图 15-199 所示。

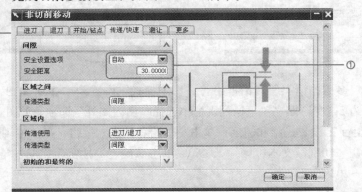

5-199

/ 快速参数设置

Step 7 刀具路径生成与检验：在"平面铣"对话框中单击"生成"按钮，系统开始计算刀具路径。计算完成后，可通过平移、旋转对生成的刀具路径进行观察和检验，然后单击"确定"按钮，接受精加工平面刀具路径，结果如图 15-200 所示。

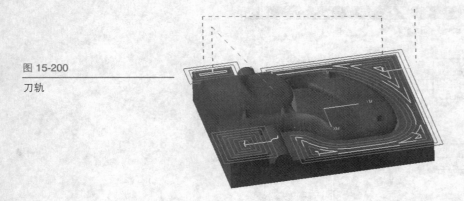

图 15-200

刀轨

15.3.10 清根加工

Step 1 创建操作：在加工创建工具栏中单击"创建操作"按钮，系统弹出"创建操作"对话框，如图 15-201 所示。在"类型"下拉列表框中选择"mill_contour"选项；操作子类型选择第 3 行第 2 个图标，即多重清角按钮；选择"CORE"选项为程序名；刀具选择 D3 选项；几何体选择"MILL_GEOM"选项；方法选择"MILL_F"选项，单击"确定"按钮，进入如图 15-202 所示对话框。

图 15-201

"创建操作"对话框

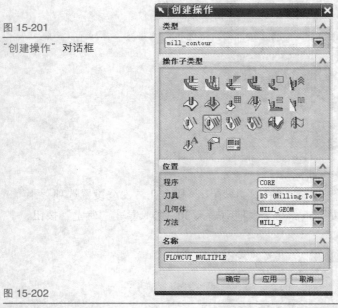

图 15-202

"多刀路清根"对话框

在"多刀路清根"对话框中将"切削模式"设置为"往复"；步距设置为 0.5；偏置数设置为 2；在"顺序"下拉列表框中选择"由内向外"选项，如图 15-202 所示。

Step 2 设置进给和速度：单击"进给和速度"按钮，在"主轴速度"文本框中输入 3500，在"切削"文本框中输入 250，单击"确定"按钮，完成进给和速度的参数设置，如图 15-203 所示。

Step 3 刀具路径生成与检验：完成参数设置后，单击"生成"按钮，系统开始计算刀具路径，如图 15-204 所示，通过旋转、平移等操作对生成的刀具路径进行观察与检验，确认后单击"确定"按钮，接受刀轨。

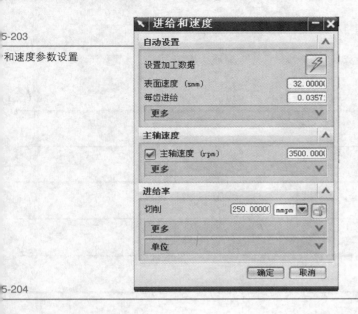

和速度参数设置

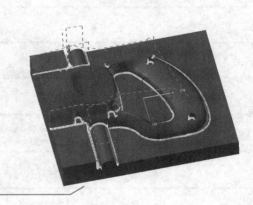

Step 5 验证操作导航器内所有操作：完成工件前后模的所有加工后，在操作导航器上会看到所有的刀具路径，如图 15-205、图 15-206 所示，每一个刀具路径参数的编辑和修改都可在此进行。

方法视图

体视图

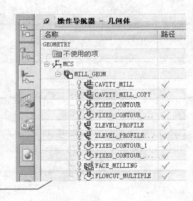

Chapter 16

砂芯模具加工实例

本章内容及学习地图：

型腔铣加工通常适用于非直臂的、岛屿的顶面和槽腔的底面为平面或曲面的零件。本章将通过一个具体实例的加工来详细介绍型腔铣在实际工作中的应用。目的是使读者熟练操作型腔铣创建和加工的整个过程。

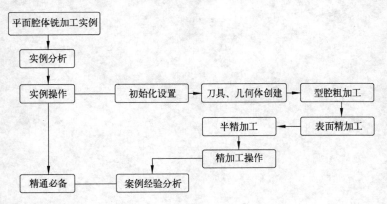

本章重点知识：

- 加工几何体的创建
- 刀具的创建和参数设置
- 型腔的粗加工应用
- 表面精加工应用
- 半精加工的实际应用
- 精加工实例

本章视频：

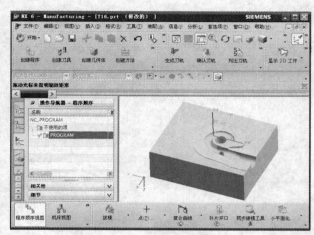

砂芯模具加工

视频教学——砂芯模具加工

本章实例：

　　本章节安排了砂芯模具的加工实例，该工件加工主要采用型腔铣和曲面轮廓铣两种方式，粗加工和表面精加工均采用 D16 的平底铣刀进行切削；半精加工中则选用 D10R5 的球头铣刀进行加工，最后的精加工选用较小的 D6R3 球头刀具进行操作。由于型腔铣铣削在数控加工中运用十分普遍，因此读者要熟练掌握这部分知识。实例效果如下图所示。

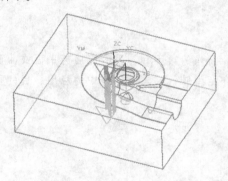

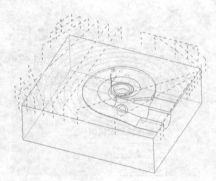

.1 实例操作

实例分析

本例设计的模具是用来做砂芯的，其精度和表面质量决定了铸造件的精度和表面质量。由于铸造件的精度要求不高，所以模具表面的精度要求不高，零件材料为 45# 钢。

实例难度

★★★☆

制作方法和思路

加工前在数控机床上做好毛坯，毛坯尺寸可设置成 280mm × 225mm × 100mm。加工原点应设置在毛坯顶平面的中心处，即 X 轴取毛坯模型的中心，Y 轴取毛坯模型的中心，Z 轴取毛坯模型的上表面。

加工刀具与方案：

- 粗加工：D16 的平底铣刀，型腔铣，分层铣削，每层铣削 0.6mm，加工余量为 0.15mm。
- 上表面精加工：D16 的立铣刀，加工上表面，加工余量为 0。
- 半精加工：D10R5 的球头铣刀，沿轮廓等高铣削，加工余量为 0.1。
- 半精加工：D10R5 的球头铣刀，沿轮廓等高铣削，加工余量为 0.1。
- 精加工：D10R3 的球头铣刀，固定轴曲面轮廓铣。

参考教学视频

光盘目录 \ 视频教学 \ 第 16 章 砂芯模具加工 .avi

实例文件

原始文件：光盘目录 \prt\T16.prt
最终文件：光盘目录 \SHILI\T16.prt

.2 操作步骤

16.2.1 打开文件并进行初始化设置

Step 1 打开零件部件：首先打开 UG NX 6.0 软件，选择"文件"→"打开"命令（①），如图 16-1（a）所示，在打开的对话框中选择 SHILI/16.prt 文件，如图 16-1（b），检查零件无误后即可开始操作。

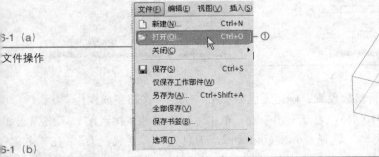
16-1（a）
文件操作

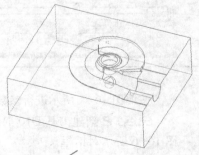
16-1（b）
工零件模型

Step 2 进入 UG 软件后选择"起始"→"加工"命令，如图 16-2 所示，随即系统弹出如图 16-3 所示的 CAM 设置对话框。

图 16-2

选择"加工"命令

图 16-3

"加工环境"对话框

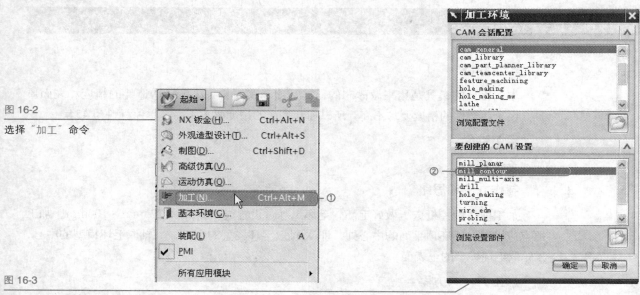

16.2.2 刀具的创建

Step 1 新建刀具 D16：在操作工具条上单击"创建刀具"按钮，系统弹出如图 16-4 所示对话框。在"类型"下拉菜单中选择"mill_contour"（①）；刀具选择"平底铣刀"（②），在"名称"文本框中输入"D16"（③）。确认选项后单击"确定"按钮，打开刀具参数设置对话框，如图 16-5 所示。

图 16-4

"创建刀具"对话框

图 16-5

刀具参数设置

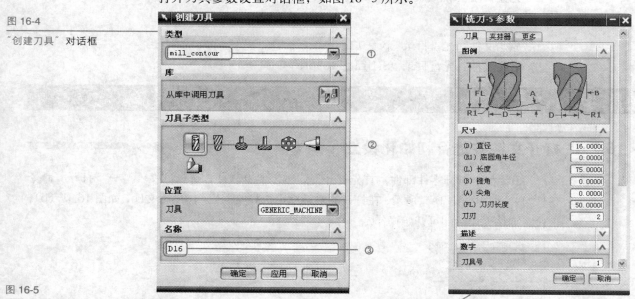

按照图 16-5 所示进行参数设置，确定无误后单击"确定"按钮完成操作。

Step 2 新建刀具 D10_R5：重复上述步骤，单击"创建刀具"按钮，系统弹出如图 16-6 所示对话框。"类型"选择"mill_contour"；刀具选择"平底铣刀"，在"名称"文本框中输入"D10_R5"，单击"确定"按钮，在打开的对话框中进行参数设置，如图 16-7 所示。

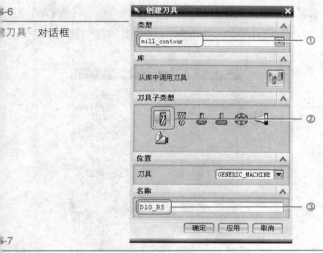

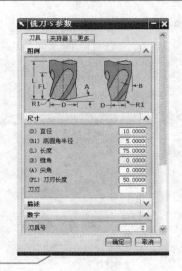

Step 3 新建刀具 D6_R3：创建该刀具的方法和创建以上两个刀具的方法一样，只是参数设置略有不同，在此不做赘述。完成设置后单击"确定"按钮。

单击操作导航器按钮 ，在操作导航器中右击后弹出的快捷菜单中选择"机床视图"命令，则会在该视图下出现刚才建立的 3 个刀具，如图 16-8 所示。

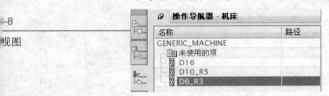

16.2.3 几何体的创建

Step 1 确定加工坐标系：在操作导航器中右击，在弹出的快捷菜单中选择"几何视图"命令，则进入如图 16-9 所示的界面。在"MCS_MILL"上双击，进入如图 16-10 所示对话框，单击"机床坐标系"中的 图标（①），则系统弹出如图 16-11 所示的对话框，单击"确定"按钮结束操作。

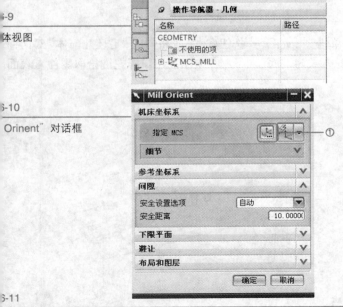

Step 2 创建几何体：单击工具条上的"创建几何体"按钮 ，系统打开如图 16-12 所示对话框，选择"铣削几何体"图标 （①），单击"确定"按钮进行铣削几何体的创建，系统将打开如图 16-13 所示对话框。

图 16-12

"创建几何体" 对话框

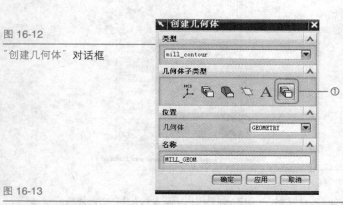

图 16-13

"铣削几何体" 对话框

单击  按钮（②），如图 16-13 所示，系统将弹出"部件几何体"对话框，如图 16-14（a）所示，过滤方式选择为"体"（③），单击"全选"按钮（④），进行部件几何体的选择，选择结束的几何体如图 16-14（b）所示。

图 16-14（a）

"部件几何体" 对话框

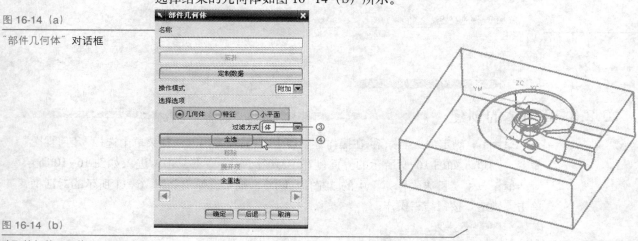

图 16-14（b）

选取的部件几何体

在"铣削几何体"对话框中单击"指定毛坯"按钮 ，系统将弹出"毛坯几何体"对话框，如图 16-15（a）所示，设置过滤方式为"面"（①），在绘图区用鼠标左键拾取零件上表面，其效果如图 16-15（b）所示。

图 16-15（a）

"毛坯几何体" 对话框

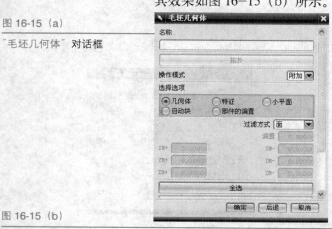

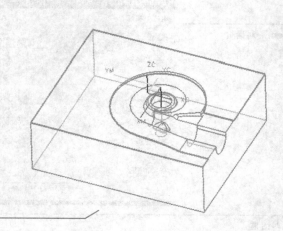

图 16-15（b）

选取的毛坯几何体

16.2.4 型腔的粗加工

本章节中要加工模具的外形包括曲面和平面，首先要对整体进行粗加工，达到基本要求后才可进行后续的精加工操作，具体操作步骤如下：

Step 1 创建型腔铣操作：在工具条上单击"创建操作"按钮 ，系统弹出图 16-16 所示的"创建操作"对话框，按照图示的参数进行设置，单击"确定"按钮进入"型腔铣"操作对话框，如图 16-17 所示。

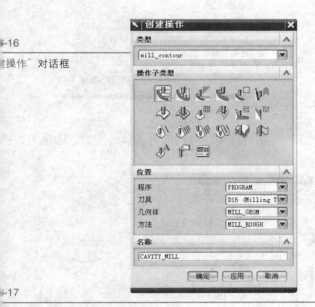

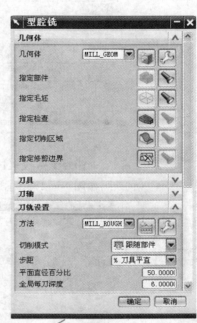

Step 2 设置安全平面：在"型腔铣"对话框中单击"非切削移动"按钮，系统弹出如图 16-18 所示对话框。选择"传递/快速"选项卡，单击"指定平面"按钮，弹出如图 16-19 所示对话框，设置偏置量为 30。单击"确定"按钮完成设置。

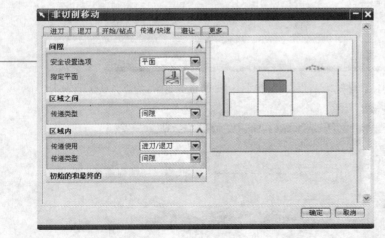

Step 3 设置基本参数：在"型腔铣"对话框中设置常用参数，选择切削模式为"跟随部件"；步距设置为"恒定"（①）；"距离"设置为 13；"全局每刀深度"设置为 0.5（②），如图 16-20 所示。

图 16-19

"平面构造器"对话框

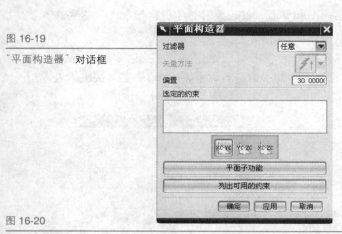

图 16-20

基本参数设置

Step 4 设置进刀 / 退刀参数。在"非切削移动"对话框中选择"进刀"选项卡，按照如图 16—21 所示进行参数设置。

图 16-21

"进刀"选项卡

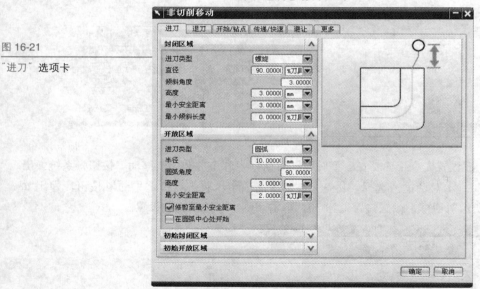

选择"开始 / 钻点"选项卡，设置重叠距离为 5（①），单击"确定"按钮完成设置，如图 16—22 所示。

图 16-22

开始 / 钻点参数设置

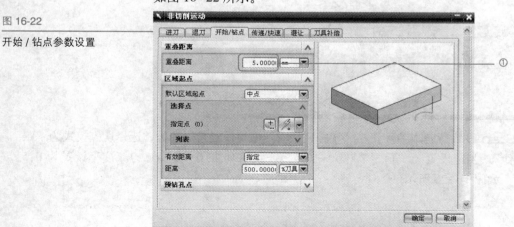

Step 5 设置切削参数：在"型腔铣"对话框中单击"切削参数"按钮，弹出"切削参数"对话框，按照如图 16-23 所示进行设置。

图 16-23

"策略"选项卡

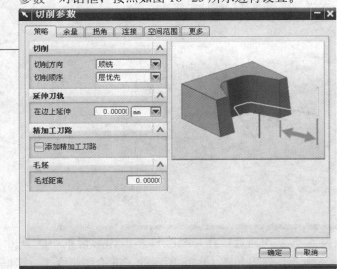

选择"余量"选项卡，选中"使用'底部面和侧壁余量一致'"复选框，设置"部件侧面余量"为 0.15（①）；"内公差"设置为 0.03，"外公差"设置为 0.12（②），如图 16-24 所示。

图 16-24

"余量"选项卡

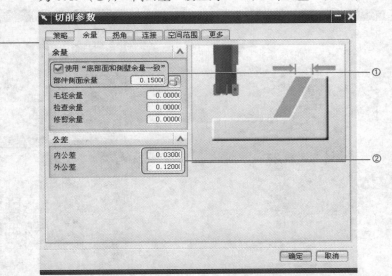

选择"连接"选项卡，设置"区域排序"为"优化"（③）；激活"区域连接"和"跟随检查几何体"复选框（④），如图 16-25 所示。

图 16-25

"连接"选项卡

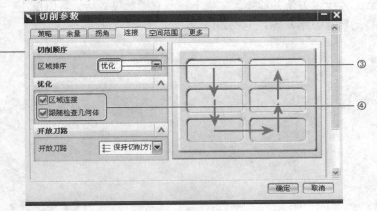

选择"更多"选项卡，激活"边界逼近"和"容错加工"，如图16-26所示。完成后单击"确定"按钮，返回型腔铣操作对话框中。

图16-26

"更多"选项卡

Step 6 设置进给和速度：在"型腔铣"操作对话框中，单击"进给和速度"按钮，如图16-27所示，弹出如图16-28所示的"进给和速度"对话框，设置主轴转速为1200，切削速度为800，进刀速度为400，其他参数默认不变，单击"确定"按钮返回"型腔铣"对话框。

图16-27

"型腔铣"操作对话框

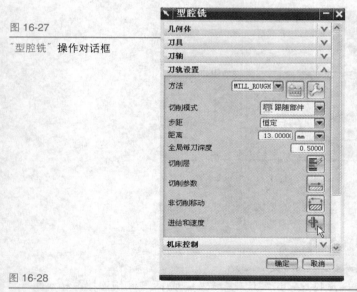

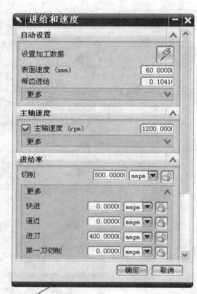

图16-28

进给和速度参数设置

Step 7 生成刀轨并检验：完成上述所有参数设置后，可以单击"生成"按钮，此时系统自动计算刀路轨迹并生成如图16-29所示的刀具路径。

图16-29

生成刀轨

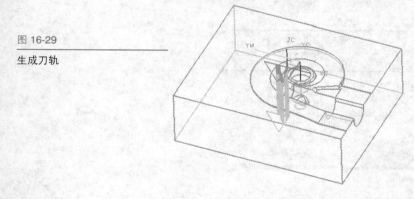

16.2.5 表面精加工操作

Step 1 创建平面铣操作：单击"创建操作"图标 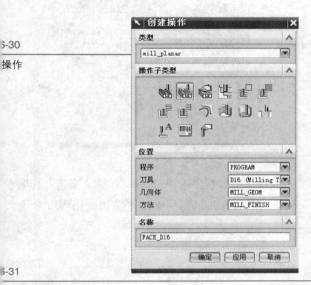，弹出"创建操作"对话框，
按照如图 16-30 所示进行参数设置，单击"确定"按钮进入"平面铣"对话框，如图
16-31 所示。

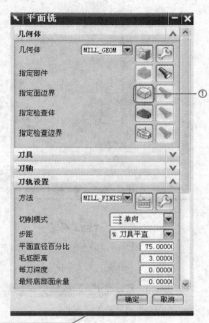

Step 2 选择面几何体：在"平面铣"操作对话框中单击 ⊡ 按钮（①），系统打开"指
定面几何体"对话框，如图 16-32（a）所示。将过滤器类型选择为"平面"（②），并取
消选中"忽略孔"和"忽略倒斜角"复选框（③）。在绘图区移动鼠标到模型上选取表面，
选取后的效果如图 16-32（b）所示。

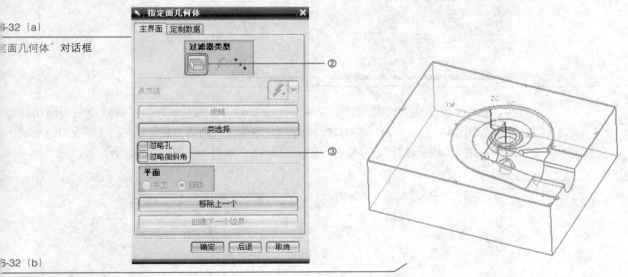

Step 3 设置必要参数：在"平面铣"对话框中设置"切削模式"为"跟随部件"，
步距设置为"刀具平直"；百分比设定为 13，毛坯距离设定为 3，如图 16-33 所示。单击
"进给和速度"按钮，弹出"进给和速度"对话框，进行速度参数设置，按照如图 16-34
所示进行参数设置。

图 16-33

常用参数设置

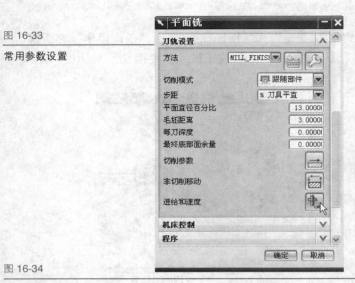

图 16-34

进给和速度参数设置

Step 4 在"平面铣"对话框中单击"非切削参数"按钮，选择"传递/快速"选项卡设置安全平面，则系统弹出如图 16-35 所示对话框，单击"确定"按钮则出现安全平面如图 16-36 所示。

图 16-35

"平面构造器"对话框

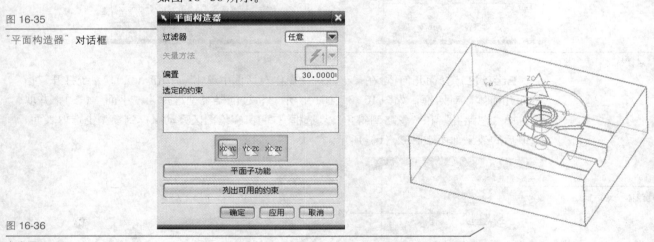

图 16-36

安全平面

Step 5 生成刀轨并检验：完成参数设置后，单击 图标，系统计算完刀路路径后出现如图 16-37（a）所示的刀轨，检验无误后单击"确认刀轨"图标 ，查看刀轨可视化最后单击"确定"按钮，接受生成的刀路轨迹，如图 16-37（b）所示。

图 16-37（a）

生成的刀轨

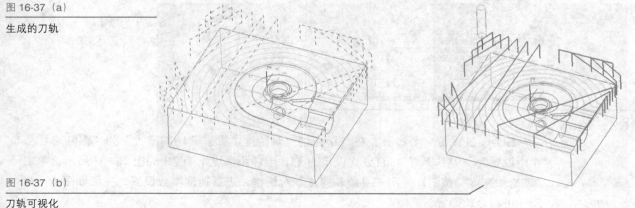

图 16-37（b）

刀轨可视化

16.2.6 半精加工 CAV_SEMI_FIN1

该模具的曲面是由多种曲面构成的，在加工时需要应用到 3 轴铣的型腔铣和固定轴曲面轮廓铣进行分别加工。下面先来介绍型腔铣的 2 个加工过程。具体操作步骤如下：

Step 1 复制并建立一个新的 CAVITY_MILL 操作：在操作导航器中右击，在系统弹出的快捷菜单中选择"复制"命令，如图 16-38 所示。在操作导航器中右击，在弹出的快捷菜单中选择"内部粘贴"命令，则会在程序视图中出现一个 CAVITY_MILL_COPY 操作，将其重命名为 CAV_SEMI_FIN1，如图 16-39 所示。

图 16-38 复制 CAVITY_MILL 操作

图 16-39 建立 CAV_SEMI_FIN1 操作

Step 2 编辑 CAV_SEMI_FIN1 操作：在 CAV_SEMI_FIN1 操作下双击，系统将弹出"型腔铣"对话框，将刀具更改为 D10_R5，如图 16-40 所示。在"方法"下拉列表框中选择 MILL_SEMI_FINISH，如图 16-41 所示。

图 16-40 更改刀具

图 16-41 更改方法

单击"几何体"中的"新建"按钮，则进入如图 16-42 所示对话框，在"名称"文本框中输入 WORKPIECE_1，单击"确定"按钮，系统弹出如图 16-43 所示对话框，单击"确定"按钮，完成操作。

图 16-42 创建新几何体

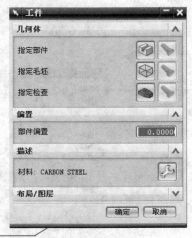

图 16-43 "工件"对话框

Step 3 在"型腔铣"操作对话框中单击"指定部件"按钮，弹出"部件几何体"对话框，如图 16-44（a）所示。过滤方式选择为"体"，单击"全选"按钮，进行工件的选择，如图 16-44（b）所示。

图 16-44（a）

"部件几何体"对话框

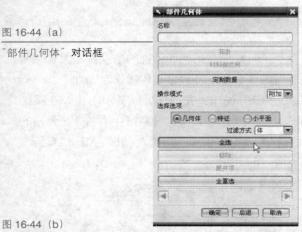

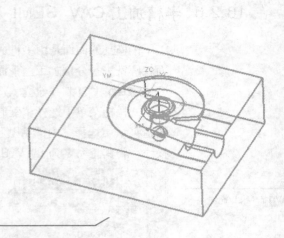

图 16-44（b）

工件几何体的选择

单击"指定毛坯"按钮，系统进入"毛坯几何体"对话框，如图 16-45（a）所示，按照图示内容进行设置，效果如图 16-45（b）所示。

图 16-45（a）

"毛坯几何体"对话框

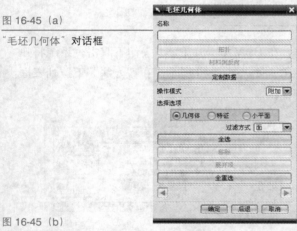

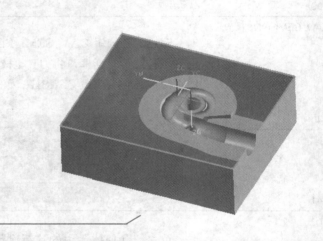

图 16-45（b）

毛坯几何体的选择

Step 4 设置切削方式等基本参数：按照图 16-46 所示进行参数的设置（①）。

Step 5 设置进给和速度：在"型腔铣"对话框中单击"进给和速度"按钮（②），进入如图 14-47 所示的对话框，设定主轴转速为 2000，切削速度设定为 800；进刀速度设定为 400。

图 16-46

参数设置

图 16-47

进给和速度参数设置

Step 6 设置切削参数：在"型腔铣"对话框中单击"切削参数"按钮，在弹出的对话框中选择"余量"选项卡，如图 16-48 所示，按照图示的参数进行设置，完成后单击"确定"按钮，返回"型腔铣"对话框。

图 16-48

余量选项卡

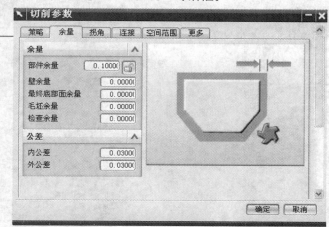

Step 7 生成刀路轨迹并检验：单击 图标进行刀路轨迹的生成，在图形区通过旋转、缩放等操作对刀路轨迹进行观察，以确定正确与否，如图 16-49 所示。单击 图标进行导轨可视化检验，并可通过"3D 动态"按钮进行仿真切削。最后单击"确定"按钮接受刀轨。

图 16-49

生成刀轨

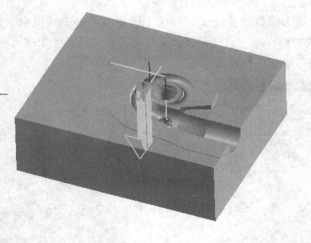

16.2.7　半精加工 CAV_SEMI_FIN2

Step 1 复制并粘贴 CAV_SEMI_FIN1 操作：和前面的创建半精加工方法相似，在操作导航器下选择刚刚创建的 CAV_SEMI_FIN1 并右击，复制该操作并粘贴，将其名称更改为 CAV_SEMI_FIN2。

Step 2 编辑操作：在 CAV_SEMI_FIN2 上双击，进入相应的编辑操作。按照图 16-50 所示进行设置。

Step 3 设置进给和速度：在"型腔铣"对话框中单击"进给和速度"按钮，进入如图 16-51 所示对话框，在该对话框下设置主轴转速为 3000；切削速度设定为 600；进刀速度设定为 300，其他选项按照默认值不变，单击"确定"按钮，结束设置。

图 16-50

型腔铣对话框

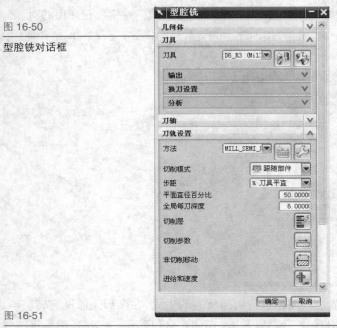

图 16-51

进给和速度参数设置

Step 4 设置切削模式和用量：按照图 16-52 所示进行参数设置，确认无误后准备生成新的刀路轨迹。

Step 5 生成刀路轨迹并检验：完成上述步骤后单击"生成"按钮，系统会生成如图 16-53 所示的刀路轨迹，通过平移、旋转对刀轨进行各个角度的审视，并进行 3D 动态播放，然后单击"确定"按钮接受刀轨，如图 16-53 所示。

图 16-52

基本参数设置

图 16-53

生成刀轨

16.2.8 精加工操作

Step 1 创建曲面轮廓铣操作：在工具条上单击"创建操作"图标，进入"创建操作"对话框，在"操作子类型"下选择第 2 行第 1 个图标，其他设置按照图 16-54 所示进行。单击"确定"按钮进入如图 16-55 所示"固定轮廓铣"对话框。

图 16-54

"创建操作"对话框

图 16-55

"固定轮廓铣"对话框

Step 2 选择部件几何体：单击几何体旁的"新建"图标 ，弹出如图 16-56 所示对话框，再单击"指定部件"图标，系统将弹出"部件几何体"对话框，单击"全选"按钮，选取部件，如图 16-57 所示。

图 16-56

"部件几何体"对话框

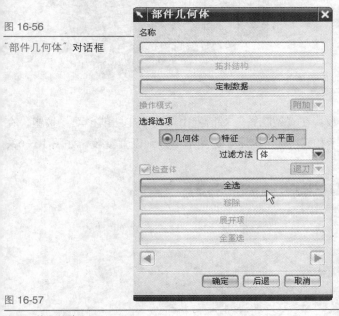

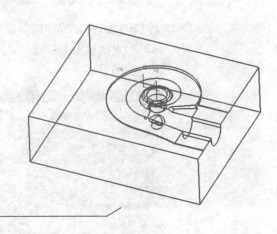

图 16-57

选取工件几何体

Step 3 选择驱动方式：在"固定轮廓铣"对话框中选取"驱动方法"为"边界"，系统弹出"边界驱动方法"对话框，如图 16-58 所示。单击 按钮（①），进入如图 16-60 所示的"边界几何体"对话框，模式选择"曲线 / 边"（②），单击"确定"按钮进入如图 16-60 的"创建边界"对话框。

按照如图 16-60 所示进行设置，然后选取模型上的曲线，完成后单击"确定"按钮。

图 16-58

"边界驱动方法"对话框

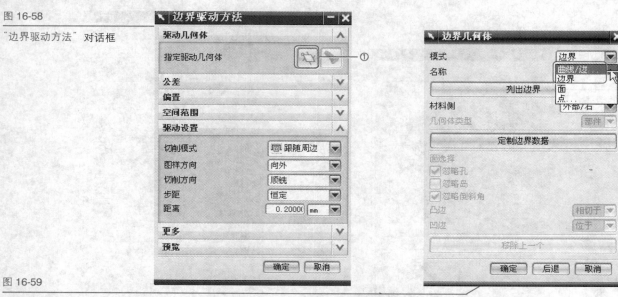

图 16-59

"边界几何体"对话框

图 16-60

"创建边界"对话框

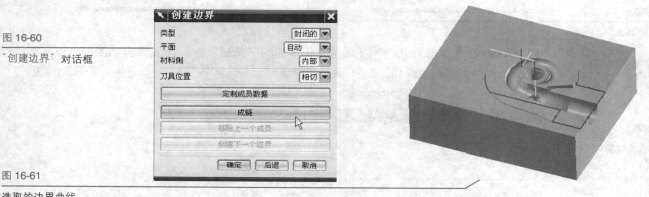

图 16-61

选取的边界曲线

Step 4 设置非切削运动参数：在"型腔铣"对话框中单击"非切削移动"按钮，在弹出的对话框中的"进刀"选项卡和"传递／快速"选项卡下分别设置参数，如图 16-62、图 16-63 所示。

图 16-62

"进刀"选项卡

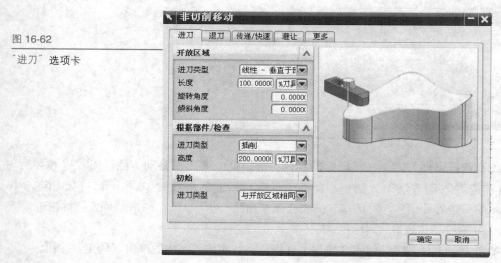

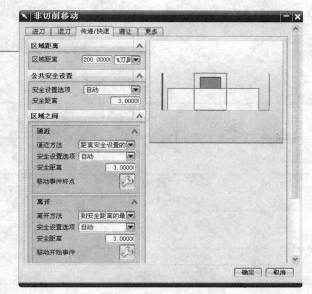

图 16-63

"快速 / 传递"选项卡

Step 5 生成刀轨路径:单击"生成"按钮 ，观察刀路的特点,并通过旋转和平移从各个角度观察生成的刀路轨迹,确认后单击"确定"按钮 ,接受生成的刀路轨迹。图 16-64 所示即为生成的刀路。

图 16-64

精加工刀路轨迹

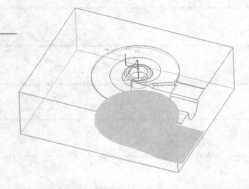

.3 精通必备

　　本例主要介绍了型腔铣加工的具体应用。其特点是刀路轨迹在同一个高度内完成一层切削,遇到曲面将绕过,下降一个高度进行下一层的切削。

　　型腔铣多用于整体粗加工和半精加工,在特定场合时也可用于精加工。在粗加工中其切削模式通常为"跟随工件"或是"跟随周边";而半精加工中则为"配置文件"。

　　本例精加工中运用到的为曲面轮廓铣,其驱动方法一般为"边界",但也可采用"边缘"或"曲线",若选择曲线则要在绘图区进行曲线边界的正确选择。

　　下面我们来简单总结一下本例加工操作的具体操作步骤:

　　① 进入加工环境并初始化设置。

　　② 创建整个加工中所需要的刀具,并合理设置参数。

　　③ 创建加工几何体。

　　④ 确定加工坐标系并设置安全平面。此时的安全平面可以在"非切削运动"对话框中"传递 / 快速"选项卡中设置,其最终效果是一样的。

　　⑤ 分别进行粗加工、表面精加工以及半精加工和整体精加工的操作,并设置需要的参数。

　　⑥ 完成所有参数的设置后即可生成刀路轨迹,用户可通过旋转、平移、缩放等操作进行路径的检验,必要时还可进行 3D 切削仿真。